JAN-HENRIK MUCHE

Audi quattro

Auf allen Vieren zum Erfolg

IMPRESSUM

HEEL Verlag GmbH
Gut Pottscheidt
53639 Königswinter
Telefon 02223 9230-0
Telefax 02223 923026
Mail: info@heel-verlag.de
Internet: www.heel-verlag.de

Verantwortlich für den Inhalt: Jan-Henrik Muche

Fotonachweis: Archiv des Autors, Archiv Audi AG, Dieter Rebmann

Titelfoto: Andreas Beyer

Satz und Gestaltung: Stefan Witterhold, HEEL Verlag

Titelgestaltung: Christine Mertens, HEEL Verlag

Printed in Slovakia

ISBN: 978-3-96664-576-8

FSC www.fsc.org
MIX
Papier | Fördert gute Waldnutzung
FSC® C084279

JAN-HENRIK MUCHE

Audi quattro

Auf allen Vieren zum Erfolg

HEEL

HB Audi TEAM
Castrol
Audi Sport
MICHELIN
2
SKF
BOGE

Inhalt

Prolog

Auf allen Vieren zum Erfolg

Große Ideen sind immer einfach. Die Rallye-Revolution bei Audi begann mit einer Rechenaufgabe und Jörg Bensinger – Leiter des Fahrwerk-Versuchs bei Audi NSU – lieferte Frage und Antwort zugleich. 1976 fuhr Bensinger in seinem 75 PS starken VW Iltis im verschneiten Nord-Finnland dem gesamten frontgetriebenen VAG-Testfeld davon. Bei dieser Gelegenheit wurde dem Konstrukteur klar, was er eigentlich schon immer wusste: Zwei plus Zwei macht Vier. Mehr ist wirklich mehr. Wenn dieser Iltis ein simpler Geländewagen und aufgepäppelter DKW Munga war, was würden dann wohl erst vier angetriebene Räder mit einem Sportwagen anstellen? Genau, noch mehr! Dieser simplen Einsicht entsprang am Ende der Audi Quattro.

Über drei Jahre und drei Prototypen dauerte die Entwicklung vom Rechenexempel auf Bundeswehr-Basis zur renntauglichen Realität und auf dem Genfer Salon im März 1980 debütierte schließlich das Resultat aller Berechnungen: der Quattro, der fast noch CARAT geheißen hätte. Man will ja gar nicht an diese Lösung denken … Golden lackierte Ronal-Räder in breiten Kotflügel-Behausungen und zwei undezente Spoiler gaben dem

Quattro den sportlichen Anstrich, den der aufgeladene, 200 PS starke Fünfzylinder-Motor und die neuartige Allradantriebstechnik eindrucksvoll einlösten.

Sie waren bei Audi wirklich nicht die Ersten gewesen, die sich an der Verbindung von Allradantrieb und zivilem Personen-Transport versucht hatten. Jensen hatte schon 1965 mit der Formula Ferguson Aufsehen erregt und Subaru setzte sogar eine unscheinbare Kombihülle auf vier angetriebene Räder und brach damit eine Lanze für die Normalität. Dafür brachte Audi die Leistung ins Spiel: permanenter Allradantrieb mit zwei zuschaltbaren Differenzialen, Fünfzylinder-Reihenmotor mit Turboaufladung, 200 PS (30 mehr als im Organspender Audi 200 Turbo) und rund 220 km/h Spitze bei schier endloser und in dieser Form nahezu unbekannter Traktion. Bis die Nadel im Ladedruck-Instrument bei 3500/min maximalen Druck von 0,85 bar anzeigte und in den Bereich der stilisierten Rallye-Flagge wechselte, war der Quattro mehr kantiges Coupé denn revolutionäres Renngerät. Darüber wurde alles anders, zwitscherte der Turbolader, das Sport-Programm zündete, der hart gefederte Audi krallte sich in den Straßenbelag und zog davon. Satt, souverän und für damalige Verhältnisse schlicht und einfach sagenhaft.

Damals fuhr sich Audis Allrad-Sensation in die Herzen der Tester und Techniker, im Rallye-Sport löste er ein Erdbeben aus, zu dessen Beginn nicht wenige Fahrer bereit waren, freiwillig die Piste zu räumen und den Autoschlüssel schon am Start im Begleitfahrzeug zu lassen. Mit dem Auftauchen des Audi wurden Allradantrieb und Turbomotor auf Asphalt und Schotter zur Pflicht.

Dafür war er eigentlich gedacht gewesen: als reines Homologations-Modell für den Rennsport. Doch anstelle von nur 400 Exemplaren, wie sie die Gruppe A noch verlangte, wurden bis 1991 ganze 11.452 „Ur"-Quattro gebaut und sogar die schlichte Limousinen-Serie mit Allrad-effektiver Technik befruchtet, bis ein roter Audi 100 eine Skischanze hinauffuhr und alle Welt an einen Trick dachte. Egal, was die weit nach dem Krieg wiedergeborene Marke Audi auch vorher oder nachher unternommen hatte – das Kürzel „Quattro" stand stellvertretend für den selbst proklamierten „Vorsprung durch Technik" und den mühsamen Aufbruch ins Premium-Segment, das damals noch gar nicht so hieß. Dass Audi heute dort angekommen ist, hat das Unternehmen zum Großteil einer einfachen Idee und einer simplen Rechenaufgabe zu verdanken. Das Ergebnis hieß schlicht Quattro.

Jan-Henrik Muche

„Vorsprung durch Technik": Im Jahr 1980 verhilft Audi seinem neu eingeführten Sportcoupé mit einem neuartigen permanenten Allradantrieb zu mehr Fahrdynamik, Fahrstabilität, Traktion und Sicherheit und schafft eine gelungene Basis für seine großen Verkaufs- und Motorsporterfolge.

Allrad-Evolution

Vom Munga zum Iltis

Kommando-Sache: 1953 meldet die Dienststelle Blank Bedarf für einen Vierteltonner-Geländewagen für die zukünftige Bundeswehr an – Porsche, Goliath und DKW treten zum Vergleich an.

Einen Verteidigungsminister gab es noch nicht und eine Bundeswehr gab es auch noch nicht, aber Bedarf für einen leichten Geländewagen, den gab es bereits. Im Jahr 1953, also 30 Jahre vor einem absolut undenkbaren Rallye-Weltmeistertitel für ein Fahrzeug mit permanentem, schnelllaufendem Allradantrieb der Auto Union, begann das Wettrüsten westdeutscher Autohersteller um jenen wichtigen Bundes-Auftrag, der über weite Umwege, tiefes Geläuf und schwieriges Gelände bis hin zum Audi Quattro führen sollte. Es war das Jahr, als die Keimzelle dafür gelegt wurde, dass die Vier Ringe das Laufen auf allen Vieren lernten.

1953 meldet die im Aufbau befindliche Bundeswehr, schlicht Dienststelle Blank genannt, Bedarf für einen neuen Geländewagen beim Verband der Automobilindustrie an. Im Auftrag des Sicherheitsbeauftragten der Bundesregierung Theodor Blank soll ein Wagen der „NATO-Klasse 1/4t" nach exakt im Datenblatt festgelegten Normen konstruiert werden. Ein Allrad-getriebener Kübelwagen-Nachfolger und Ersatz für die Motorrad-Gespanne der „neuaufgestellten Einheiten der Feldpolizei", wie es damals noch heißt, wird gesucht. Ein lukrativer Auftrag, den auch die Auto Union gerne verbuchen würde.

Mit dem erfolgreichen Vorgänger-Unternehmen der Vorkriegszeit hat die 1949 in Ingolstadt als Ersatzteile-Zentraldepot neu gegründete Wagen-Gemeinschaft kaum noch etwas zu tun. Die Stammsitze Chemnitz, Zwickau und Zschopau liegen in der sowjetisch besetzten Zone und aus der am 17. August 1948 offiziell liquidierten Auto Union AG ist die Auto Union GmbH geworden. Horch und Wanderer sind Geschichte, Audi braucht noch rund 20 Jahre zur Wiederbelebung, von den Vier Ringen ist also nur der eine kleine, ist nur DKW geblieben.

Den neuen Zeiten begegnet man mit alten Rezepten: den bekannten Zweizylinder-Zweitakt-Konstruktionen. Während in Ingolstadt, dem Nutzfahrzeug-Bedarf des im Wiederaufbau befindlichen Landes entsprechend, zuerst Schnell-Laster vom Typ F 89 L gefertigt werden, konzentriert sich die Pkw-Produktion auf den 1950 neu eröffneten Standort Düsseldorf. Dort entsteht der direkte Nachkomme des Vorkriegsmodells F9, der jetzt auf den Namen F 89 Meisterklasse hört, nahezu unverändert aussieht und über 23 PS verfügt.

In Zeiten des Mangels und der allgegenwärtigen Trümmerwüsten bedeutet das mehr, als sich die meisten Bürger je zu erträumen wagen, aber mit der Erholung von den Kriegsschäden wachsen auch die Bedürfnisse im Land.

Dem heraufziehenden Tauwetter beim Konsumklima trägt die Auto Union Rechnung: 1953 debütiert auf der Frankfurter Automobilausstellung, was auf dem Zeichenbrett schon 1939 fertig gewesen war, wegen des Krieges aber nie in Serie ging: ein Dreizylinder-Zweitakt-Motor, 900 Kubikzentimeter groß und 34 PS stark – 10 PS mehr als beim Volkswagen. Endlich wähnt sich die Auto Union der Viertakt-Konkurrenz ebenbürtig. Mindestens. Vielleicht gar überlegen?! Der Dreizylinder hat nämlich aufgrund seiner Arbeitsweise, so die kühne Verkaufs-These der Auto Union-Oberen, die Laufruhe eines viertaktenden Sechszylinders. „3=6" heißt die Gleichung, die künftig die Bezeichnung des neuen DKW Sonderklasse Typ F 91 ergänzt.

Diese Rechnung soll auch im Vergleich der Bundeswehr-Wettbewerber aufgehen. Rund zwei Jahre Entwicklungsarbeit sind ins Land gegangen, im Januar 1955 kommt es zum ersten Gefecht im Krieg der Systeme, der sich bis 1956 hinziehen wird. Drei Kombattanten, deren Aussehen noch stark von den kantigen Kübelwagen-Silhouetten des letzten Krieges geprägt ist, treten zur Prüfung durch Experten und ehemalige Landser an. Die Borgward-Tochter Goliath ist mit einem Kübelwagen Typ 31 vertreten, Porsche schickt den Typ 597 „Lkw 0,25 t gl" (besser bekannt als „Jagdwagen") ins Gelände und DKW ist mit dem neu konstruierten M-Wagen vertreten, das M steht für Mehrzweck. Der größte Konkurrent im Kampf um Staatsaufträge ist dem Entwickler-Streit von vornherein fern geblieben. Volkswagen als Erbe der Kübel-Schmiede ist nicht dabei: „Zu wenig Profit" befindet VW-Halbgott Heinrich Nordhoff und konzentriert sich auf zivile Produkte.

Die Konzepte der drei Hersteller unterscheiden sich in erster Linie auf der Motorenseite. Wie DKW setzt Goliath auf permanenten Allradantrieb und das Zweitakt-Prinzip,

Auf dem Sprung: Fachleute und ehemalige Landser unterziehen bei unerbittlichen Bedingungen und tiefem Geläuf den DKW-„Mehrzweck-Wagen" einer Prüfung.

in diesem Falle aber durch eine zu dieser Zeit unerhört exotische Bosch-Einspritzung bereichert. 40 PS leistet so die 887 Kubikzentimeter große, aus dem Goliath 900E übernommene Maschine, die im Vergleichstest jedoch häufig mit Dampfblasenbildung in den Spritleitungen zu kämpfen hat. Im Porsche pfeifen vier Zylinder in Boxer-Form angeordnet ihr luftgekühltes Lied. Ein leistungsreduzierter 356-Vierzylinder-Boxer sitzt im Heck, die Vorderachse kann während der Fahrt bis zu einer Geschwindigkeit von 10 km/h zugeschaltet werden.

Die Karosserie ruht auf einem soliden Rahmen, die Achsen des Munga sind baugleich und untereinander austauschbar.

Normalbenzin und unbedingte Ausdauer lautet die Forderung des staatlichen Auftraggebers, der seit dem 7. Juni 1955 offiziell als Bundeswehr firmiert. Die Bewerber müssen sich an so erfahrenen Kräften wie dem bei Tempo in Hamburg-Harburg in Lizenz gefertigten Land Rover, dem Willys Jeep und dem Zündapp KS 601-Gespann messen. An Ausdauer mangelt es dem Goliath, der an seinem ambitionierten Einspritz-System in Verbindung mit einem recht schwachen Zweizylinder scheitert. An Normalität mangelt es dem Porsche. Obwohl dem VW-Verwandten Kübel- und Schwimmwagen sehr ähnlich und mit wannenartiger Karosserie bedingt schwimmfähig sowie als Ponton einsetzbar, besitzt der Sportwagen-Hersteller nicht die nötigen Fertigungskapazitäten, zudem kostet ein Jagdwagen mit rund 16.000 Mark fast das Doppelte eines DKW. Zwar gut gedacht, aber zu teuer und komplex gemacht, außerdem Nachschub wegen geringer Kapazitäten nicht geklärt, lautet deshalb das Urteil der späteren Herren der Hardthöhe zum Porsche Typ 597.

Dem stehen im Falle des DKW Mehrzweckwagens eine vorhandene Großserienproduktion und ein Preis von 8075 Mark gegenüber. Am 7. Mai 1956 wird in einer Ausschusssitzung des Bundestages beschlossen, 5000 Einheiten des DKW sowie je 50 Goliath und Porsche zur weiteren Erprobung zu bestellen, womit die Entscheidung für den DKW gefallen ist. Trotz mangelnder Erfahrung im Bau von leichten Geländefahrzeugen, hat die Auto Union mit dem „Mehrzweck-Universal-Geländefahrzeug mit Allradantrieb" (kurz: MUNGA) ein in seiner Art überzeugendes und eben universelles Angebot mit wünschenswerter Nähe zur Personenwagenserie geschnürt.

Der wannenförmige Ganzstahl-Karosseriekörper stützt sich auf einen soliden Kastenprofilrahmen. Die Vorder- und Hinterradaufhängungen an Querlenkern sind baugleich, sogar untereinander austauschbar, und mit quer liegenden Blattfedern versehen. Obwohl mit einzeln aufgehängten Rädern ausgerüstet, schlägt sich der Munga im Gelände tapfer. Vier Gänge stehen zur Verfügung, das einschaltbare Vorgelege wirkt auf jede einzelne Ganguntersetzung, so dass 8 Vorwärts- und 2 Rückwärtsgänge zur Verfügung stehen. So meistert der Munga noch vollbesetzt Steigungen von 60 %, die Wattiefe liegt bei 0,50 Meter. Hatte DKW bis 1955 noch auf einen zuschaltbaren Hinterradantrieb gesetzt, wird dieses Konzept kurz darauf zugunsten eines permanenten Allradantriebs aufgegeben. Vorn erfolgt der Antrieb durch das Vorderachsdifferenzial und nach hinten über eine Kardanwelle. Vier Halbachsen treiben die Räder an, die Mindestgeschwindigkeit liegt bei 3 km/h, die Höchstgeschwindigkeit bei 95 km/h.

Bei allen Meriten, die sich der solide gemachte DKW im harten Test-Alltag der Bundeswehr verdient – sogar die vom Jeep geprägte US-Army zeigt sich von der ungewöhnlichen Kombination von Einzelradaufhängung rundum und Zweitaktmotor beeindruckt –, bleibt ein Kritikpunkt, der beinahe das Gesamtkonzept in Frage stellt: der Motor. Schon im Vergleich mit Goliath und Porsche war der 869 cm^3 große und 38 PS starke Dreizylinder als schwächster des Trios aufgefallen, schwerer wiegt aber das Handicap des Zweitakt-Prinzips. Zwar springt der Motor auch bei niedrigen Temperaturen sofort an, dafür mangelt es dem Zweitakter mit 71 Nm bei 3000/min am im Gelände so wichtigen Drehmoment. Hinzu kommt die diffizile Einstellung der Zündung und der für Kolonnenfahrten denkbar ungünstige Auspuffdunst, der auch den Fans der blauen Fahne unter den Weltkrieg-erfahrenen Prüfern übel aufstößt.

Lang-Läufer: Trotz misstrauisch beäugter Zweitakttechnik versieht der DKW zuverlässig seinen Dienst. Erst im Dezember 1968 kommt der letzte Munga zum Bund.

Den Muff der überkommenen Vorkriegstechnik wird der Munga bis zum Ende seiner Bauzeit nicht abstreifen können, zu sehr hängt ihm der Geruch des Kleinwagengemischs an, das bei den Zivil-Versionen von der eigens bei DKW entwickelten „Frischölautomatik" ins korrekte Verhältnis von 1:40 gebracht wird. Bei den Militär-Fahrzeugen dient der Tankverschluss als Messbecher für den benötigten Viertelliter Öl. 1957 steigt die Leistung bei unverändertem Hubraum auf 40 PS, im Jahr darauf ist das Ende der Fahnenstange erreicht. Aus 980 Kubikzentimetern holt der Dreizylinder 44 PS bei 4250/min, das maximale Drehmoment von 80 Nm liegt bei 3000 Touren an.

Für die notorisch in Geldnöten steckende Auto Union wird der Munga dennoch zu einem lohnenden Geschäft. 46.750 Munga werden von Oktober 1956 bis 1968 gebaut, rund 31.000 gehen an die Bundeswehr, parallel zu seiner Karriere beim westdeutschen Militär versieht der Geländewagen auch Dienst bei Behörden und Privatleuten. Neben der herkömmlichen Viersitzer-Variante, Typenbezeichnung F 91/4, bietet DKW auch sechssitzige Pritschenversionen (F 91/6) sowie Sonderaufbauten mit geschlossenem Führerhaus oder Gesamt-Festaufbau „zum Transport von hochempfindlichen Messgeräten" an. Die von den Verkaufsstrategen geortete Käufergruppe reicht vom Weinbauern über Erdöl-Exploratoren und Landärzte bis zur Filmgesellschaft. Billig ist der Ingolstädter nicht. 10.205 DM kostet 1965 ein Munga, für ein paar Hunderter mehr gibt es einen repräsentativen Mercedes-Benz 200 mit Vierzylinder-Benzinmotor.

So endet im Dezember 1968 mit der Auslieferung des letzten Munga an die Behörden fast unbemerkt die Ära von Zweitakt und DKW, die bei den zivilen Produkten bereits 1965 mit der Präsentation des ersten Nachkriegs-Audi zu Ende gegangen war.

BEZIEHUNG AUF ZEIT

Zu diesem Zeitpunkt hat die Realität die Auto Union ohnehin längst rechts überholt. Am 1. Januar 1958 hat die Daimler-Benz AG 88 Prozent der Anteile der Auto Union-Aktiengesellschaft erworben. Keine feindliche Übernahme, sondern vielmehr ein Kauf mit großen Plänen und zum Wohle aller. In Stuttgart will man einen kleineren und billigeren Wagen bauen, besitzt jedoch keine Ressourcen dafür. Die notleidende Auto Union bietet sich an, deren Werk in Düsseldorf hat Daimler-Benz bereits übernommen und Ingolstadt liegt nicht allzu weit von Stuttgart entfernt. Optimale Bedingungen eigentlich, nahe kommen sich Auto Union und Mercedes-Benz trotzdem nie, es bleibt bei einer Verbindung von kurzer Dauer und emotional weiter Entfernung. Mit der Entscheidung von Daimler-Benz, doch lieber in den Nutzfahrzeug-Markt zu investieren, ist die Auto Union bald erneut obsolet geworden.

Im verflixten siebten Jahr trennen sich die Wege der Unternehmen wieder, eine neue Mutter steht schon bereit. Im Herbst 1964 übernimmt Volkswagen für 296 Millionen Mark die kränkelnde Tochter. Wollten sich die Stuttgarter mit Hilfe der Ingolstädter nach unten ausbreiten, plant VW eine Erweiterung der Produktpalette nach oben und ist gleichzeitig auf der Suche nach Fertigungskapazitäten für den Käfer. Mit Rudolf Leiding schickt VW-Generaldirektor Heinrich Nordhoff, der für Zweitakt-Technik und

Neu-Anfang: Der aus dem frontgetriebenen DKW F102 entwickelte Audi 72, auf der IAA 1965 präsentiert, übernimmt unter bekanntem Namen das Erbe der Auto Union.

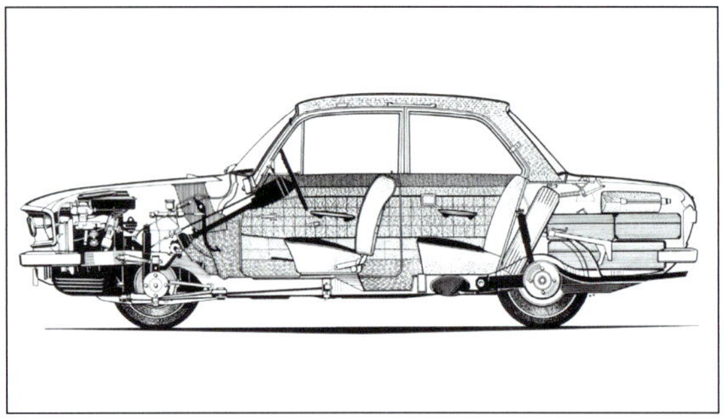

Frontantrieb nur Verachtung übrig hat, einen eisernen Besen als neuen Übervater nach Ingolstadt.

Leiding ist gestählt und bibelfest im Sinne der Volkswagen-Philosophie: Effizienz, rationelle Fertigung und unbedingte Zuverlässigkeit bedeuten dem ehemaligen Leiter des VW-Transporterwerks in Kassel alles. Das genaue Gegenteil findet Leiding in Ingolstadt vor: veraltete Produktionsmethoden, resignierte Techniker und eine bummelige Belegschaft haben sogar Mercedes-Benz zur Aufgabe gezwungen, doch der neue Besen kehrt gut und ohne eine Ecke auszulassen. Die altehrwürdige DKW-Motorsport-Abteilung, Erbe silberner Vorkriegserfolge, wird kurzerhand geschlossen, der betagte Kleinwagen F11/F12, einstmals als Konkurrent zum Volkswagen entwickelt, eliminiert und an seiner Statt – welch Hohn für die Auto Union-Verantwortlichen – der Käfer in Ingolstadt montiert. Der letzte DKW 1000 SP läuft im März 1965 vom Band, der finale F 11/F 12 folgt einen Monat darauf und der unselige F 102 hat auch nur noch ein Jahr zu leben.

Dieser letzte DKW soll die „Formel des Fortschritts“ symbolisieren und ist doch schon bei seiner Präsentation im Jahr 1963 dem Untergang geweiht. Drei Zylinder im ölig-näselnden Zweitakt und Freilauf-Mechanismus will niemand mehr haben, Kleinwagen-Image und Moped-Geruch verschrecken die Kunden. Konsequent wird die Vergangenheit abgewickelt, der Weg für den neuen Audi frei gemacht. Auf diese traditionsreiche Marke aus dem untergegangenen Firmenverbund, 1909 vom Auto-Pionier August Horch in Konkurrenz zu seiner alten Firma gegründet, zurückzugreifen, ist wohl überlegt.

Die Rechte an Horch hat Daimler-Benz auch nach dem Verkauf an VW behalten, Wanderer – als einer der vier Ringe im Emblem – stand für gediegene Mittelklasse mit konservativem Heckantrieb. Da der neue Audi aber auf dem frontgetriebenen F 102 aufbauen soll – DKW steht als Name für einen Neuanfang schon gleich gar nicht zur Debatte –, bietet sich Audi als Hersteller edler Vorkriegswagen mit Frontantrieb geradezu an. Aus dem F 102, dem letzten Verfechter des Dreizylinder-Zweitakt-Dogmas auf verlorenem Posten, geht der Audi 72 hervor.

Er ist der erste Vertreter der wiederbelebten Marke Audi, die einmal mit Fünfzylinder-Viertakt und Allradantrieb den „Vorsprung durch Technik“ für sich proklamieren wird. So weit ist es noch lange nicht, es

Druck-Stufe: Den hochverdichteten Vierzylinder-Viertakt-„Mitteldruck“-Motor und das Faible für gediegene Qualität bringt Audi-Chefentwickler Ludwig Kraus von seinem ehemaligen Arbeitgeber aus Stuttgart mit.

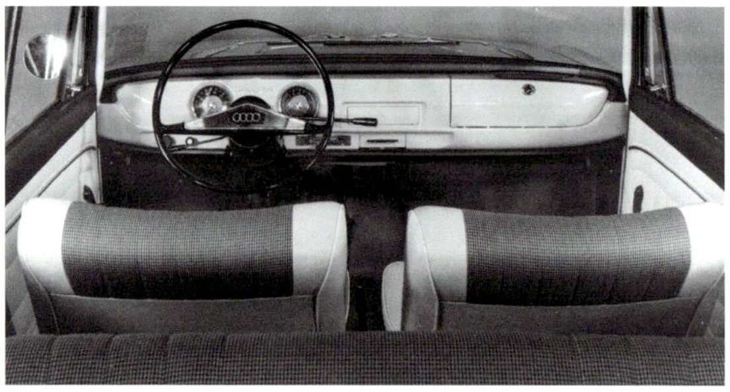

gilt noch viele Umwege zu nehmen. Sie sind lang und verschlungen, wieder spielt der Munga eine wichtige Rolle beim Erreichen des nächsten Etappenziels auf dem Weg zum Audi Quattro.

AUS DKW MUNGA WIRD VW ILTIS

Die Probleme im Dschungel der Zuständigkeiten und Kompetenzen sind weitgehend hausgemacht. Und das europäische Haus ist groß, sehr groß sogar. 1962 entwickeln die Wehrexperten einen ehrgeizigen Plan: ein gemeinsam entwickeltes Geländefahrzeug soll die nationalen Lösungen der deutschen, französischen und italienischen Verbände ersetzen. Das Befehls- und Verbindungsfahrzeug (VCL = Véhicule de Commandement et de Liaison), kurz Europa-Jeep genannt und von drei konkurrierenden Arbeitsgruppen verschiedener Hersteller entwickelt, wird zum Rohrkrepierer grenzüberschreitender Bürokratie. Glas-MAN, Fiat und Renault-Saviem arbeiten gegen das Konglomerat von Büssing, Lancia und Hotchkiss sowie die Gruppe um NSU, Moto Guzzi und Panhard-Citroën – ein Geflecht, das seinerzeit schon von allein die Rote Armee verwirrt hätte.

Als 1975 auch die letzten Probefahrzeuge nicht die geforderten Leistungen erbringen, wird der Plan nach 13 verschenkten Jahren zu den Akten gelegt. Für die Bundeswehr hat dies zur Folge, dass für die veralteten Munga kein Ersatz bereit steht. Als Zwischenlösung

Zweites Gesicht: EA 110 kann die verwandtschaftlichen Beziehungen zum DKW-Ahnen auch optisch kaum verbergen.

dient zwar seit Herbst 1969 der heckgetriebene VW Typ 181 „Kurierwagen“, von dem trotz vergleichsweise beschränkter Geländetauglichkeit in den weiteren zehn Jahren immerhin über 15.000 Stück beim Bund eingesetzt werden, der aber kein Ersatz für veritable Geländewagen ist. So erhält Volkswagen im Herbst 1975 den Auftrag, den mittlerweile 20 Jahre alten DKW Munga zu einem zeitgemäßen Geländewagen der 0,5 Tonnen-NATO-Klasse weiter zu entwickeln.

Unter dem Konzern-typischen Kürzel EA (Entwicklungsauftrag) 110 wird der Auftrag nach Ingolstadt in die Konstruktionsabteilung „Sonderfahrzeuge“ weiter gereicht, so dass der VW eigentlich ein Audi ist. Ein Geländewagen mit Pritsche sei ja wohl ein Nutzfahrzeug und da Audi nun mal keine Nutzfahrzeugabteilung habe, würde das Produkt unter dem VW-Logo laufen. Das gehört schon fast zur Tradition. „Bei uns trinkt die Kuh vom Kalb.“ So deutlich brachte schon 1974 ein leitender Audi-Ingenieur die verkehrte Welt beim VW-Konzern auf den Punkt. In Ingolstadt wurde entwickelt, damit in Wolfsburg Geld verdient werden konnte. Zuerst mit dem Passat, der eigentlich ein Audi 80 war, und dann mit dem Polo, der ursprünglich Audi 50 hieß und für sich in Anspruch nehmen durfte, der erste deutsche Kleinwagen seiner Art zu sein.

Jetzt ist also der Iltis an der Reihe. Schon ein Jahr später können Abteilungsleiter Helmut Dotzauer, Projektleiter und Getriebespezialist Hans Nedvidek sowie Vorausentwickler Roland Gumpert dem Beschaffungsamt der Bundeswehr die ersten Prototypen präsentieren, 1978 haben rund zehn Erprobungsfahrzeuge die Tortur im realen Gelände und simulierten Schlammlöchern überstanden. Wie knapp die vorgegebene Entwicklungszeit letztlich bemessen war, offenbart sich bei der hochbeinigen und gestauchten Optik des „Iltis“ getauften Geländewagens, die stark an den Vorgänger erinnert, wie am technischen Grundgerüst, das dem Munga ebenfalls ähnelt. Geblieben sind der tragende Rahmen,

Schlamm drüber: Zehn Versuchsfahrzeuge müssen sich für ein Jahr durchs Gelände quälen, bis die Entwickler grünes Licht für den Serienbau geben.

Das technische Grundgerüst des DKW Munga ist beim in Ingolstadt entwickelten VW Iltis erhalten geblieben. Neu sind der Vierzylindermotor sowie der zuschaltbare Allradantrieb.

die einzeln aufgehängten Räder, die mit Querlenkern und quer liegenden Blattfedern operieren, und die Austauschbarkeit aller Antriebs- und Aufhängungsteile von Vorder- und Hinterachse.

Im Gegensatz zum DKW verzichtet der bei Audi entwickelte Volkswagen aber auf den permanenten Allradantrieb. Für Vortrieb auf der Straße sorgen die angetriebenen Hinterräder, für den Einsatz im Gelände kann die Vorderachse zugeschaltet werden. Auf das Verteilergetriebe, welches mittels Kardanwellen die Kräfte nach vorne und hinten verteilt und bei den meisten ernst zu nehmenden Geländewagen zur Standard-Ausrüstung gehört, haben die Ingolstädter Ingenieure verzichtet und den Antrieb der beiden Halbachsen für die Vorderräder ins Getriebe integriert. Ein System, welches das Gewicht des Wagens reduziert sowie den Schwerpunkt senkt und bereits in die unkonventionelle Richtung weist, in die sich später der Quattro-Antrieb entwickeln wird. An den Motorblock des Iltis ist das Getriebegehäuse des Audi 100 angeflanscht. Über den Getriebezahnrädern läuft ein Vorgelege für den Rückwärtsgang und einen 2:1 übersetzten Geländegang.

Die vordere Kardanwelle entfällt, mechanisch zuschaltbare Differenziale an Vorder- und Hinterachse sorgen dafür, dass der Iltis auch Steigungen von bis zu 80 Prozent bewältigt. Der im Normalbetrieb angetriebenen Hinterachse kann bei jeder Geschwindigkeit die Vorderachse zugeschaltet werden und sogar auf winkligen Wegen und kurvenreichen Landstraßen aktiviert bleiben. Durch den kurzen Radstand von nur zwei Metern kommt es nur zu geringen Verspannungen im steifen Antriebsstrang, ein ausgleichendes Zwischendifferenzial haben sich die Entwickler gespart.

Der nahezu unveränderte Radstand war eine Forderung der Bundeswehr gewesen, welche die vorhandenen Munga-Werkstatteinrichtungen weiter nutzen will. Beim Triebwerk handelt es sich um eine für den Export bestimmte, von 1,6 auf 1,7 Liter gewachsene Variante des Passat-Vierzylinders, die mit 75 PS und zahnriemengetriebener, obenliegender Nockenwelle endlich auf der Höhe der Zeit ist. Rund 8800 Iltis wurden von 1978 bis 1981 vereinbarungsgemäß an die Bundeswehr geliefert. Mit einem Preis rund 28.500 Mark ist der Iltis schon zu Beginn seiner Karriere kein Sonderangebot, Volkswagen lässt sich bei nicht vorhandener Konkurrenz fürstlich entlohnen.

Ein Jahr nach dem Bundeswehr-Iltis debütiert auf der IAA 1979 die Zivilversion, mit abgerüsteter Optik und in bunten Farben lackiert auf Teufel komm raus für die um sich greifende Freizeitgesellschaft eingekleidet. Am zaghaft beginnenden Boom der Geländewagen bei Privatleuten kann VW nur sehr begrenzt teilhaben. Auch wenn die Fertigung bei Audi schon 1982 endet, insgesamt werden 9574 Fahrzeuge gebaut, werden die letzten Iltis erst 1986 verkauft.

Für fast 40.000 Mark, soviel kostet ein Iltis 1984, gibt es auch schon ein 136 PS starkes Audi Coupé mit Allradantrieb. Zu diesem Zeitpunkt hat der Quattro-Antrieb in den schnellen Audi-Geschwistern längst sein Potenzial auf Straße wie Piste unter Beweis gestellt. Unter erfahrenen Testern hat die Kombination von Allradantrieb und Turbomotor für Euphorie, unter den Konkurrenten im Rallye-Zirkus für Endzeitstimmung gesorgt.

Den Ruhm, bei einer bedeutenden Motorsport-Veranstaltung einen Titel auf allen Vieren eingefahren zu haben, beansprucht aber der Iltis für sich. Doppelsieg bei der Rallye Paris-Dakar 1980, der härtesten Marathon-Rallye der Welt!

WÜSTLING AUS WOLFSBURG

182 Teilnehmer-Fahrzeuge hat der Extremsportler Thierry Sabine als Organisator der Langstreckenrallye Paris-Dakar am 26. Dezember 1978 vom Pariser Place de Trocadéro aus erstmals in die Wüste geschickt. Über 200 waghalsige Sahara-Durchquerer auf Pkw, Lastwagen und Motorrädern sind es am Neujahrstag 1980 zum Start der zweiten Auflage. Vier milde belächelte VW Iltis gehen bei den Serienfahrzeugen an den Start. Einen lenkt der 35-jährige Projektleiter aus der Audi-Vorausentwicklung, Roland Gumpert, der bei Audi schon an vielen Fronten kämpfte. Erst stand Gumpert der Entwicklung eines streng geheim gehaltenen Audi Motorrads mit

Audi 50-Motor vor, das nie über das Prototypen-Stadium hinauskam. Anschließend begleitete er den Iltis bis zur Serienreife, dann folgte das vor der Vollendung stehende Quattro-Projekt. Nun also Wüsten-Rallye.

Gumperts Iltis-Abenteuer hat ein halbes Jahr zuvor begonnen. Als begnadeter Entwickler und hervorragender Mechaniker soll er den Einsatz als technische Allzweckwaffe begleiten, was bedeutet, dass Gumpert mitfahren, navigieren und reparieren muss, denn Servicefahrzeuge sind nicht zugelassen. Ein letztes Mal kommt der Munga ins Spiel: ein ausrangiertes Förster-Auto dient Roland Gumpert künftig als Übungsfahrzeug für die ersten Fahrversuche als Rallyepilot sowie als Versuchsträger. Zuverlässigkeit und Haltbarkeit, das wird schnell klar, sind die Trümpfe, auf welche die Audi-VW-Mannschaft setzen wird.

Als Wüstling ist der Iltis schon ab Werk bestens gerüstet. Um den harten Bundeswehreinsatz zu überstehen, haben die Ingenieure Antriebsstrang und Motorperipherie besonders solide ausgelegt. Die gekapselte Einscheiben-Trockenkupplung – bei der Kupplungsscheibe handelt es sich tatsächlich um ein Serienteil vom Audi 100 – ist absolut wasserdicht und übersteht dank Belüftung auch tropische Temperaturen. Zwei Schläuche, die oben an der Spritzwand enden, versorgen das System mit Kühlluft und zur weiteren Wärmeabfuhr hat die Kupplungsglocke eine Verrippung erhalten. Ein Dampfblasen-Abscheider in der Treibstoffzufuhr verhindert, dass der Motor bei großer Hitze Startprobleme bekommt und im Luftfilter scheidet eine Zentrifuge grobes Material wie Sand und Staub per Fliehkraft aus. Bei drei von vier Fahrzeugen ist die Motorleistung für den Renneinsatz mittels Doppelvergaser und geänderter Auspuffanlage auf 110 PS gesteigert worden, der vierte Über-Iltis geht mit einem auf 160 PS hochgerüsteten 2,1-Liter-Reihenfünfzylinder aus dem Audi 100 5E an den Start.

Service-Kraft: Roland Gumpert reist mit 300 Kilogramm Ersatzteilen als Mechaniker durch die Wüste.

Im Jahr 1980 ist das Feld der teilnehmenden Abenteurer noch überschaubar, zum Teil sind die Fahrzeuge besser vorbereitet als die Fahrer.

Volks-Nah: Patrick Zaniroli (oben) und die anderen VW-Teams sind an jedem Service-Punkt von Einheimischen umgeben.

Sicherheitselemente wie Überrollkäfig, Frontschutzgitter und Unterbodenschutz sowie Instrumente für Öldruck und Öltemperatur, Drehzahl, Wassertemperatur und Benzindruck zählen zum Aufrüstungs-Programm. Außerdem starke Halogen-Scheinwerfer, andere Stoßdämpfer, spezielle Sandreifen und ein Zusatztank, jetzt sind 175 Liter Benzin an Bord.

Gleich vier Iltis-Teams schickt Volkswagen in die Wüste. Bei dieser von Franzosen dominierten Rallye meldet VW zwei rein französische Teams: Patrick Zaniroli/Philippe Colesse mit der Startnummer 136 sowie den erfahrenen Rallyepiloten Jean Ragnotti mit Co Georges Vails auf der 138. Mit der Startnummer 137 gehen der in Bayern lebende schwedische Graf Freddy Kottulinsky und Navigator Gerd Löffelmann ins Rennen, am Steuer der 139 sitzt Roland Gumpert, der von Werkstattmeister Alois Eder und 300 Kilogramm Ersatzteilen begleitet wird.

Die Fahrerteams sind zweifellos nachlässiger vorbereitet als die Fahrzeuge. Jean Ragnotti lässt sein Kochgeschirr zuhause und Freddy Kottulinsky packt in Verkennung eisiger Wüstennächte ausschließlich leichte Sommerkleidung ein. Nach dem Start in Frankreich geht es durch Algerien, Mali, Niger, Obervolta (das heutige Burkina Faso), Mauretanien in den Senegal – 10.000 Kilometer, von denen 4059 Kilometer als Sonderprüfungen gewertet werden. Schon auf der zweiten Sonderprüfung übernimmt Ragnotti die Spitze des Feldes, die nächste Wertung gewinnt Kottulinsky. Unendlich zäh wühlen sich die Iltis ihren Weg, springen dank ihres kurzen Radstands wie Kängurus über Kuppen.

Startnummer 139 verliert nach einer Kollision mit einem Felsen erst eine Kardanwelle, anschließend bricht im verbleibenden Frontantrieb eine Halbwelle und der Iltis schleppt sich waidwund aber unaufhörlich dank hundertprozentiger Differenzialsperre mit Einradantrieb ins Ziel.

Sogar als das Team um Kottulinsky nach einem Überschlag und dem Verlust des Kompasses für einige Zeit in der Wüste verschollen geht, reicht der herausgefahrene Vorsprung noch für den Gesamtsieg. Kottulinsky

und Löffelmann werden vielbestaunte Erste, Platz zwei geht an den Iltis-Fahrer Patrick Zaniroli, Gesamtvierter wird sein französischer Landsmann Jean Ragnotti. Als Neunter erreicht schließlich Roland Gumpert das Ziel, der eigentlich nur als mobile Werkstatt mitgefahren war. Der Triumph in Dakar ist vollkommen, das eigentliche Ziel verfehlt VW trotz Doppelschlag dennoch. Eigentlich soll der Sieg dem französischen NATO-Partner nämlich die Fähigkeiten und Nehmerqualitäten des Iltis vor Augen führen und den Verkauf des teuren Geländegängers werbewirksam ankurbeln.

Daraus wird leider nichts, die Grande Armée kauft ihre Geländewagen lieber bei Mercedes und lässt das G-Modell als Peugeot P4 in Lizenz bauen. Stattdessen greifen die Kanadier zu. Volkswagen verkauft die Fertigung nach Nordamerika, wo Bombardier den Iltis produziert und rund 2500 Stück an die kanadische Armee liefert. Dass der wüste Ritt durch weite Wüsten von Paris nach Dakar aber als ideale Vorbereitung für den bevorstehenden Genfer Salon gewertet werden könnte, darauf scheint im Frühjahr 1980 bei Audi und Volkswagen niemand zu kommen ...

2. Rallye Oasis Paris-Dakar (1.–23.Januar 1980)

Platz	Startnr.	Besatzung	Zeit
1.	137	F. Kottulinsky/G. Löffelmann (S/D)	48:34,26 Std.
2.	136	P. Zaniroli/P. Colesse (F/F)	+ 12.03 min.
4.	138	J. Ragnotti/G. Vails (F/F)	+ 2:29,53 Std.
9.	139	R. Gumpert/A. Eder (D/D)	+ 9:00,33 Std.

Allrad-Revolution

Vom Gelände auf die Straße

Aller Allrad Anfang: Bei Testfahrten mit einem serienmäßigen VW Iltis wird die Idee geboren, einen Allradler mit einem starken Motor auszurüsten.

Große Ideen sind immer einfach. Die Allrad-Revolution bei Audi beginnt mit einer simplen Rechenaufgabe und Jörg Bensinger (41), Leiter des Fahrwerk-Versuchs bei Audi NSU, wie die VW-Tochter Mitte der 70er-Jahre noch heißt, liefert Frage und Antwort zugleich. Es ist der Februar 1977 und nachdem Iltis-Projektleiter Roland Gumpert (32) seinem Chef die bemerkenswerten Traktionsvorteile des Geländewagens im Vergleich zur zivilen Testflotte geschildert hat, brettert nun auch Jörg Bensinger im verschneiten Nord-Finnland im VW Iltis-Versuchsfahrzeug den stärker motorisierten Fronttrieblern davon. Das umfangreiche Testprogramm rund um Rovaniemi – jedes neue Audi-Modell wird für mindestens drei Wochen durch die glutheiße algerische Sahara und das klirrend kalte Lappland gehetzt – hat Entwicklungschef Ferdinand Piëch eingeführt.

Aus diesem Grund ist in Finnland auch ein getarnter Audi 200-Prototyp dabei. Immerhin mit einem aufgeladenen Fünfzylinder ausgerüstet, aber selbst der kommt im traktionsarmen Gelände nicht an den im letzten Entwicklungsstadium steckenden Iltis heran. Bensinger wird klar, was er eigentlich schon immer wusste: zwei plus zwei macht vier. Mehr ist wirklich mehr! Wenn dieser 75 PS starke Iltis ein einfacher Geländewagen

und im Grunde seines unprätentiösen Wesens ein aufgepäppelter Munga ist, was würden dann wohl erst vier angetriebene Räder mit doppelt so viel PS in einem Sportwagen anstellen? Nicht im Gelände, sondern auf der Straße? Genau, noch mehr! Man sollte da mal was entwickeln, um sie alle zu verblasen ...

ANFANG AUF ALLEN VIEREN

Bensingers Idee, ein Straßen-Fahrzeug mit Allradantrieb auszurüsten, ist 1977 allerdings auch schon nicht mehr ganz so neu. Als der österreichische Ingenieur Ferdinand Porsche und der Wiener Hofkutschenhersteller Jakob Lohner im Jahr 1900 auf der Weltausstellung in Paris ihren „Lohner-Porsche" präsentierten, wurde der auf Wunsch von vier Rädern angetrieben. Die Elektromotoren des in knapp 300 Exemplaren gefertigten Automobils saßen in den Radnaben der Vorderräder.

Rad und Rotor des Gleichstrommotors, ein Benzinaggregat versorgte die Motoren über eine Lichtmaschine mit Strom, waren direkt miteinander verbunden. Das Fehlen von Getriebe und Antriebswellen war eine Sensation, das Gesamtkonzept seiner Zeit allerdings soweit voraus und so teuer, dass sich die heckgetriebene Konvention vorerst im Automobilbau durchsetzte.

Aber nicht überall. Drei Jahre später stellten die Brüder Hendrik-Jan und Jacobus Spijker den ersten allradgetriebenen Serienwagen der Welt, den „Spyker" 36/50 HP vor. 1898 hatten die Holländer aus Trompenburg bei Amsterdam von Kutschen auf Automobile umgesattelt und die Firma der einfacheren Aussprache zuliebe in „Spyker" umgetauft. Der technische Ehrgeiz, die Fülle an Neuerungen und die Ausführung waren beachtlich: der 36/50 HP von 1903 besaß außerdem als erstes Automobil einen Sechszylindermotor und war mit Bremsen an allen vier Rädern ausgerüstet. Ein Mitteldifferenzial übernahm die Kraftverteilung an Vorder- und Hinterachse.

Die Entwicklung des Fahrzeugs ging zurück auf die Ingenieure Josef Valentin Laviolette und Emile Gustave Drouard, deren Konstruktion durch Zuverlässigkeit und hochwertige Qualität überzeugte und vor allem in Großbritannien große Erfolge erzielte. Auf der Rennstrecke kämpfte der Spyker mit seinem hohen Gewicht und der durch den Vorderradantrieb bedingten schwergängigen Lenkung, auf der Straße konnte die Technik hingegen überzeugen. Der Spyker Wahlspruch „Nulla tenici invia est via" („Dem Beharrlichen ist kein Weg unwegsam") war Programm. Dennoch verschwand die anspruchsvolle und exklusive Marke – die in den 20er-Jahren auf Motoren der deutschen Firma Maybach-Motorenbau setzte – 1925 in der von Kratern durchzogenen Wirtschafts-Landschaft der inflationären Zeit nach dem Ersten Weltkrieg.

Nach Spykers Quantensprung herrschte auf dem zivilen Sektor de facto für die nächsten sechs Jahrzehnte Stillstand, von einigen Ausnahmen im Motorsport wie Bugatti, Miller, Cisitalia oder Lotus (s. Kapitel Allrad-Invasion) einmal abgesehen. Einzig das Militär forcierte die Entwicklungen und wieder war Ferdinand Porsche beteiligt. Als die Wehrmacht Prof. Porsche den Auftrag erteilte, auf Basis des bereits 1939 entwickelten VW Kübelwagens (Typ 82) einen schwimmfähigen und geländegängigen Allrad-Wagen zu entwerfen, hatte der die Pläne für einen Volkswagen mit Kletter-Qualitäten bereits ausgearbeitet. 1942 erblickte zuerst der VW Schwimmwagen (Typ 166) das dunkle Licht seiner Weltkriegs-Welt. 14.283 Stück des Alleskönners wurden bis 1944 gebaut.

Gleichzeitig begann man damit, herkömmliche Volkswagen-Karosserien über Wehrmachts-Technik zu stülpen. Heraus kamen ein hochbeiniger, aber immer noch heckgetriebener KdF-Wagen (Typ 82 E) und eine Variante mit dem wieder auf Normalmaß (2400 statt 2000 mm) verlängerten Schwimmwagen-Chassis: der Typ 87. Die konsequenteste Kombination aller Qualitäten, ein allradgetriebener Zwitter mit militärischem Hintergrund und zivilem Auftreten. Der Allrad-Volkswagen mit dem langen Plattform-Chassis und den grobstolligen Reifen des Schwimmers war zwar nicht fürs Schwimmen konzipiert, blieb aber dank zuschaltbarem Vorderradantrieb geländetauglich. Der geschlossene Typ 87 entwickelte sich durch die Vorliebe der höheren Chargen alsbald zum „Kommandeurwagen". Wie beim Afrika-Korps, wo die meisten der nur 546 gebauten in die Wüste geschickt wurden. Danach waren es die Alliierten, die ein Auge auf den Allradler warfen. Nur noch zwei Exemplare des nun Typ 287 genannten Modells entstanden. Major Ivan Hurst von den Royal Electrical and Engineers, britischer Verwalter und alliierter Oberkommandierender des Wolfsburger Werks nach 1945 und Wegbereiter von Heinrich Nordhoffs Wirtschaftswunder, fuhr einen der „Kommandeurwagen".

Auch die Entwicklungen der Amerikaner und Briten konzentrierten sich auf den Einsatz im Gelände. Der Jeep von Willys Overland, 1940 in Dienst gestellt, und sein neu interpretierter englischer Abkömmling Land Rover von 1947 waren ursprünglich nicht für zivile Zwecke gedacht, sondern für den Kriegseinsatz sowie als Arbeits- und Expeditionsgerät. Zwar wurde die Jeep-Palette 1949 um den abgerüsteten Station Wagon, ein variables Kombimodell erweitert, und der Landmaschinenhersteller International Harvester stellte 1961 mit dem „Scout" eine frühe freizeitorientierte Ahnung des SUV-Booms auf die Räder, vom wirklich schnelllaufenden, permanenten Allradantrieb blieben all diese Spielarten allerdings weit entfernt.

WIE AUS DEM FF

Harry Ferguson, 1884 in Nord-Irland geboren und mit selbst entwickelten Landmaschinen und Traktoren zum Fahrzeughersteller avanciert, war der Erste, der dieses ingeniöse Kunststück in die Tat umsetzte. Die Straße hatte der Entwickler im Auge, als er an Allradantrieb dachte. Schon seit Mitte der 50er-Jahre forschte Ferguson in Coventry an der Lösung für normale Pkw und sogar Rennwagen.

Die Vorteile des Allradantriebs waren bekannt. Beim Beschleunigen und Bremsen entsteht eine Kraft in Längsrichtung, während die Seitenführungskraft, wie sie in Kurven auftritt, quer zum Fahrzeug wirkt. Ist die Gesamtkraft größer als die durch die Räder auf die Fahrbahn zu übertragende Kraft, verliert das Rad den Kontakt zum Boden. Beim Allradantrieb verteilt sich die Antriebskraft auf vier Räder, entsprechend reduziert sich die auf die Fahrbahn zu übertragende Gesamtkraft pro Rad. Die Antriebskraft am einzelnen Rad wird gesenkt, die Seitenführungskraft steigt – das Fahrzeug bleibt auch bei Nässe oder in Kurven stabil. Wichtig also vor allem für Fahrzeuge, die hohe Geschwindigkeiten erreichen.

1961 gewann Stirling Moss im strömenden Regen das Oulton Park Gold Cup-Rennen in einem allradgetriebenen Ferguson P99, ausgerüstet mit einem 1,5-Liter-Coventry-Climax-Motor. Am 20. Oktober 1965 auf der London Motorshow war der feine Autobauer Jensen aus West Bromwich schließlich der erste, der mit dem „FF" einen Seriensportwagen mit permanenten Allradantrieb nach der eigenen „Formula Ferguson" präsentierte und außerdem über das von Dunlop konstruierte Maxaret-Antiblockiersystem verfügte. 1966 begann die Fertigung des von Vignale entworfenen Coupés, nur 318 Exemplare des unerhört teuren Jensen FF mit 6,3-Liter-Chrysler-V8 und 325 PS entstanden zwischen 1966 und 1971.

Das Drehmoment wurde per Planetenrad-Zentraldifferenzial zu ungleichen Teilen nach hinten (63 Prozent) und vorne (37 Prozent) verteilt. In den 70er-Jahren kam ein ebenfalls in Eigenregie entwickeltes Viscose-Pendant zum Einsatz. 1971 kaufte die englische Firma GKN die Patente, Ferguson blieb auch weiterhin den Sonderserien treu. Kleine Auflagen des Opel Senator, Bitter SC, Bedford-Lieferwagen und Range Rover wurden mit Ferguson-Antrieb versehen und neben all der anderen Pionier-Arbeit wurde bei Ferguson außerdem die „FF Anti Skid Brake" entwickelt, ein Vorgänger-System des heutigen ABS.

Der breiten Masse der Autofahrer ebneten andere Unternehmen den Weg zum Vierradantrieb. Zwar alle mit dem gleichen Ziel, aber unterschiedlichsten Ergebnissen. Da gab es einmal Rover, wo 1970 der „Range Rover" der Öffentlichkeit vorgestellt wurde, Vorgänger aller SUV (Sport Utility Vehicles) und SAV (Sport Activity Vehicles). Zum ersten Mal kombinierte Rover die bekannten Qualitäten seines längst legendären Allrad-Urgesteins mit jenen der Personenwagen.

Das Resultat war ein geländegängiger, mit Allradantrieb ausgestatteter Kombinationswagen, der Luxus im Innenraum sowie überzeugende Fahreigenschaften auf der Straße bot. Das Design distanzierte sich von der Zweckmäßigkeit des Land Rovers, der 3,5-Liter-Leichtmetall-V8 – ursprünglich eine Buick-Entwicklung – stammte aus den gediegenen P5- und P6-Modellen der Personenwagen-Reihe. Das weich ausgelegte Fahrwerk mit langen Federwegen sorgte für komfortables Fahren auf der Straße und große Verschränkung im Gelände. Ein mechanisch sperrbares Mitteldifferenzial verteilte die Leistung auf die zwei Achsen, ein Kriechgang sicherte das Fortkommen in unwegsamen Passagen und bei Hängerbetrieb.

Ebenfalls in schwierigem Terrain wurde die Idee für den ersten allradgetriebenen Subaru geboren. Die japanische Elektrizitätsgesellschaft Tohoku Electric Su Company regte ein allradgetriebenes Fahrzeug an, das es dem Stromversorger ermöglichen sollte, Wartungsarbeiten auch unter widrigsten Bedingungen durchzuführen. Der Leone Station Wagon AWD von 1972 erfüllte diese Vorgaben. Neu war die Kombination einer schlichten Personenwagenhülle mit undramatisch funktionierender Vierrad-Traktion und damals schon ungewöhnlichem Boxermotor. Vor der Vorderachse angeordnet, was aufgrund der geringen Abmessungen problemlos möglich war, trieb der Vierzylinder-Boxer die Vorderräder an. Der Heckantrieb wurde mechanisch neben der Handbremse zugeschaltet: Kupplung treten, ein Zug am Hebel und die nach hinten führende Kardanwelle wurde fest mit dem Getriebe verbunden. Der Subaru erklomm steile Anstiege, fuhr unbeirrt geradeaus und ermöglichte wegen gut verteilter Antriebskräfte selbst schnelle Kurvenfahrten. Förster, Landwirte und Berg-Benutzer fuhren zukünftig Subaru, ein undynamisches Image, das lange Zeit wie heißer Asphalt am Markennamen klebte, den Allradantrieb aber auch in weniger exotische Regionen Mitteleuropas brachte.

In den USA übernahm die American Motors Corporation (AMC), vierter Hersteller hinter den „Großen Drei" GM, Ford und Chrysler, die Vorreiterrolle in Sachen Allradantrieb und Personenwagen. Im Herbst

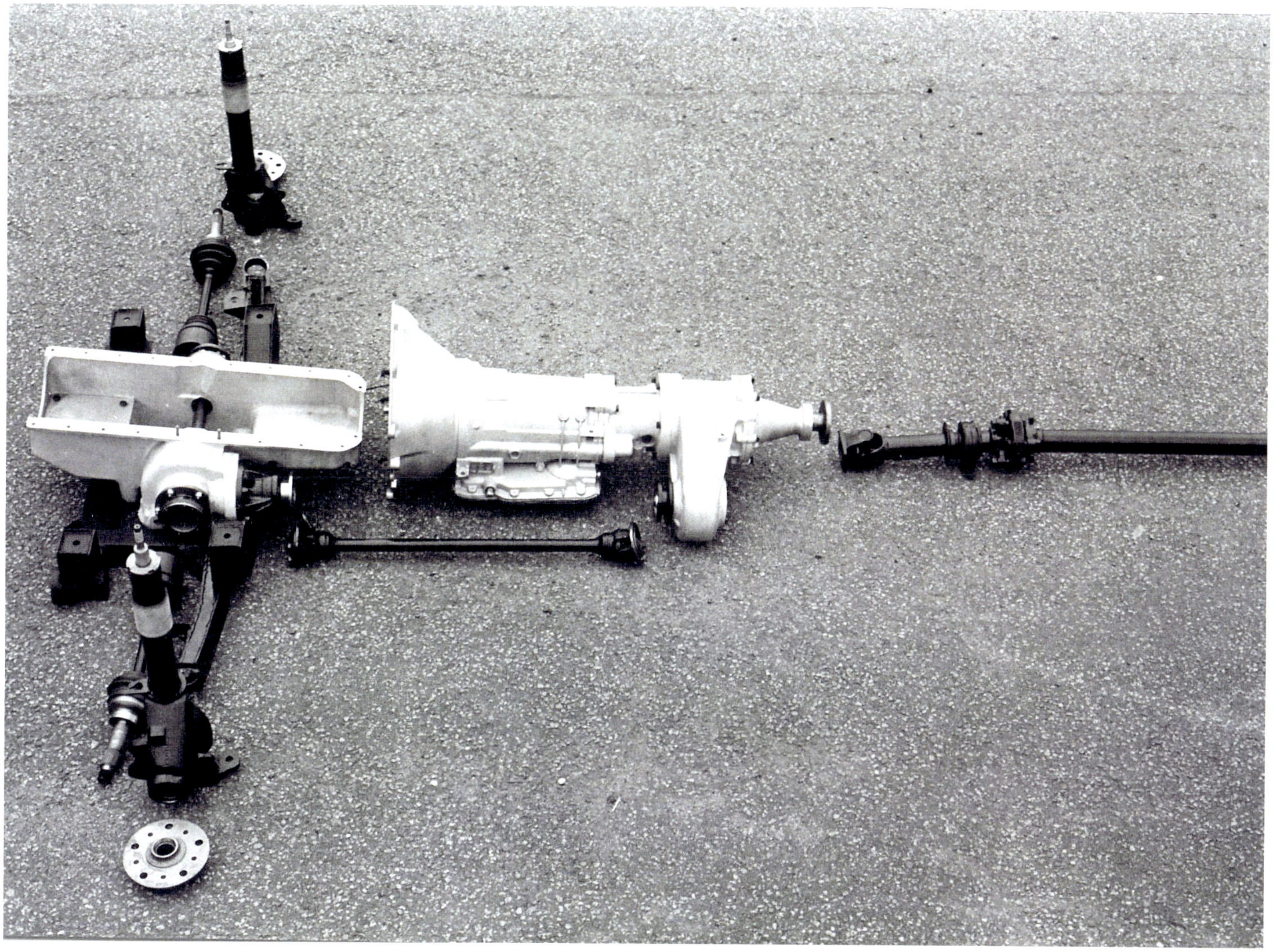

Wie aus dem FF: Der Allradantrieb nach der Formula Ferguson leitet die Kraft über eine zweite Welle zur Vorderachse, eine der vorderen Antriebswellen führt durch die Ölwanne hindurch.

1979 präsentierte AMC den „Eagle“, dessen Modellreihe eine klassische Limousine, einen Kombiwagen und ein Coupé umfasste. Rund 20 Zentimeter Bodenfreiheit in Kombination mit großen Rädern zeigten, dass der Eagle für schlechte Wege gerüstet war und AMC das „Crossover“-Konzept vom bedingt geländegängigen Serien-Pkw schon vor einem Vierteljahrhundert entdeckt hatte, wenn auch mehr aus der Not geboren.

Um die Entwicklungskosten beim chronisch klammen und als konservativ geltenden Autobauer gering zu halten, wurden vorhandene Karosseriekörper auf den Allradantrieb gestülpt. Der Allradantrieb funktionierte nach der Formula Ferguson: GKN überließ die Lizenz für Nordamerika Chrysler, wo AMC den „Quadra-Trac“-Antrieb bezog. Die Kraftverteilung übernahm eine Viscose-Kupplung zwischen Vorder- und Hinterachse, eine Geländeübersetzung fehlte aber. Als Antrieb diente ein 4,2-Liter-Sechszylindermotor mit 112 PS in Verbindung mit einer Dreigangautomatik. Als die Produktion des Ur-Eagle 1988 nach der Übernahme von AMC durch Chrysler eingestellt wurde, war der Allrad-Boom erst am Anfang. Nur den Eagle als einen seiner Mitbegründer hatte keiner mehr auf der Rechnung, obwohl der neue Besitzer Chrysler den Namen Eagle zugunsten des alten Namens AMC als ganze Marke weiterführte.

A1 IST 1A

Fast zur gleichen Zeit wie bei AMC Gedanken um einen Pkw mit Allradantrieb die Runde machen, kehrt Jörg Bensinger mit frisch gewonnenen Fahreindrücken aus Finnland und einer Idee für den Alltag nach Ingolstadt zurück. Am 2. Februar 1977 unterbreitet Bensinger im Kreis der Entwickler von Chassis, Konstruktion und Vorausentwicklung seine Idee: die Traktionsvorteile des Iltis in Form eines permanentem Allradantriebs mit einem Serien-Audi und einem Plus an Leistung kombinieren. In seiner „Auto.Biographie“ erinnert sich Ferdinand Piëch, zu dieser Zeit Entwicklungschef bei

Vater-Figur: Jörg Bensinger (l.), der Audi-Entwickler mit der Allrad-Idee, empfängt Glückwünsche von seinen Vorgesetzten Wolfgang Habbel und Ferdinand Piëch (2. u. 3. v. r.).

Audi NSU, an jenen Moment, als Bensinger seine Vorstellungen von einem schnelllaufenden Allradantrieb in einer Serienkarosserie unterbreitete. „Somit war´s nicht irgendein Projekt, sondern etwas völlig Neues in der Summe dreier Features:

- Allrad nicht als Notbehelf für widrige Umstände, sondern als Tugend für alle Tage, keine „Alpenfahrzeug"-Etikettierung.
- Unterbringung dieser Technik im Mittelklasse-Layout ohne schrecklich viel Gewicht (Jensen!) und ohne geländemäßige Hochbeinigkeit.
- Nutzung des sich daraus ergebenden sportlichen Potenzials durch einen Motor, der nicht nur den üblichen Job tun würde, sondern jenen Leistungsüberschuss brachte, den man nur mit Allrad sinnvoll verwerten konnte.

Ich sagte Ja dazu und ließ das Projekt unter der Hand laufen, ohne Papierkrieg, um die Mutter nicht aufzuscheuchen. Prototyp A1 wurde ab Frühjahr 1977 ohne Entwicklungsnummer gebaut."

Unauffällig, lautlos, wie unter Benutzung eines Schalldämpfers, fällt in Ingolstadt der Startschuss für das Projekt Audi Quattro. Natürlich gibt es Bedenken, auch beim Chef, der erst einmal eine Nacht darüber schlafen muss. Seit 1975 steht Piëch als Nachfolger von Ludwig Kraus, Vater des Audi 100, 80 und 50, dem Technischem Entwicklungszentrum (TE) als Leiter vor. Den Allradantrieb kennt Ferdinand Piëch noch von seiner Zeit bei Porsche, wo einer der neuartigen Jensen FF seinerzeit untersucht, gefahren, seziert und für untauglich befunden wurde.

Chef-Sache: Erfahrungen mit allradangetriebenen Sportwagen hatte Entwicklungschef Ferdinand Piëch schon als Konstrukteur bei Porsche gesammelt.

Die Rundenzeiten des konventionell angetriebenen Jensen Interceptor, im Vergleich zum FF deutlich leichter, seien besser gewesen, somit hätte niemand die Spur weiterverfolgen wollen. Es fällt schwer, die Vorstellung eines ausschließlich für das Gelände oder alpine Regionen vorbereiteten Fahrzeugs aus dem Kopf zu verbannen.

Jörg Bensinger gelingt dies besser und bald steht dem einsamen Rufer als Mitstreiter der Chef der Vorausentwicklung, Walter Treser, zur Seite, seit dem 1. Januar 1977 bei Audi und unter anderem verantwortlich für die „Sonderfahrzeuge“. Ein Polo mit Mittelmotor steht zur weiteren Erforschung bereit, außerdem ein Audi 80 mit Ascona-Motor, der Erkenntnisse über das Stuckern des Vorderwagens bringen soll. Außerdem hat Treser das Audi Motorrad-Projekt ZR 02 von Roland Gumpert geerbt, welches auf Wolfsburger Weisung hin schließlich beerdigt wird. Mit Geheimhaltung kennt sich der 37-Jährige demnach aus, aber zumindest können Bensinger und Treser bei der Konstruktion des „Allrad 1“ (A1) auf Teile aus der laufenden Produktion zurückgreifen, was dringend geraten ist. Ohne offizielle Entwicklungsnummer gibt es keine Mittel, jeder Entwicklungsschritt muss an den Buchhaltern vorbei gemacht werden, die Tarnung muss perfekt sein.

Forschungsbasis ist ein alter, zweitüriger, im Radstand leicht gewachsener Audi 80, ein Vertreter jener notdürftig gelifteten Erstausgabe, die seit 1976 mit Breitbandscheinwerfern optische Nähe zum größeren Audi 100 herstellen soll. Dem Versuchsträger implantieren Bensinger und Treser den Antrieb des Iltis mit starrer Übersetzung zwischen Vorder- und Hinterachse, ohne mittleres Differenzial zum Ausgleich der Drehzahlunterschiede zwischen den Achsen.

Um die Kraftübertragung zur Hinterachse kümmert sich Hans Nedvidek, ein ehemaliger Mercedes-Renningenieur, der in den 50er-Jahren bereits an der Entwicklung der Grand Prix-Autos von Juan Fangio und Stirling Moss mitwirkte. Nedvidek geht den einfachsten

Erster unter Gleichen: Im September 1977 erhält der Prototyp A1 die Projektnummer EA 262.

Weg und flanscht wie beim Iltis die Kardanwelle an die Antriebswelle des Getriebes. Anstelle der starren Hinterachse kommt eine umgedreht eingebaute Vorderachse mit McPherson-Federbeinen zum Einsatz, die mit einem Differenzialgehäuse des Iltis bestückt wird.

Verspannungen im Antriebsstrang bei Kurvenfahrten und rutschende Räder nehmen die Entwickler in Kauf, noch geht es nur darum zu beobachten, wie sich ein permanenter Allradantrieb in einem stark motorisierten Serien-Pkw schlägt. Als Triebwerk dient nicht mehr der 1,7-Liter-Vierzylinder des Iltis, stattdessen sitzt ein aufgeladener Fünfzylinder des Audi 100 unter der Haube, eine 160 PS starke Entwicklungsstufe jenes Triebwerks, das im projektierten Audi 200 5T ab 1979 Druck machen soll. Einige Änderungen sind an Getriebe und Achstrieb nötig, um das gewachsene Drehmoment zu verkraften.

Der orangerote Audi 80 mit dem amtlichen Kennzeichen IN - NC 92 ist eine wilde Promenadenmischung: Unten wuchern die 6 Zoll breiten Leichtmetallräder des Audi 100 5E aus den Radkästen, oben herum spannt sich ein Vinyl-Dach. Doch die Mischung macht's: Die Ergebnisse der Versuchsfahrten sind so vielversprechend, dass der A1 im September 1977 den offiziellen Segen des Vorstands und die Projektnummer EA 262 erhält, so dass im November 1977 die Straßenerprobung beginnen kann.

Fast gleichzeitig fällt bei den Konzern-Oberen die wichtigste Entscheidung überhaupt: Die Straßenversion eines leistungsstarken, noch namenlosen 4x4-Fahrzeugs wird in die Produktionsplanung aufgenommen. Rund ein Dutzend Techniker des Bereichs Forschung und Entwicklung (FE) werden abgestellt, „A1" voranzubringen. Das Projekt, das erst zu Beginn des Jahres in den Köpfen einiger Ingenieure entstanden war, ist auf dem besten Weg Realität zu werden. Noch sind die größten Hindernisse aber nicht überwunden. Die Entscheider bei der großen Mutter VW müssen vom A1-Potenzial überzeugt werden.

GEHUPFT WIE GESPRUNGEN

An VW-Vertriebschef Dr. Werner P. Schmidt war schon das Audi-Motorrad gescheitert, vehement hatte er sich dagegen verwehrt, als „Zweiradhändler" aufzutreten. Walter Treser erinnert sich 25 Jahre später: „Die Meinungen gingen weit auseinander. Schmidt sah Opel als Volumen-Marke als Vorbild für Audi, Piëch Mercedes-Benz, aufgrund deren Prestige in Verbindung mit den hohen Stückzahlen. Um dahin zu kommen, wollten wir den Allradantrieb nutzen – eine technische Idee zur Firmenstrategie machen."

Um den skeptischen Schmidt zu beeindrucken, denkt man sich in Ingolstadt etwas ganz Besonderes, Augenscheinliches aus. Im Januar 1978 begrüßen die Audi-Entwickler um Ferdinand Piëch den Verkaufsvorstand Schmidt und Marketingchef Edgar von Schenck auf der Turracher Höhe, es gehe um die Abnahme neuer Reifen, wird den VW-Granden mitgeteilt. Die Turracher Höhe in Österreich, mit bis zu 23 Prozent Steigung Europas steilster Alpenpass, ist zu dieser Zeit zu 100 Prozent schneesicher und ein beliebtes Testgebiet für Reifenhersteller.

Just an diesen Tagen ist auch ein Produzent von Kettenfahrzeugen vor Ort. Im Hotel Seewirt gibt es für Schmidt und von Schenck am Vorabend Hüttenzauber, am nächsten Tag wird es ernst. Piëch und Schmidt rumpeln auf Einladung der anwesenden Kettenfahrzeugbauer die Höhe hinauf und hinab, dann wird der so harmlos wirkende A1-Prototyp in Stellung gebracht. Mit Sommerreifen und ohne Schneeketten erklimmen der Audi-Entwickler und der VW-Verkaufsvorstand die schnee- und eisbedeckte Straße – eine Demonstration der Gelassenheit und Sicherheit.

Der Coup gelingt, Schmidt ist im Boot, wenn auch mit aller Vorsicht. Wie viele Autos man davon bauen wolle, fragt der Vertriebschef. „400", lautet die Antwort. Gerade genug, um den Allrad-Audi für den Motorsport zu homologieren. Die entsetzte Reaktion Werner P. Schmidts geht anschließend in die VAG-Annalen ein: „Wem, um Himmels willen, soll ich denn vierhundert von den Dingern verkaufen?" Jörg Bensinger ist es, der sich tief überzeugt von der eigenen Entwicklung als Chef-Verkäufer anbietet. Verkauft werden muss das Konzept aber auch noch zwei anderen Mitarbeitern von Volkswagen: Technikchef Professor Dr.Ernst Fiala und Konzern-Vorstand Toni Schmücker.

Dem Techniker Fiala wird der A1 für einige Tage zu Testfahrten überlassen. Die Verspannungen, die in engen Kurven auftreten, kann Fachmann Fiala dem Prototypen verzeihen, er weiß um die Tücken des starren Antriebs. Fialas Ehefrau weiß davon nichts. Im engen Schneckengewinde eines Wiener Parkhauses, das erst im fünften Stock einen Parkplatz bereithält, steht das gesamte Audi-Allrad-Projekt auf dem Prüfstand der Alltäglichkeiten. Frau Fiala ist irritiert: „Das Auto hüpft." Ernst Fiala reagiert: „In das „hupferte" Auto muss ein zentrales Differenzial rein." Nach Wien steht also die zentrale Frage im Raum, ob der Audi nur ein Fahrzeug für eine puristische Minderheit technikverliebter Sportfahrer werden soll, oder ein alltagstaugliches Auto für einen größeren Kundenkreis. Die Antwort darauf kann nur Toni Schmücker in Form von finanziellen Mitteln geben. Seit dem 10. Februar 1975 sitzt der ehemalige Ford-Vorstand im Chefsessel in der 13. Etage der Wolfsburger Zentrale.

Mit drei spiel vier: Der 200 PS starke Prototyp A3 von 1979 ist die stärkste und ausgereifteste Entwicklungsstufe auf dem Weg zum Audi Quattro.

„Schrumpfen, schrumpfen, schrumpfen" lautet seither das Motto, für technische Spielereien ohne Aussicht auf Verkaufserfolg fehlt dem Pragmatiker jedes Verständnis.

Im April 1978 geht man ähnlich vor wie an der Turracher Höhe. Ein Wiesenhang in der Nähe des Audi-Entwicklungszentrums wird von der Gaimersheimer Feuerwehr gewässert, zum Fahrvergleich sind ein 7er BMW, ein Audi 200 Prototyp und der A1 angetreten. Alles geht sehr schnell, den BMW lässt Schmücker links liegen und steigt eher lustlos in die bereitstehenden Audi, kommt aber nur im A1 den rutschigen Hang hinauf. Die Demonstration hat gewirkt: noch am selben Tag gibt er drei Millionen Mark für die nächste Entwicklungsstufe frei. Im Mai 1978 erteilt Ernst Fiala seine Zustimmung zur Serieneinführung des Allrad-Konzepts.

Zeitgleich kommt auf dem Hockenheimring für den A1-Prototyp die Stunde der Wahrheit, in der sich das Konzept des permanenten, schnelllaufenden Allradantriebs auf trockenem Untergrund beweisen muss. Im direkten Vergleich mit einem 240 PS starken Porsche 928 zeigt der nominell um 80 PS unterlegene A1, dass selbst auf griffiger Fahrbahn hervorragende Fahrleistungen möglich sind und der Allradantrieb dem sportlichen Anspruch gerecht wird. Die Rundenzeiten des Audi liegen nur geringfügig unter jenen des großen Porsche. Jetzt wo die grundlegenden Fragen geklärt sind, geht die Entwicklung zügig voran und die Allrad-Idee beflügelt die Gedanken. Schon im Herbst 1978 fällt die Entscheidung für eine abgespeckte Coupé-Version, die zwar über Allradantrieb verfügen, aber ohne Turbomotor auskommen soll.

Im Jahr darauf werden Strategien entwickelt, wie die Modellpalette nach oben erweitert werden könnte. Auf die Baugruppen A (Polo), B (Audi 80) und C (Audi 100) soll D folgen. „D-Allrad" heißt „große Klasse", Arbeitstitel Audi 300, ein Modell mit V8-Motor und Allradantrieb. Bis der Audi V8 erscheint, wird es aber noch fast zehn Jahre dauern ...

Einstweilen halten auf dem Weg zum Quattro Audi 80-Limousinen als Versuchsträger her, auf den A1 folgen A2 und Anfang 1979 der A3. Beide bereits im neuen Gewand des Typ 81, der im September 1978 vorgestellt wird. Während der bereits 200 PS starke, beige-gelbe A3 mit dem wilden Doppelrohrauspuff und Kennzeichen IN - NE 48 in der Allrad-Evolution die am weitesten fortgeschrittene Stufe auf der Leiter zum Ur-Quattro darstellt, verglüht sein Vorgänger A2 später bei Motorentests in der Sahara. Eine gebrochene Benzinleitung setzt dem Testprogramm ein verfrühtes Ende.

DIE WELLE GEMACHT

Schon zu Beginn des Entwicklungsprozesses war die Entscheidung für einen permanenten Allradantrieb gefallen, ausgelöst durch die Erfahrungen mit dem Iltis beim Test in Skandinavien. Im Gelände und auf Schnee dem Rest der Testflotte überlegen, zeigte sich

Ahnen-Reihe: Aus A1 und A3 wurde der erste Quattro-Prototyp entwickelt – das „missing link“, der A2, ging bei Tests in der Sahara in Flammen auf.

der Iltis mit zugeschalteter Vorderachse im Straßenbetrieb jedoch als ruppiges Nutztier. Und darin ähnelt der A1 seinem Organspender. Wegen des fehlenden, drehzahlausgleichenden Zwischendifferenzials kommt es beim Einlenken, bei Kurvenfahrten, wo die vorderen Räder einen größeren Bogen fahren als die hinteren, und beim Rangieren zu Verspannungen im Fahrwerk.

Die Reifen verschleißen dadurch schneller und was für einen Geländewagen noch akzeptabel erscheint, scheidet für ein Fahrzeug mit sportlichen Anlagen, das sich dennoch im Alltag beweisen muss, völlig aus. Grundsätzlich eignet sich die Audi-Grundkonzeption mit Frontantrieb, längs eingebautem Motor und längs dahinter angeflanschtem Getriebe sehr gut für Allradantrieb, der Kraftfluss muss nicht wie bei Fronttrieblern mit einem Quermotor umgelenkt werden. Trotzdem bleibt das Problem der Antriebsverteilung, das die Audi-Ingenieure vor das wohl größte Hindernis in der gesamten Entwicklung stellt. Die konventionelle Lösung sah bisher fast immer gleich aus: ein in Wagenmitte angeordnetes Verteilergetriebe reichte die vom Motor kommende Antriebskraft an Vorder- und Hinterachse weiter.

Sowohl das Getriebe wie die zweite Kardanwelle bedeuteten Gewicht und Kosten, ein weiteres Räderwerk beanspruchte Raum und sorgte im Extremfall für ein hochbeiniges Fahrwerkslayout. Ferguson löste dieses Problem, indem er eine der zwei zu den Vorderrädern gehenden Antriebswellen durch die Ölwanne führte. Selbst den Ansatz Subarus, wo einfach per Hebelzug die hintere Kardanwelle ans Getriebe angeschlossen wurde, wollte Audi nicht übernehmen. Die Abstimmung des Fahrwerks konnte immer nur einen Kompromiss zwischen normalem Zweiradantrieb und optionalem Vierradantrieb darstellen.

Die Antwort auf all diese Fragen und die eigentliche Revolution des Quattro-Antriebs, der zu diesem Zeitpunkt noch gar keinen Namen trägt, findet der Abteilungsleiter der Getriebekonstruktion Fritz Tengler: eine 263 Millimeter lange, hohl gebohrte Sekundärwelle im Getriebe, über welche die Kraft in zwei Richtungen fließt. Vom hinteren Ende aus treibt die Hohlwelle den Käfig des manuell sperrbaren Zwischendifferenzials an. In das Getriebe integriert, leitet es 50 Prozent der Kraft via zweiteiliger Kardanwelle mit Kreuzgelenk in der Mitte an die Hinterachse weiter, die über ein eigenes Sperrdifferenzial verfügt. Die andere Hälfte der

Die perfekte Welle: Die 262 Millimeter lange, hohl gebohrte Sekundärwelle leitet die Antriebskraft an die beiden angetriebenen Achsen.

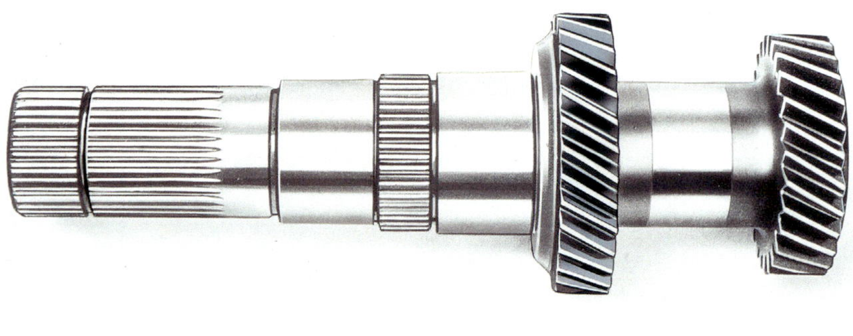

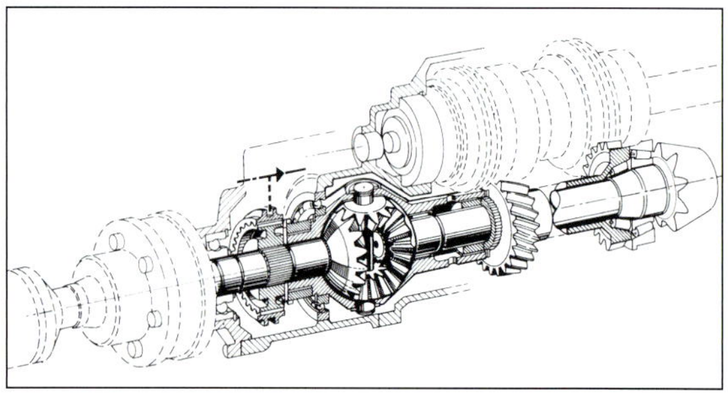

Früh-Stück: Schmale Räder und eine unfertige Front unterscheiden den von Entwickler Walter Treser (unten) gelenkten Quattro-Prototypen von der späteren Serienversion.

Antriebskraft fließt über eine in der Hohlwelle laufende Abtriebswelle zum Vorderachsdifferenzial. Wie das mittlere Differenzial findet das der Vorderräder im Getriebegehäuse Platz. Eine ebenso raumsparende wie technisch herausragende Lösung, die das eigentlich Neue an Audis Art des Allradantriebs beschreibt. Leicht, kompakt und effizient im Wirkungsgrad.

EA 262 beginnt zu wachsen und aus den Tiefen des Audi-Baukastens tauchen nach und nach die nötigen Teile auf, um das neue Projekt zu komplettieren. Viele Komponenten des Getriebes, um mit dem Gehäuse und dem Schaltgestänge nur zwei zu nennen, stammen vom Audi 100/200 und werden für den Einsatz im projektierten Sportwagen auf dessen gestiegene Leistung abgestimmt. Der Hinterachsantrieb kommt ebenfalls aus dem Regal, der Iltis – der einzige Audi mit Heckantrieb – dient als Organspender. Da der Iltis nur über 75 PS verfügt, wird das Innenleben für das gestiegene Drehmoment verstärkt, das Gehäuse besteht aus Leichtmetall. 75 Kilogramm addieren sich am Ende zum Frontantrieb hinzu, die Revolution kommt auf leichten Sohlen daher.

Das Fahrwerk mit seinen McPherson-Federbeinen rundum ist ebenso einfach und effektiv wie originell.

Schnee-Treiben: Auf glattem Untergrund treffen sich der Iltis-Ahne und der Quattro-Erbe zum Allrad-Vergleich.

Rechts: 1977 debütiert im Audi 100 Typ 43 der erste weltweit in Serie gebaute Reihenfünfzylinder-Benzinmotor.

Im Heck sitzt tatsächlich eine um 180 Grad gedrehte Vorderachse, Gleiches gilt für den Hilfsrahmen.

Die Spurstangen an der ehemaligen Vorderachse werden durch Querlenker ersetzt, die Federbeine kommen aus den Typen Audi 80 und Audi 200. Ebenso aus der Serie stammen die Antriebswellen, die in zwei verschiedenen Längen diagonal angeordnet jeweils baugleich verwendet werden. Das Munga- und Iltis-Erbe, das auf austauschbare Komponenten zwischen Vorder- und Hinterachse setzte, ist noch stark in Ingolstadt.

LASS FÜNFE GERADE SEIN

Wie beim Allradantrieb geht Audi beim Motor einen ganz eigenen Weg: Als erster Hersteller weltweit verbaut Audi seit 1977 einen benzingetriebenen Reihenfünfzylinder. Der erschien das erste Mal als 136 PS starke Einspritzer-Variante im Audi 100 GL 5E und war zu großen Teilen aus der Not geboren. Weil das Geld für die Entwicklung eines neuen Getriebes und einer neuen Vorderachsgeometrie fehlte, musste bei der Konstruktion des Typ 43 mit Beständen aus der Vierzylinderzeit gearbeitet werden. Vier Zylinder waren allerdings zu wenig, um ein signifikantes Plus an Leistung und Laufruhe (und Prestige) zu erzielen, sechs Zylinder bauten zu lang, um sie vor der Vorderachse unterbringen zu können. Also ließ Audi Fünfe gerade sein: Im April 1977 debütierte der Motor mit der krummen Zylinderzahl, die Idee dazu hatte Ferdinand Piëch aus seiner Zeit als freischaffender Ingenieur mitgebracht.

Nach neun Jahren im „Familien-Betrieb" Porsche hatte Piëch 1971 ein Angebot von Mercedes-Benz erhalten. Vorher war Piëch Leiter der Entwicklung bei Porsche und für die Typen 914/916 sowie den Rennwagen 917 verantwortlich gewesen. Um die Anstandsfrist bis zum offiziellen Beschäftigungsbeginn bei Mercedes zu überbrücken, sollte sich Piëch noch als Freiberufler um die Aufrüstung der Dieselmotoren kümmern. Die vorhandenen Vierzylinder waren am Ende ihrer Möglichkeiten angekommen. Eine ausreichende Laufruhe war bei mehr Hubraum und nur vier Zylindern nicht zu erzielen, sechs Zylinder waren zum einen teuer in der Fertigung und lasteten zum anderen schwer auf der Vorderachse.

Ein Fünfzylinder blieb übrig, den es beim Lastwagenbauer Berliet schon gab, aber für den Einsatz im Pkw erst noch erdacht werden musste. Piëch, der noch für Porsche im Auftrag der algerischen Regierung an der Beurteilung der Berliet-Fünfzylinder mitgewirkt hatte, leistete den entscheidenden Technik-Transfer.

An die vier Zylinder des 2,4-Liter-Diesels wurde ein fünfter angehängt, ein sechstes Kurbelwellenlager, eine neue Einspritzpumpe und verbesserte Geräuschdämmung machten den Diesel-Fünfzylinder alltagstauglich,

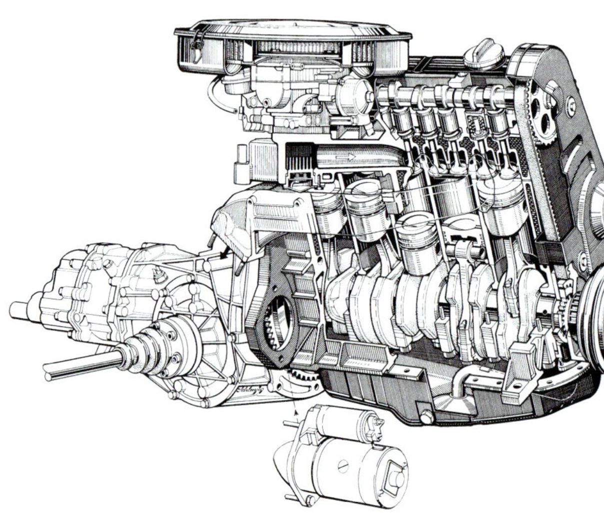

Druck gemacht: Unter der Ägide von Audi-Chef Wolfgang Habbel entsteht der Audi 200 5T, dessen 170 PS starker Turbomotor dem Audi Quattro später als Entwicklungsbasis dient.

der 1974 mit 80 PS im Mercedes-Benz 240 D 3.0 als stärkster Diesel-Pkw seiner Ära nagelnd das Licht der Welt erblickte.

Die Entwicklung des Benziners bei Audi dauerte trotz aller Erfahrungen des Technik-Chefs doppelt so lange. Neun Monate brauchten die Konstrukteure um Motoren-Entwickler Franz Hauk, bis der Benziner auf Basis des 1,6-Liter-Vierzylinders (Typ 827) lief. Den Verbrauch eines Vierzylinders galt es mit der Laufruhe eines Sechszylinders zu kombinieren. Die Probleme mit dem Massenausgleich, jenen ungeliebten Schwingungen der Kurbelwelle, die bei den Lkw- und Pkw-Dieselmotoren aufgrund ohnehin niedriger oder abgeregelter Drehzahlen nie aufgetreten waren, hatte ein Akustik-Theoretiker bezwungen. Eine gezielte Unwucht in der geschmiedeten Kurbelwelle und ein Schwingungsdämpfer fingen in Verbindung mit Versteifungen an Motor und Getriebe die bewegten Massen ein (trotzdem bescheinigten Tester dem Fünfzylinder Zeit seines Lebens einen brummigen Unterton im oberen Drehzahlbereich).

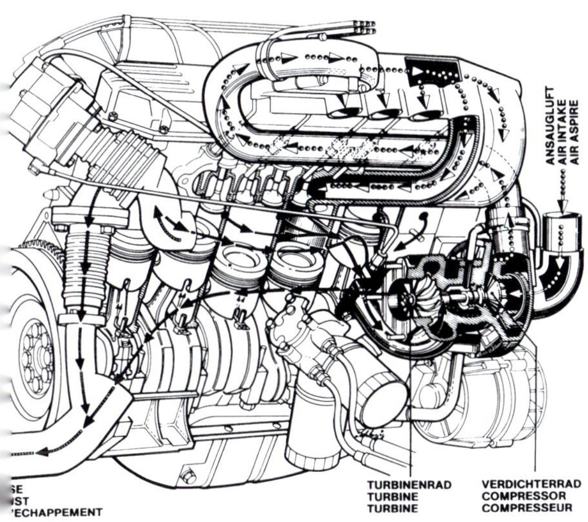

Die Konstruktion mit der Typennummer 828 geriet einfach aber gelungen. An den Vierzylinder war schlicht ein fünfter Zylinder angehängt worden. Im Graugussblock waren alle Laufbüchsen zusammen gegossen, die Bohrung von 79,5 mm entsprach jener des Vierzylinders. Wachstum gab es beim Hub, der von 80 mm auf 86,4 stieg, was dem Fünfzylinder einen Hubraum von 2144 cm^3 bescherte. Zylinderabstand und Abstand der Kurbelwellenlager blieben gleich und der Zylinderkopf (immer noch nicht als Querstromkopf ausgelegt) mit seiner vierfach gelagerten Nockenwelle wurde entsprechend verlängert.

Um den Fertigungsaufwand gering zu halten, wurden sowohl im Zylinderkopf wie in den Kolben Mulden vorgesehen, die verhindern sollten, dass beim Überdrehen des Motors oder Reißen des Zahnriemens die Ventile und Kolben aneinander schlugen. So waren weder aufwändige Spann- und Führungsmaßnahmen für den Zahnriemen noch ein Drehzahlbegrenzer nötig, wie sie die 110 PS-Version des 827-Motors aus dem Audi 80 GTE benötigte. Die Reibungsverluste, bei einem Fünfzylinder naturgemäß größer als bei einem Vierzylindertriebwerk, wurden konsequent reduziert.

Auf die Zündverteiler und Ölpumpe antreibende Nebenwelle des Vierzylinders konnte gleichfalls verzichtet werden – der Verteiler befand sich am Ende der obenliegenden Nockenwelle, die Sichel-Ölpumpe wurde direkt von der Kurbelwelle angetrieben. Am Ende war der Wirkungsgrad des Reihenfünfzylinders dem des Vierzylinders ebenbürtig.

Gesicht in der Menge: Der Audi 200 5T markiert 1979 den Vorstoß der Marke mit den Vier Ringen in die Oberklasse – das prestigeträchtige Doppelscheinwerfer-Gesicht mit dem Überholfaktor erbt der Audi Quattro.

Dass mit den 136 PS der Einspritzer-Version nicht das Ende der Leistungsskala erreicht war, stellt 1979 der Audi 200 unter Beweis. Erstmals seit Vorkriegstagen bewegt sich Audi mit dem neuen Topmodell wieder in Richtung automobiles Oberhaus, auch wenn Audi-Chef Wolfgang Habbel dies mit Blick auf die empfindliche Mutter stets leugnet. „Wir sind nicht die Nobel-Division, sondern für die Entwicklung der gehobenen Mittelklasse zuständig." Im Grunde genommen bleibt der Audi 200 ein luxuriös (elektrische Fensterheber, Zentralverriegelung, Servolenkung) bis plüschig (Schlummerkissen aus Velours im Fond) aufgewerteter Audi 100, der BMW 528, Opel Senator und Mercedes 280 E ins Visier nehmen soll. Der Turbomotor ist es, der ihn über die Vier Ringe-Masse erhebt.

Die leistungssteigernden Maßnahmen beim Audi 200-Aggregat sind vielfältig. Um dem Verbrennungsdruck in Grenzen zu halten, liegt die Verdichtung bei 7,0:1. Spritzöl-Kühlung senkt die Kolbentemperaturen und die Auslassventile sind mit kühlendem Natrium gefüllt. Bei 3000/min erreicht der Turbolader vom Typ KKK K26 seinen maximalen Druck von 0,82 bar, um danach wieder abzufallen und bei 6000/min nur noch 0,6 bar zu betragen. Die Regelung des Ladedrucks erfolgt über ein Wastegate-Ventil, welches den Ladedruck dadurch begrenzt, dass es den genutzten Abgasstrom limitiert. 170 PS und 265 Nm bei 3300/min leistet der Fünfzylinder, der dem Quattro-Triebwerk als Druckstufe dient. Dank Änderungen an der Motorperipherie sowie der Aufladung legt auch der in der Weiterentwicklung steckende EA 262-Motor an Kraft zu, 200 PS sind es schließlich im Audi 80-Versuchsträger. Die inneren Werte stimmen, was dem Projekt noch fehlt, ist eine entsprechende Karosserie und ein passender Name.

KLARE SACHE

Ideen für ein neues, viersitziges Audi Coupé gab es immerhin schon Anfang der 70er-Jahre, allerdings waren sie von außen an Audi herangetragen worden. 1973 zeigte Giorgio Giugiaro auf der Frankfurter IAA eine Styling-Studie mit betonter Keilform und dem klingenden Namen „Asso di Picche". Basis des „Pik Ass" war der Audi 80, und nicht mehr der Audi 100 wie noch beim Vorgänger, dem formschönen Audi Coupé S. Trotzdem: Am Ende wurde doch mal wieder ein Volkswagen daraus. EA 398 lautete die Auftragsnummer für den längst überfälligen Karmann-Ghia-Erben, der schließlich „Scirocco" getauft und als Typ 53 nüchtern ver-

Ass im Ärmel: Die kantige Giugiaro-Studie „Asso di Picche“ von 1973 liefert erste Ideen für ein viersitziges Coupé, das später mit VW-Logo als Scirocco in Serie geht.

bucht wurde. Der Anzug kam wie beim Golf vom italienischen Maßschneider Giugiaro. Aus dem Pik Ass entwickelte der Chef von Ital Design ein Coupé mit großer Heckklappe, zwei Türen und Käfer-Radstand von 2400 mm. Damit passte der Scirocco auf jede Service-Bühne und konnte außerdem bei Karmann auf den bestehenden Montagebändern gefertigt werden.

Den Audi-Designern rund um ihren Chef Hartmut Warkuß, der schon an den vorherigen Modellen maßgeblich mitwirkte, schwebt jedoch etwas Eigenes mit Aussagekraft vor. Grundlage des allradgetriebenen Sportwagens ist das kurz vor der Vollendung stehende Coupé (EA 458) auf Grundlage der zweiten Audi 80-Generation. Vom Audi 80 stammen das Fahrwerk, die Bodengruppe sowie einige Karosserieteile wie die vorderen Kotflügel und die Motorhaube. Hinter der B-Säule beginnt die Arbeit der Designer, die dem Audi Coupé ein hohes

Vier gewinnt: Projektleiter Walter Treser brachte den entscheidenden Namens-Vorschlag „quattro“ in der Sitzung auf den Tisch.

und betont kantiges Heck samt Spoiler verpassen. Trotz geringerer Abmessungen bietet das Coupé vier Insassen Platz, auf eine große Heckklappe mit variablem Kofferraum muss jedoch verzichtet werden, da die vom Audi 80 übernommene Anordnung des Tanks vor der Hinterachse einen kurzen, aber schachtartig tiefen Kofferraum diktiert. An der Front schlagen rechteckige Doppelscheinwerfer formal die Brücke zum Audi 200. Die Grundzüge des neuen Quattro stehen somit fest, auch wenn das erstgeborene Coupé dem allradgetriebenen Ableger am Ende den Vortritt lassen muss.

Nun fehlt nur noch der Titel. Die Namensfindung wird zum Krieg der Welten. High-Tech hüben, Heidesand drüben. Audi denkt an etwas Einzigartiges, dass die herausragenden Innovationen des neuen Sportwagens unterstreichen soll. Volkswagen denkt wie immer praktisch und schlägt den Namen „CARAT“ vor, der als Abkürzung für „Coupé Allradantrieb Turbo“ verstanden werden soll.

Ferdinand Piëch erinnert sich: „Man stelle sich den Leidensweg vor, den unser tolles Auto mit einem solchen Namen auf sich genommen hätte. Walter Treser war der bis zur Selbstaufopferung engagierte Projektleiter, er brachte auch den Namen ‚quadro‘ ins Spiel. Ich sagte, bei einem Auto dieser Art dürfe kein weiches Element im Namen sein, und nach einigem Hin und Her kamen wir schließlich auf ‚quattro‘, immer klein geschrieben.“ In der entscheidenden Sitzung stellt Treser einen Flakon des 4711-Produkts auf den Konferenztisch und fragt in die Runde, ob der Wagen nach einem „Hausfrauenparfüm“ benannt werden solle. Die Entscheidung fällt zugunsten von „Quattro“, im Dezember 1979 steht das Projekt vor dem Abschluss (s. Interview: „Anfänglich war es kein Projekt, sondern eine geheime Kommandosache“).

Noch in der Einführungs-Beschreibung des neuen Modells firmiert der Audi Quattro als „Allrad-Coupé“

Einführungs-Beschreibung Modellreihe: Audi quattro Coupé
Typ 857 gemäß EA 262 Stand 12. November 1979 Blatt 2
Zentralbereich Marketing/Produktprogramm
Technische Redaktion und Typprüfung (VM-22)
Telefon 5607/4474/5833

Audi quattro Coupé

Bei dem hier abgebildeten "Audi quattro Coupé" kann sich die Ausstattung noch bis zum Serienbeginn verändern.

Letzte Details sind zu diesem Zeitpunkt aber immer noch zu klären. „Audi quattro Coupé“ und „Audi-Allrad-Coupé“ stehen noch gleichberechtigt über der Einführungs-Beschreibung der Technischen Redaktion und Typprüfung des Zentralbereichs Marketing. Die schmucklosen Stahlräder, die der Quattro-Prototyp auf dem Foto des Prüfberichts vom 12. Dezember trägt, fallen ebenso einem Kreuz aus Kugelschreiber-Strichen zum Opfer wie das Wörtchen „Coupé“ und die falsch beschriebenen Spurweiten der Hinterachse. Korrektur: „1421 / 1458 mm lt. Herrn Treser, 19.12.79, 14.15 Uhr.“ Vieles ist noch nicht endgültig entschieden, pendelt noch zwischen Serien- und Sonderausstattung und wird durch die Instanzen gereicht, wo über Positionierung und Farbe der aufgeklebten vier Ringe auf den Türen oder die vier angebotenen Außenfarben gegrübelt wird.

In letzter Minute fällt „Brombeermetallic“ (Arbeitstitel) „Saturnmetallic“ zum Opfer, „Heliosblaumetallic“ verdrängt „Alpinweiß“. Dafür hat die changierende Innenausstattung namens „Negro“, eine andere steht nicht zur Wahl, bereits ihren Segen erhalten. In den zuständigen Arbeitsgruppen wurde der Sitze, Dachhimmel und Türverkleidungen zierende Stoff noch unter der passenden Bezeichnung „Zebra-Streifen-Velours“ geführt. Bei den zur Diskussion stehenden Mehrausstattungen geht es einstweilen kreuz und quer:

Bestellschlüssel	Bezeichnung
M 139	elektr. beheizbarer Beifahrersitz (nur in Komb. mit M 340)
M 220	Differentialsperre für Hinterachse
M 261	planer Beifahreraußenspiegel
M 288	Scheinwerferwaschanlage (nicht komb. mit M 553)
M 340	elektr. beheizbarer Fahrersitz
M 341	Zentralverriegelung für Türen und Gepäckraum
M 352	Geschwindigkeitsregelanlage (GRA)
M 398	Fahreraußenspiegel, elektr. beheizbar und einstellbar (plan)
M 425	Heckscheibenwischer mit Waschanlage
M 430 / 568	Rundum-Wärmeschutzverglasung mit grünem Colorstreifen (Windschutzscheibe in Verbundglas)
M 458	Leichtmetallräder 7 J x 15
M 485	Leichtmetallräder 6 J x 15 (gestrichen, Serie)
M 560	Ausstelldach
M 573	Klimaanlage
M 615	Leuchtweitenregulierung für Scheinwerfer (gestrichen, Einsatz Ende 80)
M 651	elektr. Fensterheber
M 997	Beifahreraußenspiegel, elektr. beheizbar und einstellbar (plan)
M 999	Make-Up-Spiegel, beleuchtet
M 998	Beifahreraußenspiegel elektr. (konvex)
M 528	Beifahreraußenspiegel (konvex)

Was bereits feststeht, ist die Ausrichtung durch das Marketing, wenn auch immer noch von einer geplanten Stückzahl von 400 Fahrzeugen ausgegangen wird:

„Mit dem Audi-Allrad-Coupé wird im Frühjahr 1980 ein Fahrzeug auf den Markt gebracht, welches durch sein Konzept in Verbindung mit einer aufwendigen Technik selbst im heutigen Automobilbau auffällt. Allradantrieb sowie ein 147 kW (200 PS) 5-Zylinder-Turbomotor verleihen diesem Wagen Fahreigenschaften, die man auch bei etablierten Nobelmarken vergeblich sucht. Damit wird der Anspruch der Marke Audi ‚Vorsprung durch Technik' deutlich untermauert und darüber hinaus das Markenimage gestärkt. Das Audi-Allrad-Coupé verdeutlicht durch seine konstruktiven Grundmerkmale in Verbindung mit seinem sportlich-eleganten und dynamischen Styling technischen Fortschritt auf dem Gebiet der exklusiven Hochleistungsfahrzeuge.

Die qualitative Ausstrahlung, der eigenständige Produktcharakter dieses nicht als Großserienfahrzeug geplanten Wagens soll die Weichen für den Einstieg in ein neues Marktsegment stellen und einen anspruchsvollen Kundenkreis gewinnen. Der mit dem Wagen dokumentierte technische Fortschritt hat außerdem die Aufgabe, die Öffnung des Pkw-Marktes für mögliche spätere Allrad-Angebote des VW-Konzerns vorzubereiten."

Im darauf folgenden Frühjahr rollt das Resultat der Bensinger'schen Rechenaufgabe endlich ins Licht der Öffentlichkeit: Am 3. März 1980 debütiert der Audi Quattro auf dem Genfer Salon.

STAND FEST

Der Ort der Präsentation ist fast prophetisch, als Ausstellungsfläche dient eine zur Messezeit umgebaute Eishalle. Gerade so, als wollte der auf den optionalen,

Takt-Voll: Der Dirigent Herbert von Karajan (l.) gehört zu den begeisterten Quattro-Fahrern der ersten Stunde.

geschmiedeten 7-Zoll-Fuchs-Rädern stehende Quattro direkt von seiner Drehscheibe rollen, um auf glattem Belag sein Können unter Beweis zu stellen. Der Audi

Auf dem Genfer Salon im März 1980 erblickt der Audi Quattro das erste Mal das Licht der Öffentlichkeit.

macht Eindruck, nicht zuletzt dank seines kriegerischen Auftretens.

Die Doppelscheinwerfer erinnern an den Audi 200, Spoiler und massive Stoßfänger aus Kunststoff zieren Front und Heck, selbst der Kofferraumdeckel ist aus Kunststoff gefertigt. An den Flanken sitzen kantige Radkästen, die aussehen, als seien sie nachträglich für einen Renneinsatz angenietet worden. Bei katastrophalen 0,43 liegt der c_W-Wert, so sperrig schiebt sich der massive Karosseriekörper durch den Wind. Alles beabsichtigt, wie Designer Hartmut Warkuß sagt: „Im harten Wettbewerb, gleichgültig ob im Sport oder für die Straße, gibt es keine Schmeicheleinheiten, kein Chi-Chi. Hier ist eine gewisse Ruppigkeit, kantige Klarheit die Botschaft, die den kernigen technischen Inhalt des unvergleichlichen Autos demonstriert. Wir wollten ein Auto symbolisieren, das an der Erde festgewachsen ist. Es sollte nicht die Eleganz, sondern sein Können in den Vordergrund bringen. Genau dieses formale Konzept hat sich als gut, richtig und ehrlich durchgesetzt."

Fast ebenso sperrig ist der Text der Pressemappe gehalten, die vom Audi Quattro als „dem schnelllaufenden Serien-Automobil mit Allradantrieb" spricht und Aufklärungsarbeit in Sachen Allradantrieb leistet.

„Im Gegensatz zu bekannten, meist für besondere Fahrzustände zuschaltbaren Allradantrieben sind beim Audi Quattro ständig alle vier Räder angetrieben. Eine Voraussetzung, um das Fahrwerk eines schnelllaufenden Autos in allen Fahrzuständen auf diese Antriebsart abzustimmen."

Hervorstechendes Merkmal neben dem in Eigenarbeit entwickelten Allradantrieb ist der aufgeladene, um 27,5 Grad nach rechts geneigt eingebaute Reihenfünfzylinder. 170 PS leistete der 2144 cm^3 große Motor im Audi 200, das Plus von 30 PS im Quattro kommt mit Hilfe eines Ladeluftkühlers, eines strömungsgünstigeren Ansaugtrakts, größerer Doppelrohrauspuffanlage aus Edelstahl und vollelektronischer Zündung von Hitachi zustande. Der Lader selbst ist identisch mit dem im Audi 200 und vergleichsweise klein, ein K26 von Kühnle, Kopp und Kausch in Frankenthal (KKK). Die Verdichtung liegt bei 7,0:1, Hub und Bohrung sind unverändert geblieben, dafür ist der Ladedruck leicht von 0,82 auf 0,85 gestiegen. Viel Arbeit haben die Motoren-Entwickler um ihren Chef, dem bei Alpina in Buchloe in Turbo-Angelegenheiten gestählten Ladegut-Experten Dr. Fritz Indra, investiert. Herzstück der Leistungssteigerung ist der weit unten im Motorraum auf der Beifahrerseite untergebrachte Aluminium-Ladeluftkühler, auf den der Audi 200 noch verzichten musste und der die Temperatur der Ladeluft um 50 bis 60 Grad senkt.

Damit steigt die Dichte der Ladeluft und die Brennräume werden mit zusätzlichem Sauerstoff versorgt. Feinarbeit an Ansauganlage und Drosselklappenstutzen führt zu kürzeren, strömungsgünstigeren Wegen für die Ladeluft. Das wiederum erhöht den Wirkungsgrad und sorgt für schnelleres Ansprechen des Motors beim Gasgeben, die vollelektronische Zündung sorgt für den optimalen Zündzeitpunkt. Ein Fühler im Ansaugrohr registriert die unterschiedlichen Temperaturen, die Elektronik ermittelt anhand der Daten den für Verbrauch und Leistung besten Zündzeitpunkt – 250 Punkte im Kennfeld kann die Elektronik berechnen. Auch Bosch hatte sich um den Auftrag der Zündanlage beworben, doch nur Hitachi hatte pünktlich liefern können. Selbst an eine Sicherung haben die Japaner gedacht. Steigt der Ladedruck über das erlaubte Maß an, etwa durch einen Fehler im System, regelt der elektronische Drehzahlbegrenzer von 6800/min auf 4000 Touren runter, um den Motor vor Überlastung zu schützen. 200 PS bei 5500/min und ein maximales Drehmoment von 285 Nm bei 3500 Touren sind das Ergebnis, bei rund 220 km/h liegt die Höchstgeschwindigkeit, beim Sprint von 0 auf 100 km/h vergehen laut Werk 7,1 Sekunden.

Aufklärungs-Arbeit: Herbert von Karajan (M.) lässt sich in Genf von Audi-Chef Wolfgang R. Habbel (l.) und Jörg Bensinger anhand der freigelegten Fahrwerks- und Motorentechnik das System des „schnelllaufenden Allrad-Antriebs" erklären.

Herzstück des Audi Quattro sind der 200 PS starke Fünfzylinder mit Turboaufladung sowie der von der revolutionären Hohlwelle bestimmte Allrad-Antrieb.

TURBO-TECHNIK

Am 13. November 1905 wurde es amtlich: unter der Nummer 1006907 erteilte das Bundes-Patentamt der USA dem Schweizer Ingenieur Dr. Alfred Büchi das Patent auf einen Hubkolbenmotor mit Abgas-Lader. Das Prinzip ist einfach: Bevor die Abgase über den Auspuff ins Freie gelangen, werden sie über ein

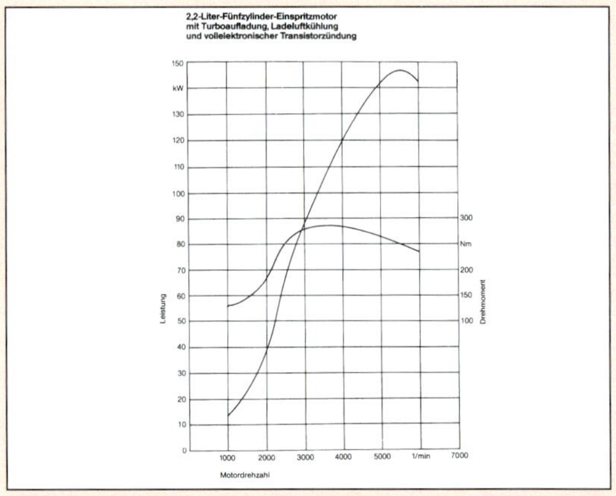

Schaufelrad geführt, das über eine Welle ein Verdichterrad antreibt. Dieses saugt Luft für den Motor an, komprimiert und schiebt sie in den Brennraum, wo sie mit Treibstoff gemischt und gezündet wird. Bei

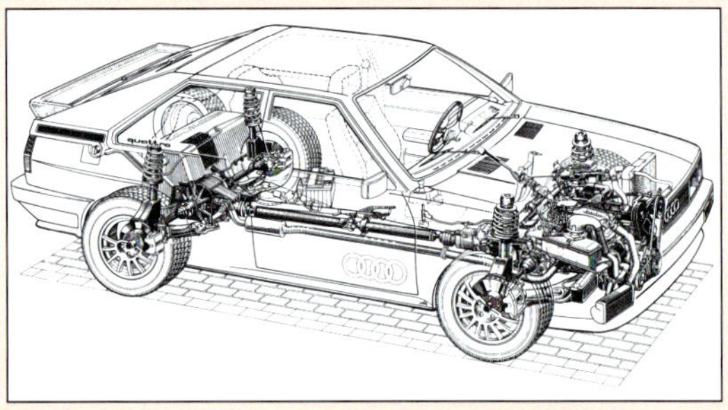

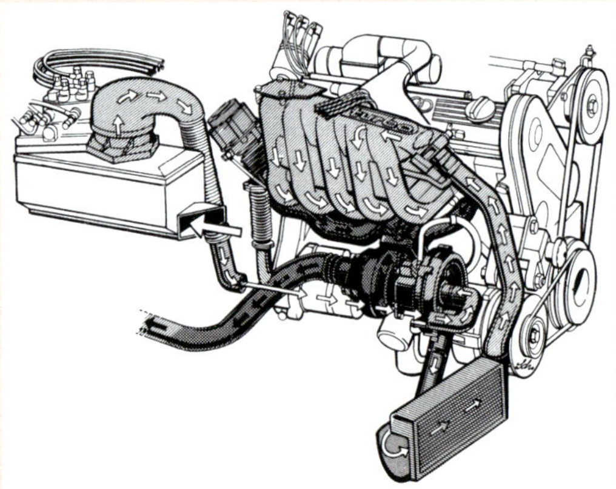

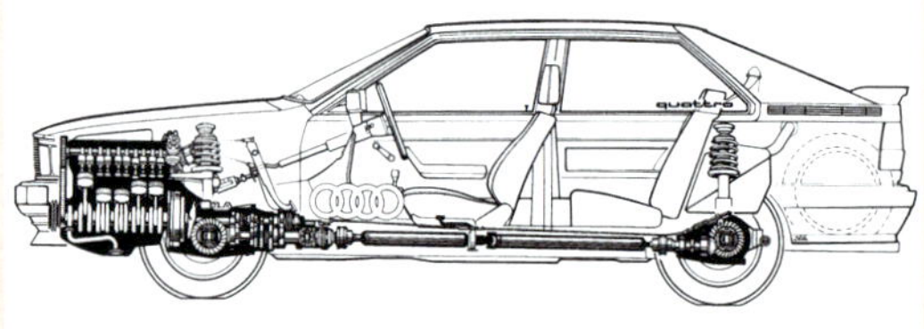

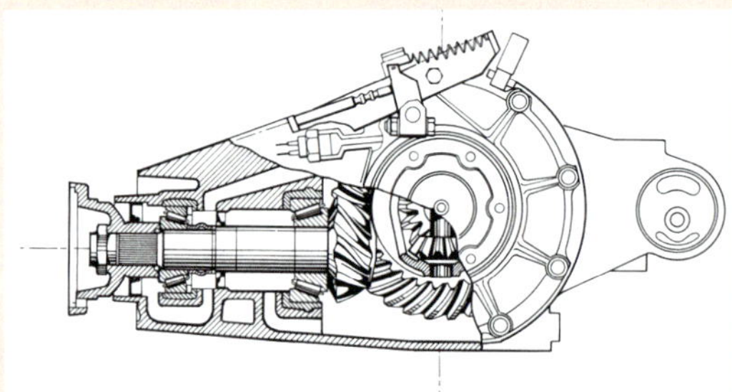

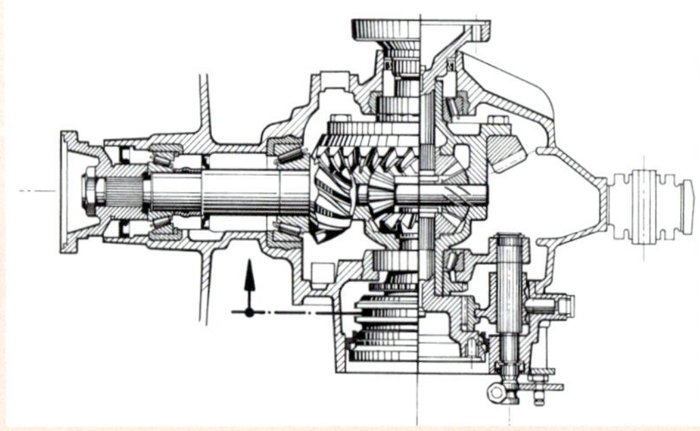

weniger Hubraum (und weniger Gewicht des Motors) wird mehr Leistung erzielt, die Energie zur Aufladung stellt der Motor bereit. Der Turbo, abgeleitet von Turbine, ist geboren. Ab den 20er-Jahren kommen Lader in erster Linie bei Schiffsdieseln und Flugzeugmotoren zur Verwendung, 1959 beginnt der Turbo seine Pkw-Karriere in den GM-Modellen Chevrolet Corvair und Oldsmobile Jetfire, Letzterer sogar bereits mit Wasserkühlung und Abblasventil. Ende der 60er bläst der Schweizer Michael May mit Turbo-Hilfe braven Ford V6-Motoren gewaltig Kraft ein, BMW setzt zur gleichen Zeit Turbo-Motoren im Rundstreckensport ein, die gesammelten Erfahrungen gelangen mit dem 2002 turbo auch in den Straßenverkehr. Porsche dominiert 1973 mit dem 1100 PS starken 917-30 die CanAm-Serie, mit Renault beginnt 1977 schließlich die Zeit der Aufladung in der Königsklasse Formel 1, bevor der Turbo in der modernen Diesel-Generation seine größten Erfolge feiern kann.

Während sich Käufer in Deutschland, respektive im „Rest der Welt", an der 200 PS starken „RdW-Version" erfreuen dürfen, wird für die USA aufgrund der nötigen Abgasentgiftung eine 163 PS-Variante angeboten. Die Bremsanlage ist den Fahrleistungen angepasst. Vorne sind innenbelüftete Bremsscheiben mit einem Durchmesser von 280 mm eingebaut, an der Hinterachse sind es unbelüftete mit 245 mm Durchmesser. Serienmäßig rollt der Audi Quattro auf 6 J x 15-Ronal-Leichtmetallrädern mit Niederquerschnittsreifen im selbstbewussten Format 205/60 VR 15.

Ganz im Stil der Zeit ist Chromschmuck fast vollständig verbannt worden. Zierleisten, Fensterrahmen und Türgriffe sind mattschwarz, der Innenraum „Negro" gestreift und zur Auswahl stehen vier Außenfarben: Saturnmetallic, Heliosblaumetallic, Diamantsilbermetallic und Venusrot.

Dafür haben es einige der Extras in die Serie geschafft: Scheinwerferwaschanlage und elektrisch beheizbare und einstellbare Außenspiegel gehören im März 1980 zum Serienumfang. Nun ist Turboaufladung 1980 kein technisches Wunderwerk mehr, doch die Audi-Leute sind stolz genug darauf, dass ein Turbo-Schriftzug die Prallplatte des mit Leder bezogenen Vierspeichenlenkrads ziert. Doch die verwandtschaftlichen Beziehungen im 80er-Jahre-VAG-Verbund sind eng und die zum Teil hilflose Kombination aus simpel-genialer Zukunftsmusik und Heidesand-Tönen, Synthesizer und Wander-Klampfe fast zwangsläufig. Kratziges Dünnplastik, Chromimitat und wackelige Schalter.

Türöffner gibt es, die so auch schon im VW 411 verbaut wurden und dann noch in allen Farben schillernde Sitze: grün, braun, grau, orange. Alles, nur nicht „Negro". Die Instrumente sind aus dem Audi 80 bekannt, dafür fallen sofort zwei Lämpchen in der Mittelkonsole ins Auge, deren grünes Glimmen ein

Durch-Blick: Die Phantomzeichnung des Audi Quattro zeigt die Fahrwerkskonstruktion der umgedrehten Vorderachse im Heck und die Betätigung der Differenziale über Seilzüge.

Die Innenausstattung mit Sportsitzen in der Musterung „Negro“ ist ebenso ein Zeichen früher „Ur-Quattros“ wie das beim Audi 80 entlehnte Armaturenbrett mit dem Vierspeichenlenkrad und der Schriftzug auf den hinteren Seitenscheiben.

eingeschaltetes Differenzial signalisiert. Zwei Hebel vor der Handbremse sorgen dafür. So wurde beim Käfer die Heizung betätigt, die dann doch meistens nicht ging, weil die Klappen festgerostet waren. Ein Zug am rechten Schalter sperrt das Mittel- und ein Zug am linken Hebel das Hinterachs-Differenzial. Eine Automatik wird nicht angeboten und Kunden aus Ländern mit Linksverkehr müssen bis Oktober 1982 warten, bis die erste rechtsgelenkte Version für den englischen Markt erscheint.

ES GEHT BERGAUF

Die Tester, die im März 1980 in Landl/Tirol auf ausgewählten Bergstrecken als erste das Quattro-Potenzial erfahren dürfen, bekommen am Vorabend im Gasthof „Post“ eine technische Einführung verordnet und am Folgetag jeweils zu zweit einen Quattro zugeteilt. Noch nicht einmal 20 Fahrzeuge sind zu diesem Zeitpunkt beim Stuttgarter Karosseriebau-Spezialisten Baur fertig gestellt geworden, die Journalisten müssen teilen, selbst wenn es schwer fällt. Um 7.30 Uhr gibt es Frühstück, um 9.00 Uhr beginnen die Bergfahrten, um 12.00 Uhr gibt's Mittagessen. Und nur ein Thema: Traktion in bis dato unbekannter Menge, gepaart mit hohen Tempi. Gebannt stehen die Fachleute vor dem High-tech-Produkt aus eigentlich doch so biederem Hause. „Ganz gleichgültig, ob man auf trockenem oder feuchtem Grund, auf losem oder schmierigem Boden voll startet, stets setzt sich das vierradgetriebene Coupé mit bemerkenswerter Vehemenz in Bewegung.

Es gibt kaum ein Durchdrehen der Treibräder und kein Ausbrechen des Hecks, der Wagen beschleunigt einfach so, als würde er von einer starken Seilwinde gezogen“, berichtet ams-Mann Gert Hack nach der ersten Fahrt.

Eigenlenkverhalten ist dem Quattro selbst auf feuchten, kurvigen Straßen weitgehend fremd. Erst bei engen Radien oder eingeschalteter Hinterachs-Sperre schiebt der Quattro aufgrund des vor der Vorderachse angeordneten Motors spürbar über die Vorderräder. Der aufgeladene Fünfzylinder sorgt für ansprechende Fahrleistungen, denen sich im oberen Geschwindigkeitsbereich die kantige Karosserie entgegenstemmt.

Die turbo-typische Charakteristik, wenig Vortrieb in unteren Drehzahlen bis der Lader bei 3500/min

anfängt Luft in die Brennräume zu pressen, wird als konstruktionsbedingter, aber nicht schwer wiegender Makel betrachtet. Stolze 49.900 DM kostet ein Quattro, so viel wie ein Porsche 911 SC. Dafür können im Audi vier Personen samt Gepäck problemlos größere Reisen unternehmen, Platz gibt es im Gegensatz zu vielen anderen Sportwagen genug.

Deutliche Kritik kommt von der Konsumenten-Seite: Nicht nur der Preis von fast 50.000 DM gibt Anlass, die Autofahrer-Gemeinde zu spalten, auch Optik und selbst der Allradantrieb wollen nicht allen ams-Lesern gefallen.

„Nun will also Audi mit einem Auto, von vorne wie ein Cadillac und hinten wie Alfasud, endgültig in die automobile Oberklasse einsteigen. Als einzige Rechtfertigung für einen Preis von fast 50.000 Mark wird ein Allradantrieb geboten, die Formgebung ist auf billigste Art und Weise amerikanisch, bestens erkennbar an den Glitzerrähmchen um die Scheinwerfer", schreibt ein Leser aus Gießen anlässlich des ersten Testberichts. Ein anderer aus Wolfenbüttel zweifelt a priori an der Sinnhaftigkeit von vier angetriebenen Rädern: „Da wird also die Produktionsentscheidung für den Audi Quattro und damit die Bindung von wichtigem technischen Know-how davon abhängig gemacht, ob Herr Schmücker

mit dem Prototyp einen vorher listig präparierten Wiesenhang bewältigen kann. Und Sie kolportieren diesen Blödsinn auch noch! Wer, zum Teufel, braucht schon ein Auto, dass 50.000 Mark kostet und mit dem man eine feuchte Wiese befahren kann?"

Bis die ersten Autos bei den Technik-verliebten Kunden eintreffen, vergeht jedoch noch fast ein Jahr. Nur 292 Einheiten des Audi-Aushängeschilds werden 1980

Reine Form-Sache: Die rohe, kantige Form des Audi Quattro, hier in der beliebten Farbe „Venusrot", mit ihren wuchtigen Radkästen soll laut der Designer ein Auto symbolisieren, das an der Erde festgewachsen ist.

Sichere Sache: Gleich ob auf festem Untergrund oder auf Eis und Schnee bringt der Audi Quattro eine bis dahin unbekannte Traktion auf den Boden, die ihre Grenzen meist erst im Fahrvermögen der Besitzer findet – Frontspoiler entwickeln sich bald zu einem begehrten Gut.

gebaut, erst zum Weihnachtsgeschäft erhalten ausgewählte Händler ein Vorführexemplar.

Die Produktion kommt nur langsam in Fahrt, zehn Exemplare verlassen täglich die Halle N2 in Ingolstadt, wo einige Werker Quattros zusammenbauen. Zwar am Band, aber doch von Hand. Zuerst zehn, dann 25 bis 30 an guten, mal nur drei Allrad-Audi an schlechten Tagen. Probleme bereiten vor allem die zu lackierenden Kunststoffteile, die über das gleiche Finish verfügen sollen, wie die Flächen aus Metall. Ende 1980 kann mit der Auslieferung begonnen werden, die schnell ein reges Ersatzteilgeschäft und im Anschluss eine über lange Zeit hitzig geführte Diskussion um Sicherheit und Alltagsnutzen des Allradantriebs nach sich zieht.

Neue Frontspoiler und Kühler sind bald ein begehrtes Gut: auf 2650 verkaufte Quattro zu Beginn des Jahres 1982 kommen 1026 verkaufte Spoiler und 160 Kühler. Das hat einen Grund. Viele der Neukunden, an Beschleunigung und Kurvenverhalten zweiradgetriebener Fahrzeuge gewöhnt, überschätzen Geländegängigkeit und Grenzbereich des Wagens und verwechseln Traktion mit Bremsleistung.

„Die physikalischen Gesetze gelten selbstverständlich auch für den Quattro", betont Jörg Bensinger und bemängelt zugleich, dass viele Leute den Sport- mit einem Geländewagen verwechseln würden. Ferdinand Piëch gibt den Kunden den Rat mit auf den Weg, sich langsam an die weit nach oben verschobenen Grenzen heran zu tasten und beim Einsteigen in den Quattro den Kopf nicht draußen zu lassen. So sehr die Fähigkeiten des Audi Quattro auf glattem Untergrund gelobt werden, so stark stellen Teile der Fachpresse dessen Alltagsnutzen unter normalen Bedingungen in Frage.

Der Ball geht hin und her. Für Ende der 80er-Jahre stellt Ferdinand Piëch aufgrund der Großserienfertigung bald einen Anteil der Allradfahrzeuge von 10 Prozent des Gesamtmarktes in Aussicht. Quattro-Antrieb zum Preis von vier Winterreifen lautet das hehre, nie erreich-

te Ziel. Fahrwerksentwickler Jörg Bensinger betont den Freizeitwert eines Quattro als Zugfahrzeug und die geringere Reifenbelastung. Fachleute führen den hohen Kaufpreis, höheren Verbrauch und jene trügerische Sicherheit, die viele Quattro-Fahrer zu riskanten Fahrmanövern verleitet, gegen den Allradler ins Feld. Pro und Contra, es bleibt unversöhnlich, über Jahre hinaus.

Letztendlich gibt der Erfolg den Audi-Entwicklern recht, die angepeilte Stückzahl von 400 Fahrzeugen ist schnell Makulatur. Im Produktions-Rekordjahr 1981 werden bereits 1956 Einheiten und 1982 weitere 1935 Quattros gebaut! Trotz rasanter Preisentwicklung: 1982 kostet ein Quattro fast 60.000 Mark, 1984 sind es schon annähernd 70.000 DM. Die Kunden kaufen weiter, sicher auch ein Erfolg der beginnenden Dominanz auf den Rallyepisten (s. Kapitel Allrad-Invasion), wo die Konkurrenz verstört im Staub der siegreichen Quattros zurückbleibt und sich aufgrund des technischen Quantensprungs nur noch die Augen reiben kann.

LICHT IM DUNKELN

Die ersten Änderungen am Image-Träger nimmt Audi noch 1981 vor. Nach 1150 Exemplaren werden die Seilzüge der Differenzialsperren durch einen Zweistufenzugschalter an der Mittelkonsole ersetzt, mit dem per Elektropneumatik entweder das mittlere der zwei Differenziale oder beide gemeinsam zu sperren sind. Und um endlich etwas Glanz in die teure, aber von vielen Kunden als zu karg empfundene Hütte zu bringen, steht gegen Aufpreis eine dunkelbraune „Negro"-Leder-Ausstattung zur Wahl, die neben den Sitzen auch Türen und Seitenverkleidungen umfasst.

Auffälliger sind die Modifikationen zum Modelljahr 1983: Die rechteckigen Doppelscheinwerfer mit der mageren Lichtausbeute werden durch Breitbandscheinwerfer von Cibié ersetzt, was den Quattro moderner und stämmiger erscheinen lässt. Neues gibt es vom Fahrwerk zu vermelden, das sich am kleineren Verwandten Audi 80 Quattro orientiert. Die unteren Querlenker der

Saus und Braus: Die wahren Qualitäten des Quattro-Antriebs stellen sich erst abseits öffentlicher Straßen, mögen diese auch noch so glatt und rutschig sein, heraus, als Rallye-Profis wie die Französin Michèle Mouton für Audi in der Rallye WM an den Start gehen.

Vorderachse bestehen nun aus zwei steifer ausgelegten Teilen, was der Geräuschentwicklung entgegenwirken und für besseres Handling sorgen soll. Den Stabilisator haben die Fahrwerksentwickler über die unteren Lenker geführt, während sie auf das Pendant an der Hinterachse ganz verzichtet haben. Die in Länge und Anordnung modifizierte Schubstrebe verringert Spurveränderungen und Seitenempfindlichkeit und verbessert den Geradeauslauf des Quattro.

Zum Modell des Jahres 1984 verspricht der Hersteller Großes. „Audi Quattro. Mit seiner Technik sind wir wieder ein Stück in die Zukunft gefahren." Für 3654 DM Aufpreis hält das Antiblockiersystem Einzug. Im September 1980 hatte Audi das ABS beim Audi 200 Turbo eingeführt, nun erscheint es endlich auch im Audi Quattro, wenn auch mit Einschränkung. Bei eingelegter Zentralsperre wird das ABS außer Betrieb gesetzt, dann heißt es entweder oder: volle Traktion oder optimale Bremsleistung stehen zur Wahl.

Nach den Werksferien zeigt der Quattro auch endlich im Innenraum jene Exklusivität, die das Allradkonzept schon seit dem ersten Tag auszeichnete. Den bunten Negro-Stoff, längst so aktuell wie die Tageszeitung von gestern, ersetzt ein zeitgemäßer, Tweed-ähnlicher, und auf die Bezeichnung „Brasil" getaufter Bezug aus „Eton-Flanell". Gegen Aufpreis werden Lederausstattungen in „Brasil" und „Sierrabeige" angeboten, mittlerweile stehen acht Außenfarben zur Wahl. Neue Schalter finden sich am Armaturenbrett wieder und statt des dünnen Turbo-Lenkrads wird ein erwachsener aussehendes, geschäumtes Lenkrad mit Lederkranz vom Audi 100 verbaut, durch dessen vier Speichen der Fahrer auf die eigentlich Sensation der Modellpflege schaut.

An die Stelle der verhärmten Audi 80-Armaturen ist, dem Diktat des fortschrittlichen Digitaluhren-Zeitalters folgend, blinkende Elektronik getreten. Der „Vorsprung durch Technik" heißt digitales Cockpit, analoge Zeigerinstrumente haben ausgedient. 15 verschiedene Funktionen überwacht das neuartige System, die Drehzahl wird als Bogen dargestellt, Wasser und Ladedruck als

Kaiser und König: Prominente aus Sport, Adel und Politik zählt Audi bald zu seinen Quattro-Kunden – Franz Beckenbauer (o.) gehört genauso dazu wie König Juan Carlos von Spanien und der bayrische Ministerpräsident Franz-Josef Strauß.

waagerechte Balken, Tachometer und Benzin sowie Bordcomputer als grün glimmende Zahlen. Zehn Warnleuchten informieren über Fehler und dann ist da ja noch die vieldiskutierte Sprachfunktion. Eine Taste am Ende des Blinkerhebels erfüllt den Bordcomputer und die Sprachfunktion mit Leben, eine Premiere unter europäischen Autobauern. Auf Abruf – oder im Notfall eigenmächtig – warnt eine aus dem Radiolautsprecher kommende Frauenstimme vor kaputten Bremslichtern, niedrigem Ölstand und anderen Ausfällen. Je nach Schwere des Schadens nur einmal und unaufdringlich oder mehrfach, mit Nachdruck und Kommandoton in der Stimme. Mal situationsbezogen oder aus dem Zusammenhang gerissen, mal mehr, mal weniger zuverlässig.

Eben ganz so, wie es Patricia Lipp – Sprecherin der Verkehrsnachrichten des Bayerischen Rundfunks, die dem Cockpit ihre Stimme lieh – von ihren Verkehrswarnungen her kannte. 128.000 bits sind nötig, um Patricia Lipp aus 23 Wörtern 15 Sätze formen zu lassen. Das Cockpit-System hat seine Tücken, optisch wie technisch, und nicht jeder ist über den Einzug der Moderne erfreut.

Ganz andere Probleme bereitet Audi der so eingängige Name „Quattro", gleich ob groß oder klein geschrieben. Eine Maschinenfabrik wollte bereits seinen allradgetriebenen Rasenmäher so benennen, was die Patentabteilung auf den Plan ruft. „Quattro ist eine Marke, die geschützt ist", argumentieren die Ingolstädter und wollen Maserati den bereits seit 20 Jahren existierenden Viertürer „Quattroporte" ebenso untersagen, wie Ferrari den Vierventiler „Quattrovalvole". Es gelte zu vermeiden, dass Quattro zur allgemeinen Bezeichnung für Allradantrieb abgleite, meint Audi, wo man das Wort am liebsten nur noch klein geschrieben sehen würde. Bis aus „quattro" sogar eine GmbH und aus einem Warenzeichen ein Hersteller wird (der künftig gegen Geld Lizenzen vergeben darf), werden nur noch zwei Jahre vergehen ...

Diese Probleme hat der ehemalige Audi-Rennleiter Walter Treser, der sich nach seinem Ausscheiden als Tuner selbständig gemacht hat, nicht. Er darf das „quattro" im Namen führen. Im Januar 1982 präsentiert der Entwickler seinen ersten „Treser-Quattro", ein Jahr später arbeiten bereits 18 Angestellte in Diensten des Audi-Tuners aus Hofstetten nahe Ingolstadt, dessen Logo – eine stilisierte 1 – an das Markenzeichen der Firma Audi aus den 20er-Jahren erinnert. Ganz und gar unfuturistisch setzt Treser beim Audi Quattro auf klassische Rundinstrumente. Acht prächtige Uhren zählt die Treser-Schalttafel, die mit 3400 Mark zu Buche schlägt und trotzdem arg handgeschnitzt daher kommt. Dafür sind die modifizierten Sitze und das ergonomisch geformte Lenkrad, das erste seiner Art, ohne Fehl und

Moderne Zeiten: Eine glatt gezeichnete Front mit einteiligen Breitbandscheinwerfern sowie ein Cockpit mit Digitalanzeigen gehören zu den Erkennungsmerkmalen des Modelljahres 1984.

Der „Quattro Roadster" des vom Sportchef zum Audi-Tuner umgestiegenen Walter Treser ist ein Technologieträger, der neben einem leistungsgesteigerten Motor über selbst entwickelte Leichtmetallräder und ein aus einem Stück bestehendes Klappdach verfügt, das hinter den Sitzen verschwindet.

Tadel. Ebenso wie die in Eigenregie entwickelten Treser-Leichtmetallräder, deren mit Schaufeln versehener Felgenkranz den Bremsen gezielt Luft zuführt. Somit kann jedes „Turborad" nur auf der entsprechenden Seite des Fahrzeugs installiert werden, was bedeutet, dass zu jedem Auto zwei Ersatzräder inklusive sündteurer Michelin TRX-Reifen gehören.

Natürlich haben bei einem Kaufpreis von über 100.000 Mark auch Leistung und Optik des Audi Quattro zugelegt. 245 PS stark ist der Fünfzylinder, der den Treser Quattro in knapp sieben Sekunden von 0 auf 100 km/h beschleunigt und eine Spitze von 235 km/h erreicht. Okay, das Fahrwerk mit kürzeren Federn und härteren Dämpfern verfügt nur noch über Restkomfort, dafür sorgen überbreite Spoiler, Anbauteile und Dekorstreifen für ein stilistisch breitschultriges Auftreten. Ganz und gar abseits der Serie präsentiert sich Tresers eigenständigste Schöpfung, ein Cabriolet auf Quattro-Basis, das auf der IAA 1983 debütiert.

LASS DIE SONNE REIN

Das technische Konzept des „Quattro Roadster" getauften Open Air-Audi weicht vom klassischen Cabriolet völlig ab. Kein Stoffverdeck dient als Dach, sondern ein einteiliges, aus Polyester gefertigtes Hardtop, das hinter den als selbsttragende Wanne geformten Fond-Notsitzen und unter einem das gesamte Heck abdeckenden Kunststoffdeckel verschwindet.

Seit dem Frühjahr 1984 gehören breitere 8-Zoll-Räder von Ronal und ein um 20 Millimeter tiefer gelegtes Fahrwerk beim Audi Quattro zur Serienausstattung, die Leistung ist mit 200 PS unverändert.

Platz für Fondpassagiere lässt die patentrechtlich geschützte Konstruktion allenfalls in der Theorie, aber wenige Momente reichen aus, um zwischen offenem und geschlossenem Zustand zu wechseln. Auf Knopfdruck öffnet eine Hydraulik den großen Kunststoffdeckel, das an den unteren Holmen der ehemaligen B-Säule angelenkte Hardtop gleitet hinter die Sitzwanne. Die Idee ist wegweisend, allerdings durch das hohe Heck des Serien-Quattro mit gestalterischen Schwierigkeiten bedacht. Kommt bei verstautem Dach noch eine gelungene, keilförmige Silhouette zustande, wird diese bei geschlossenem Klappverdeck empfindlich gestört, zumal noch ein Spoilerflügel auf dem Kofferraumdeckel unharmonisch im Weg steht.

Wie gut die Beziehungen zu Audi noch sind, beweist die Tatsache, dass bei der Berechnung der Statik Ingenieure aus Ingolstadt dem ehemaligen Kollegen zur Seite gestanden haben. Gestützt wird der Roadster von einem aus Vierkantrohren bestehenden Hilfsrahmen, dessen Längs- und Quertraversen in Kotflügel, Türschweller, die unteren Hälften der ehemaligen B-Säule, die Bodengruppe und zwischen den beiden hinteren Federbeindomen eingeschweißt sind. Diese Arbeiten erledigt eine Firma in Hannover, die sonst VW- und Audi-Modelle mit schützenden Armierungen versieht. Mit Dach und Deckel

Bei aller Liebe: „Kollektion Love" hieß die 1984 vorgestellte Modelinie, welche das passende Outfit zum Allrad-Antrieb bietet.

sowie geänderter Innenausstattung, Spezial-Rädern, eingefärbten Rückleuchten und strafferem Fahrwerk komplettiert wird der Roadster bei Treser in Hofstetten. Die martialischen Anbauteile sind von der Coupé-Version bekannt, die deutlich günstiger ist. Rund 145.000 Mark kostet der Treser-Roadster, für weitere 14.000 DM wird auf Wunsch der 250-PS-Motor verbaut.

Immerhin 30 Exemplare dieses extravaganten Roadsters entstehen. Ein Einzelstück bleibt jener Audi Quattro-Special namens „Vision 1", den der Spoiler-Produzent Albert Zender zeitgleich mit Walter Treser auf der IAA präsentiert. Vom Quattro blieben nur Technik und Bodengruppe, ein Rohrgerüst trägt eine mehr als extravagante Form, bei deren Gestaltung Zender-Designer Georg Zillner sich vom Batmobile über Renault Alpine und Lamborghini Countach vielerlei automobile Extreme zum Vorbild genommen hat. Schlafaugen, Flügeltüren, Schuppen-Heck und jede Menge Spoiler addieren sich am Ende zu 150.000 Mark zusammen, der „Vision1" bleibt ein ungeschliffener Solitär.

Selbst der Serien-Quattro lebt jetzt auf großem Fuß. Zum Frühjahr 1984 ersetzen breitere 8-Zoll-Ronal-Räder ihre allzu schmal gewordenen Vorgänger, die Reifen wachsen auf das Format 215/50 VR 15. Die bieten gute Haftung und Seitenführung auf trockener Straße, im Winter aber überwiegen bei den breiten Reifen die Nachteile, so dass Winterreifen trotz Allradantriebs empfohlen werden. Parallel zu Rädern und Reifen wird das Fahrwerk modifiziert. Federn und Stoßdämpfer werden so bearbeitet, dass der Quattro 20 mm tiefer liegt und noch sportlicher abrollt, was naturgemäß Defizite beim Fahrkomfort verursacht. Die Leistung des 2,1-Liter-Fünfzylinders zeigt sich mit 200 PS unverändert; um mehr Durchzugskraft bei niedrigen Drehzahlen bereitzustellen, sind die Übersetzungen des dritten und vierten Gangs reduziert worden.

Während der Quattro seine Form hält, schwächelt der Rest der Sippe. Von 209.741 verkauften Audi-Modellen im Jahr 1980 ist die Zahl auf 143.924 Einheiten in 1984 gefallen.

Trotz aller Meriten beginnt der ehrgeizig entwickelte Audi 100 am Markt zu verlieren und der Audi 80 hat seine beste Zeit hinter sich. Nur behutsam geht Audi bei der Modellpflege vor, ein Rezept, das zumindest beim Quattro aufzugehen scheint. Um die 1500 Fahrzeuge finden trotz steigender Preise Jahr für Jahr ihre Käufer und für die ebenso leistungshungrige wie solvente Klientel steht seit Kurzem „der Kurze" bereit. Der Sport Quattro, gewaltig an Kraft und im Preis, geht als größter Motor mit den kleinsten Sitzen in die Geschichte der Audi-Serienfahrzeuge ein. An der wuchtigen Optik des normalen Quattro ändern die Designer fast nichts, allenfalls Front und Heck erfahren Überarbeitungen, so 1985. Seit dem 1. Januar 1985 hat Audi die Vergangenheit endgültig hinter sich gelassen, firmiert nun unter „Audi AG" und hat den langatmigen Titel der „Audi NSU Auto Union AG" abgestreift.

Zu diesem Modelljahr greift unter den Baureihen ein großes Facelift, mit der neuen Front und den schräg gestellten Breitbandscheinwerfern gleicht das Quattro-Gesicht jetzt der Limousinen-Verwandtschaft. Zum Serienumfang gehören nun auch jene von Walter Treser entwickelten, schwarzen Rückleuchte, die über den Handel bald tausende von braven Audi-Ablegern

Links: Alles bleibt anders: Obwohl die Linie bekannt bleibt, wird 1985 manches anders – die Front erhält schräg gestellte Scheinwerfer, das Heck ein schwarzes Leuchtenband und ABS ist bei allen Audi Quattro Serie

Rechts: Dank zahlreicher Extras wie etwa Lederbezügen für die Sitze wandelt sich der Audi Quattro vom puren Sportgerät zum eleganten Premiumfahrzeug.

zieren werden. Außerdem ist der Heckspoiler in Wagenfarbe lackiert und anstelle der Aufkleber sitzen am Heck erhabene „Audi"- und „quattro"-Schriftzüge.

Erstmals besitzt der mittlerweile 77.845 DM teure Quattro ein Antiblockiersystem in Serie, es bleibt aber dabei, dass das ABS beim Betätigen einer Differenzialsperre außer Funktion gesetzt wird. Im Frühjahr 1985 wird der Zugschalter der Differenzialsperren durch einen Drehschalter ersetzt, was Platz für weitere Elektronik-Spielereien macht. In der Mittelkonsole werden Bordspannung und Öltemperatur künftig in LED-Balken dargestellt. An der Motorentechnik hat sich nichts geändert, es bleibt bei 200 PS, und einer Kraftverteilung von 50:50 an Vorder- und Hinterachse. Ungeachtet dessen stehen die Zeichen der Zeit auf Wandel, der vor Audi nicht halt macht.

ALLES FLIESST

Der Quattro mag der Gleiche geblieben sein, seine automobile Umwelt ist es seit seinem Erscheinen längst nicht mehr. In der Rallye-WM sind Allradantrieb und Turbo Pflicht und selbst die brave Volkswagen-Schwester will nicht mehr auf Allrad-getriebene Fahrzeuge verzichten.

Den Anfang macht 1984 der Passat Syncro, mit dem Antrieb des Quattro und dem 115 PS starken, längs verbauten 2-Liter-Fünfyzlinder aus dem Audi-Regal ausgerüstet. Im Februar 1986 folgt der Golf Syncro, der jedoch auf ein anderes Allrad-System setzt. In Zusammenarbeit mit den Spezialisten von Steyr-Puch entwickelt, setzt

Unten: 1986 ist das letzte Jahr, in dem der Audi Quattro über den klassischen Fünfzylindermotor verfügt, im Jahr darauf steigt der Hubraum auf 2226 Kubikzentimeter.

Gefühls-Sache: Das Prinzip der Hohlwelle (u.) bleibt erhalten, allerdings wird im Herbst 1987 das Kegelrad-Differenzial durch ein Torsen-Differenzial ersetzt, welches das Drehmoment bis zu einer Aufteilung von 25:75 Prozent stufenlos und variabel zwischen den Achsen verteilt.

Das überlegene Antriebskonzept.
Bei der Entwicklung konventioneller Allradantriebe wurde meist vom Hinterradantrieb ausgegangen.

Sollten nun auch die Vorderräder angetrieben werden, wurde die Sache kompliziert. Denn ein direkter Durchtrieb vom Getriebe zur Vorderachse ist ja bei der Standardbauweise mit Frontmotor und Heckantrieb nicht möglich. Man braucht eine zusätzliche Kardanwelle, einen Getriebeausleger, und mindestens einer der Seitenabtriebe muß durch die Ölwanne des Motorgehäuses geführt werden. Das alles kostet Platz, ist konstruktiv nicht leicht zu lösen, bringt zusätzliches Gewicht und ist natürlich teuer.

Vom Front- zum Allradantrieb.
Unsere Ingenieure dagegen konnten bei der Entwicklung des Audi Allrad-Antriebs vom Frontantrieb ausgehen. Schon bei seiner Entwicklung hatte Audi Pionierarbeit geleistet. Der Frontantrieb ist seit über 50 Jahren festes Konstruktionsprinzip bei Audi. Er ist dem Standardantrieb über die Hinterachse in vielen Situationen überlegen. Aber auch der Frontantrieb stößt manchmal an Grenzen, die durch physikalische Gesetze gegeben sind.

Deshalb hatten sich unsere Ingenieure zum Ziel gesetzt, die Fahrsicherheit und Alltagstauglichkeit schneller Automobile insgesamt zu verbessern. Obwohl nicht primär für den Sport entwickelt, wurden inzwischen zahlreiche Rallyes mit der Audi Allrad-Technik gewonnen. Die Vorteile dieser Technik sind so überzeugend, daß dem Audi quattro bald schon der Audi 80 quattro als preisgünstiger Einstieg folgte. Heute wird der Audi Allradantrieb in jeder Audi Modellreihe angeboten.

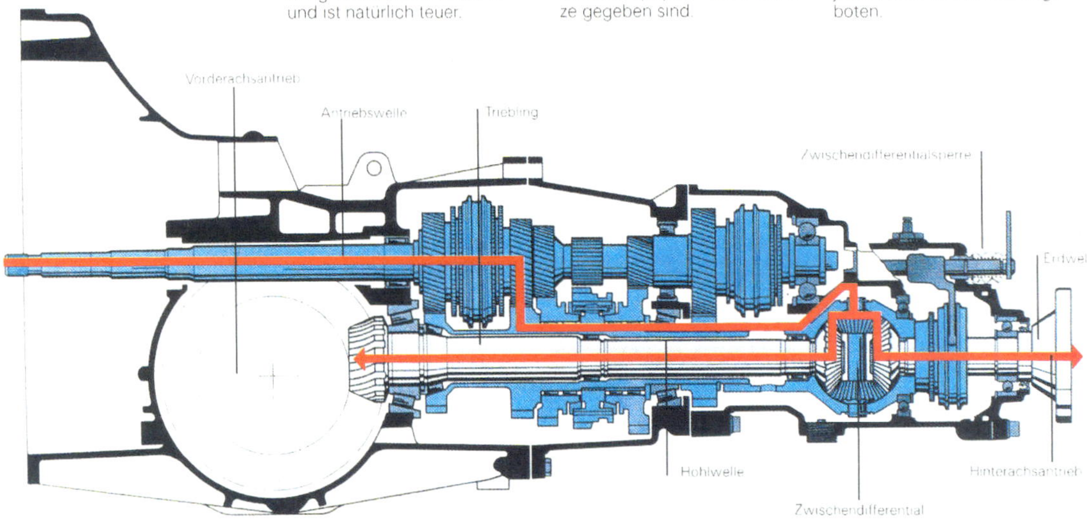

Die Hohlwelle.
Diese nur ca. 26 cm lange Hohlwelle ist das „Herz" der Audi Allrad-Technik.

VW auf einen Antrieb mit Viscokupplung sowie Freilauf und Schlupfregelung an der Hinterachse. Die Viscokupplung, entwickelt von Ferguson Mitte der 60er-Jahre, besteht aus einer gekapselten Lamellenkupplung, in der sich eine Siliconflüssigkeit befindet. Abhängig von der Temperatur der Viscokupplung wird die Antriebskraft variabel verteilt. Rotieren die Lamellen in der Kupplung mit gleicher Drehzahl und erzeugen dabei keine Reibungswärme, bleibt der Kraftfluss im Inneren gering.

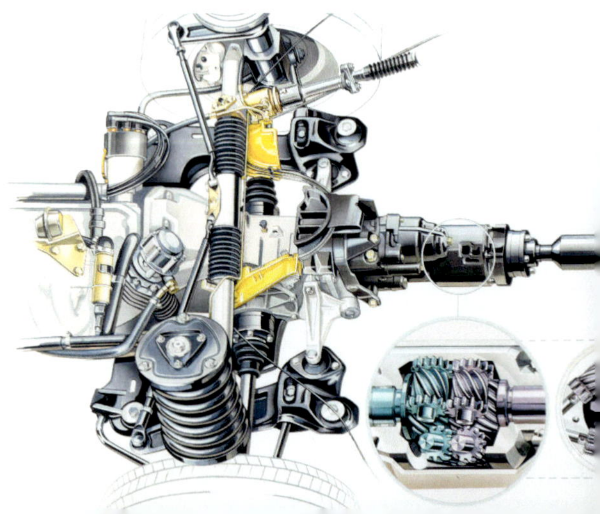

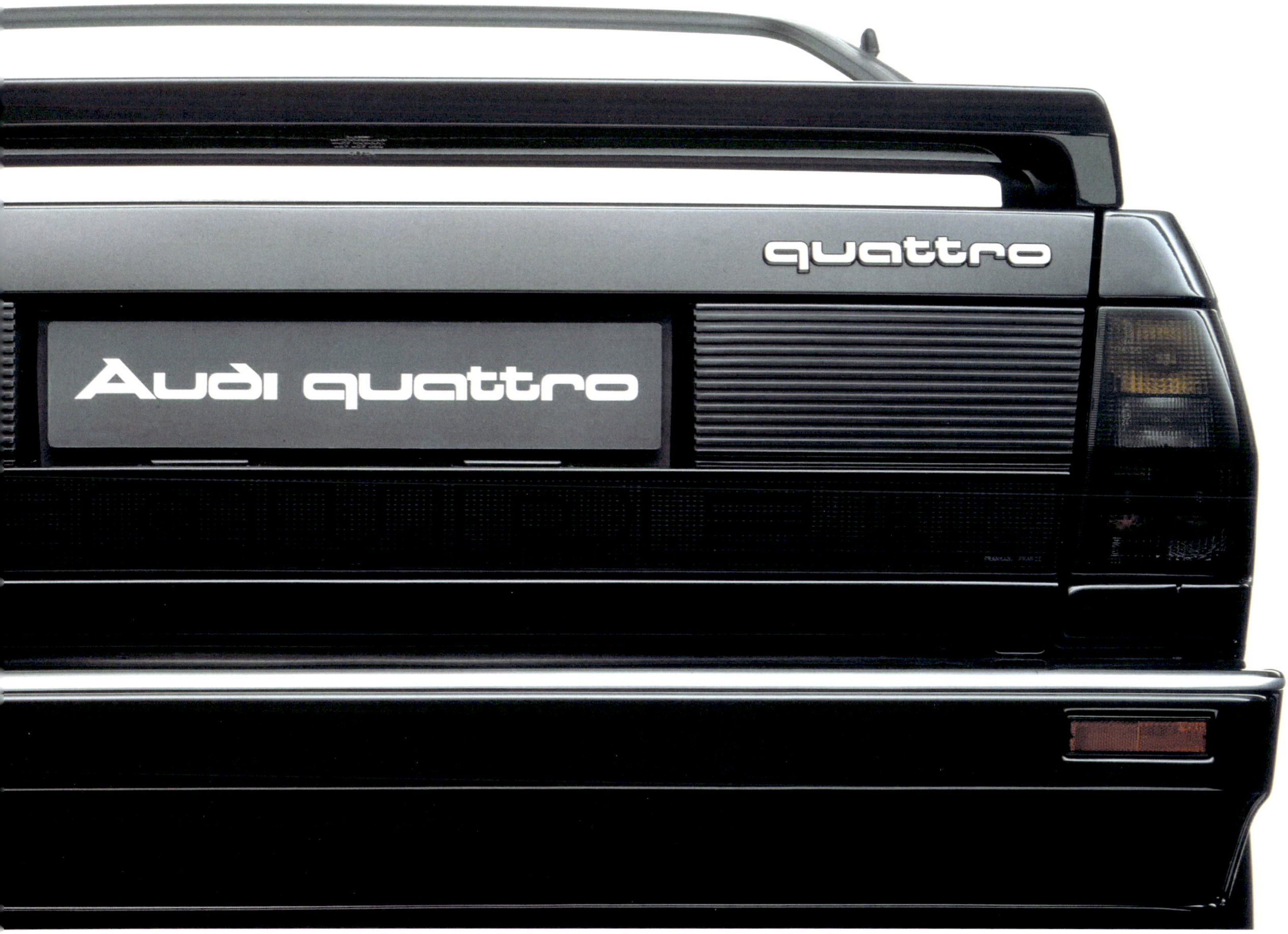

Bei Drehzahldifferenzen steigen sowohl die Temperatur der Flüssigkeit wie der Druck und die Kupplung beginnt zu greifen, bis hin zu einem starren Durchtrieb. Vorteil: die Viscokupplung kann die Funktion eines Ausgleichsgetriebes und einer Sperre übernehmen.

Im Herbst 1987 kommt es schließlich beim Audi Quattro zu einem System-Wechsel. Um eine traktionsabhängige Drehmomentverteilung zu erhalten und das ABS in allen Fahrsituationen funktionsbereit zu haben, wird beim Quattro das „drehmomentfühlende" Torsen-Differenzial („torque-sensing") eingeführt, welches das bisher verwendete Kegelrad-Zwischendifferenzial ablöst. Im Gegensatz dazu handelt es sich beim Torsen-Pendant, kaum schwerer als ein herkömmliches Ausgleichsgetriebe, um zwei durch Stirnräder verbundene Schneckengetriebe, die auf mechanischem Weg die Verteilung der Antriebskräfte zwischen den Achsen regeln. Beim Audi 80 und 90 der dritten Generation hatte das Torsen-Differenzial bereits ein Jahr zuvor Premiere gefeiert. Das Torsen-Differenzial, in dem 22 Zahnräder in

Die Form gewahrt: Abseits aller Moden bleibt der Audi Quattro äußerlich ganz der Alte, die Moderne spielt sich unterhalb des Bleches ab.

Bewegung sind, verteilt im Normalbetrieb das Drehmoment zu gleichen Teilen auf beide Achsen, ähnlich der Viscokupplung. Sobald jedoch die Haftgrenze an einer Achse geringer ist, wird der anderen Achse variabel und stufenlos mehr Drehmoment zugeteilt.

So können bis zu 75 Prozent des Drehmoments auf die Vorder- bzw. Hinterachse (75 % : 25 % bis 25 % : 75 %) geleitet werden, immer erhält die Achse mit der besseren Straßenhaftung das höhere Drehmoment. Zugkraft und Traktion verbessern sich. Die Sperrwirkung des Torsen-Differenzials tritt nur unter Last auf, also solange der Fahrer Gas gibt. Sobald keine Antriebskraft mehr übertragen wird, etwa wenn der Fahrer vom Gas geht, drehen sich Vorder- und Hinterräder unabhängig voneinander. Deshalb ist das ABS in allen Fahrsituationen wirksam.

Durch das Wirkprinzip des Schneckentriebes entstehen zwischen Schnecke und Schneckenrad Reibungskräfte. Je größer der Drehzahlunterschied, desto größer die Reibungskräfte und die Sperrwirkung. Durch die Ausgleichswirkung bleibt der Antriebsstrang in der Regel verspannungsfrei. Ist trotzdem die Sperre des Hinterachsdifferenzials zugeschaltet, wir die Sperre oberhalb von 25 km/h automatisch gelöst und das ABS wieder aktiviert. Den elektrischen Impuls für das Lösen der Hinterachssperre wird vom elektrisch angetriebenen Tachometer geliefert.

Somit ist die Allrad-Technologie auf dem neuesten Stand, während die Optik beginnt Staub anzusetzen. Weil mit dem neuen Audi 80/90 die Basis für das bisherige Coupé entfallen ist, steht der Quattro nun als Einziger für die Formensprache der früher 80er-Jahre, lediglich kleinere Retuschen fallen ins Auge. Heizfäden bilden den Quattro-Schriftzug in der Heckscheibe, auf der Heckklappe glänzen die Vier Ringe in Chrom. Beim Motor hat der Fortschritt hingegen zuerst bei der eckigen Verwandtschaft statt gefunden. Bevor der Audi Quattro den höher verdichteten und durch ein Plus an Bohrung auf 2226 cm³ gewachsenen Motor erhält, hat dieser sein Debüt schon 1985 in Audi 90 und Audi 200 Turbo gefeiert.

Nach wie vor leistet der Reihenfünfzylinder 200 PS, trotzdem ist Vieles an diesem Motor neu. Die Verdichtung ist von 7,0 auf 8,6:1 gestiegen, das soll in erster Linie einem verbesserten Ansprechverhalten dienen. Der KKK K26-Turbolader ist jetzt wassergekühlt, hydraulische Ventilstößel haben die Tassenstößel ersetzt, das Drehmoment ist leicht auf 270 Nm bei 3000/min gesunken, dafür steht die Kraft nun 500 Touren früher zur Verfügung. Bei 222 km/h liegt die Spitze des modifizierten Quattro, laut Werk vergehen nur 6,7 Sekunden für den Sprint von 0 auf 100km/h.

Ätlich aber agil, lautet das ungefähre Fazit der Autotester, die den Begründer des sportlichen Allrad-Booms mit den jungen Wilden konfrontieren. Der heißblütigste Vertreter der neuen Art kommt aus Italien, es ist der ebenfalls allradgetriebene Lancia Delta HF integrale. Als Zweiventiler leistet der 2-Liter-dohc-Vierzylinder 185 PS, ist so schnell wie der Audi, hat vier Türen und kostet mit 35.150 Mark noch nicht einmal die Hälfte des Audi Quattro, trotz ähnlich eckiger Kotflügelverbreiterungen. Obwohl jünger als der Quattro setzt der Lancia auf traditionelle Uhren und Instrumente, auf viele davon.

Der Audi bleibt der vermeintlichen Moderne verhaftet. Neu, aber nicht anders, ist die Bord-Elektronik mit LCD-Technik. Tachometer und Wegstrecke werden digital angezeigt, der Drehzahlmesser beschreibt einen „quasi-analogen“ Bogen, ähnlich den Balken für Wassertemperatur und Tankinhalt.

Wahlweise arbeitet der Bordcomputer mit metrischen oder englischen Werten und endlich herrscht Ruhe - die umstrittene „Sprachsynthese“ ist ersatzlos gestrichen worden. Hätten die Audi-Ingenieure es nicht getan, hätte Patricia Lipp mit der Erfahrung unzähliger Verkehrsnachrichten wohl zur Vorsicht gerufen. Am Horizont taucht bereits ein Quattro mit Vierventil-Zylinderkopf auf.

Interview Walter Treser

„Anfänglich war es kein Projekt, sondern eine geheime Kommandosache"

Herr Treser, verfolgen Sie die Feiern um das silberne Quattro-Jubiläum?

Selbstverständlich. Ich finde es großartig, wie Audi heute den Vierradantrieb pflegt und Geist und Seele des Grundgedankens „Quattro" lebt. Für mich war es sehr emotional, nach 25 Jahren beim Quattro-Treffen in Ingolstadt die vielen begeisterten Fahrer und Fans von Ur-Quattros, Sport-Quattros und Treser Quattros zu sehen.

Hätten Sie gedacht, dass der Quattro so eine Karriere machen würde und den Rallyesport so radikal verändern würde? Oder anders gefragt: dass er so erfolgreich und alltäglich werden würde?

Natürlich waren wir uns am Anfang nicht sicher, ob es tatsächlich klappen würde. Aber wir haben es nicht nur gehofft, sondern waren wirklich von dem Konzept überzeugt. Wir hatten ja von Anfang an das komplette Konzept im Kopf. „Quattro" ist mehr als Vierradantrieb: es gibt dem Auto eine neue Art von Verlässlichkeit. Man kann sich nicht mehr nur darauf verlassen, dass der Motor anspringt, sondern darauf, dass einen das Fahrzeug auch tatsächlich überall hinbringt und sei es auf die Spitze einer Skisprungschanze. Und wir hatten

Treser – das Autovergnügen: Der ehemalige Quattro-Projektleiter Walter Treser in einem der wenigen, für den „Hydroaluminium Cup" gebauten Treser-Rennwagen, die unter eigenem Namen in Berlin entstanden.

auch schon den Plan, Quattro für alle Audi Modelle anzubieten. Wir hatten sofort die Vision, künftige Audis grundsätzlich als „Quattro“ zu entwickeln und für die „Normalversionen“ sozusagen einfach den Antrieb für die Hinterräder wegzulassen. Uns war klar: Was nicht von anderen kopiert wird, ist nicht wirklich gut.

Um es endlich einmal aus erster Hand zu erfahren: Stimmt die Legende, dass Sie einen Flakon des „Hausfrauenparfüms“ CARAT mit in die Sitzung brachten und danach die Entscheidung für „Quattro“ als Produktbezeichnung gefallen war?

Ja, das war so. Das war ganz schön mutig. Man muss sich vorstellen, dass wir als Techniker in solchen Marketingfragen, wie der Namengebung des Fahrzeuges, nicht wirklich ernst genommen wurden. Aber wir haben leidenschaftlich gekämpft. Und der Name „Quattro“ war uns ein zentrales Anliegen. Dass wir uns gegen die Marketingprofis durchgesetzt haben, war ein großer Erfolg, der uns aber anfänglich nicht nur Freunde gemacht hat.

War es „quadro“ oder „quattro“? Und wie kamen Sie darauf? Hätte ein „4WD“ nicht gereicht?

Nach langem Suchen war mein erster Vorschlag „quadro“. In persönlichen Diskussionen mit Ferdinand Piëch war es sein Hinweis, dass „quattro“ sich schneller anhört. Was tatsächlich stimmt. Wir haben uns selbst so intensiv um einen originellen Namen gekümmert, weil wir nicht nur einen Namen gesucht haben, sondern einen Gattungsbegriff, also eine Bezeichnung, unter der man sofort die Philosophie und die Bedeutung dieser Autos verstehen kann. „Turbo“ ist so ein Beispiel. Hier kann man auch sofort das turbinenartige Hochdrehen eines Motors hören. Und in „quattro“ kann man auch in jeder Sprache das Wort Quadrat oder Viereck oder die Vier für Vierradantrieb erkennen. Ein normales „4WD“ hätte das nie leisten können.

Was haben Sie in Ihrer Zeit vor Audi gemacht. Hatten Sie Erfahrung mit allradgetriebenen Fahrzeugen?

Ich war zu Beginn der Quattro-Entwicklung Leiter des Fahrversuchs der Vorausentwicklung und neben der Dauererprobung aller Audi Fahrzeuge mit der Vorentwicklung eines NSU Motorrades befasst. Vorher war ich Leiter des Fahrversuches bei Pirelli und erst kürzlich zu Audi gekommen, weil ich das Gefühl hatte, mit Herrn Piëch zusammen etwas bewegen zu können. Davor bin ich auch Rennen gefahren, so dass die Themen Fahrwerk, Reifen und Traktion immer wichtig für mich waren.

Wie kam man bei Audi auf Sie als Leiter für das Quattro-Projekt? Oder wie hieß das eigentlich, bis der Name gefunden war?

Wie gesagt, ich war relativ neu bei Audi, von der Position her war es naheliegend das Projekt hier anzusiedeln, und außerdem hatte ich von der ersten Minute an, als Herr Bensinger eines Morgens in der Werkstatt sein berühmtes „Mit einem Iltis mit mehr PS hätte ich sie alle verblasen“ sagte, persönlich das Projekt so intensiv angenommen, dass es kaum eine Alternative gab. Anfänglich war es ja auch gar kein Projekt, sondern eine geheime Kommandosache zwischen Piëch, Bensinger und mir. Erst nach einer Weile hatten wir ein kleines Budget und die Projektnummer 262.

Hatten Sie als Projektleiter einen Schwerpunkt während der Entwicklung?

Nein. Es war gerade die Gesamtaufgabe, die mich reizte. Alles was nach dem ersten Anstoß von Herrn Bensinger folgte, lief bei mir zusammen: von der Ausarbeitung des technischen Grundkonzeptes, der Konstruktion der ersten Komponenten, dem Bau und der Erprobung der ersten Fahrzeuge, bis zur Erstellung des Lastenheftes und der Konzeption des endgültigen Quattro.

Was war die größte Herausforderung?

Das war ganz eindeutig die Realisierung des gesamten Projektes. Viele unserer Kollegen und praktisch alle unsere Chefs fragten uns, wieso alle Welt einachsgetriebene Autos baut und ausgerechnet wir es besser wissen würden. Das war der härteste Kampf, alle zu überzeugen und allen Widerständen zum Trotz in einem Großkonzern, die eigene Vision durchzusetzen. Dass das nicht ohne Reibungsverluste ging, ist klar. Wir wollten das durchsetzen, wir haben uns die Argumente gebogen, wie wir es gerade brauchten. Aber es war eine Gratwanderung. Und wenn ich mich zu weit aus dem Fenster gelehnt habe, hat Ferdinand Piëch mir den Rücken frei gehalten.

Was sagte Volkswagen dazu?

VW war argwöhnisch. Die hörten natürlich nicht gerne, dass die Tochter in Ingolstadt die besseren Autos bauen wollte. In Wolfsburg trafen sich die wichtigsten Vorstände und Entscheider in der Produktstrategiekommission, der PSK, und entschieden, wo es langgeht. Dem hat Ferdinand Piëch in Ingolstadt die Technikstrategiekommission, die TSK, entgegengesetzt, um festzulegen, was die Marke Audi voranbringen soll. Und auf einmal wollte auch VW da mitmachen.

Aus heutiger Sicht verlief die Entwicklung des Quattro von der Idee bis zur Serienreife rasend schnell. Wie war das möglich?

Es war nur möglich, weil sich ein harter Kern gesucht und gefunden hatte. Herr Bensinger, mein Chef, ließ mich gewähren und unterstützte mich, wo er konnte. Es ging schließlich um seine Grundidee. Er wartete nur darauf, mit einem Quattro endlich alle „verblasen" zu können. Und Ferdinand Piëch gefiel die Größe der Aufgabe, und er erkannte die Chance, die darin steckte. Wir wussten, dass er besonderen Gefallen an extremen Herausforderungen hatte: Porsche 917, W16-Zylinder und Bugatti sind ja weitere Beispiele. Außerdem waren viele Komponenten wie das Audi Coupé und der Turbomotor in Vorbereitung. Und wir hatten mit unseren Visionen – allen Kritikern zum Trotz – und mit unserer eigenen Begeisterung viele begabte Ingenieure und Mitstreiter gefunden, die uns geholfen haben. Dazu kam, dass wir uns anfänglich an keinerlei bürokratische und administrative Spielregeln hielten.

Wieviele Leute haben dran gearbeitet. Bestand der harte Kern wirklich nur aus Ihnen, Jörg Bensinger und Roland Gumpert?

Roland Gumpert war anfänglich nicht direkt beim Quattro dabei, sondern leistete sozusagen indirekten Flankenschutz, weil er als Iltis-Projektleiter zunächst Bensingers Grundgedanken vom höhermotorisierten Iltis weiterverfolgte. Aber ich sagte schon, dass es uns durch eigene Überzeugungsarbeit gelungen war, immer genügend begabte Helfer zu finden. Eine sehr wichtige Rolle spielten die Getriebe- und Chassisvorausentwicklung, dann der Versuchsbau, der uns die Hardware erstellte. Und als Leiter des VE-Fahrversuches konnten wir natürlich die eigenen Leute nach Bedarf einsetzen. Aber eine große feste Mannschaft gab es praktisch nie.

Danach sind sie Sportchef geworden? Was war das für eine Zeit, als die Quattros das erste Mal auf den Pisten auftauchten, wie haben die Konkurrenten reagiert?

Nachdem Jürgen Stockmar die Anfänge von Audi Sport gestaltet hatte, war es meine Aufgabe, mit dem Quattro bei Rallyes aufzutreten. Auch hier waren die Skeptiker anfangs in der Überzahl. Aber die Stimmung änderte sich rasend schnell. Wir setzten das Auto erstmals schon im Herbst 1980 vor der offiziellen Homologation als Vorausfahrzeug bei der Algarve Rallye in Portugal ein, wo wir heimlich Zeiten nehmen ließen und theoretisch mit 18 Minuten Vorsprung gewonnen hätten. Dann kam am 9. Januar 1981 mit der Jänner Rallye in Österreich der erste offizielle Einsatz, und wir gewannen mit 21 Minuten Vorsprung. Die Fachleute waren gewarnt. Als Hannu Mikkola nur 14 Tage später bei der ersten Sonderprüfung in Monte Carlo der gesamten Weltkonkurrenz

Treser – das Aktenlager: In seinem Archiv verwahrt Walter Treser Literatur und Material aus 40 Berufsjahren als Reifen-, Fahrwerks- und Automobilentwickler.

Treser – das Open-Air-Auto: 30 Exemplare des exotischen und teuren Audi Quattro Roadster entstanden im eigenen Tuning-Betrieb. Der Ingenieur für Kraftfahrzeuge und Flugzeugbau und früherer Audi-Sportchef starb am 13. November 2021.

sechs Minuten abnahm und alle sechs Sonderprüfungen dieser langen Nacht souverän gewann, war die Sensation perfekt. Die Fachwelt stand Kopf.

Und wo lagen die Probleme?

Wir waren immer noch den Beweis schuldig, dass der Quattro auch auf Schotter und Asphaltstraßen überlegen ist. Was die Zeiten angeht, war uns das auch schnell gelungen. Aber das Fahrzeug war noch nicht ausgereift und musste ständig weiterentwickelt werden. Es war ein unerbittlicher Kampf: Wir hatten das komplexeste Fahrzeug; unsere gesamte Sportabteilung musste sich noch an die Strapazen und das Tempo einer Weltmeisterschaft gewöhnen, und die Besonderheit des Quattro hat natürlich jede unserer Handlungen sozusagen im Brennglas der Weltöffentlichkeit fokussiert.

Was führte zu Ihrem Ausscheiden bei Audi?

Bei der Rallye Griechenland kam alles zusammen: Die Strapazen waren auf dem Höhepunkt, die Quattros waren schnell, aber noch immer nicht zuverlässig. Ich lag zur Kontrolle der kritischen Differenziale unter dem Auto, als ein Mechaniker tankte. Als Benzin auslief und alles Feuer fing, bin auch ich stark in Mitleidenschaft gezogen worden. Zu allem Überfluss wurden dann alle drei Quattros wegen einer kontroversen Regelauslegung disqualifiziert. Wie die Minis in den 60ern bei der Rallye Monte-Carlo.

Was heißt das?

Wir hatten das Reglement bis zum Letzten ausgereizt, so läuft das im Motorsport eben. Wegen der großen Hitzeprobleme, im Motorraum herrschten enorme Temperaturen, haben wir die inneren der vier Scheinwerfer ausgebaut und in anderer Form auf die Stoßstange geschraubt. Die Regel besagte, dass die Öffnung geschlossen werden muss. Das haben wir gemacht. Mit zwei Carbonklappen, die oben ein Scharnier hatten und unten mit einem Stück Klebeband befestigt waren. Ab einer bestimmten Geschwindigkeit flog das Band weg, die Klappen gingen auf und Kühlluft strömte rein. Piëch und Bensinger wussten davon, es war kein Geheimnis, aber wir wurden noch während des Rennens disqualifiziert, was ich heute noch nicht einsehen kann.

Und wie erging es Ihnen?

Ich wurde mit schwersten Verbrennungen nach Murnau in eine Spezialklinik geflogen. Und als dann ein riesiger Rosenstrauß von Herrn Piëch ins Krankenhaus kam, wurde mir klar, dass das Management die Zeit für einen Wechsel gekommen sah. Am Ende war's wie beim Fußball: klappt's nicht, muss der Trainer gehen.

Die Beziehungen blieben aber sehr gut, immerhin waren Sie bald danach der bekannteste und wohl auch erfolgreichste Audi-Tuner. Was hielt Audi davon, dass ein wichtiger Ex-Mitarbeiter in der Nachbarschaft nun Audis frisierte?

Herr Piëch bot mir zunächst an, sein persönlicher Referent zu werden. Aber ich hegte schon länger den Wunsch, mich selbständig zu machen. So vereinbarte ich einen Rahmenvertrag mit Audi, der mir für drei Jahre ein gewisses Volumen an Entwicklungsaufträgen zusicherte und begann meine Firma für Automobiltechnik und Design, zunächst in Hofstetten, später in einem hübschen Betrieb in Ingolstadt. Sechs Stunden am Tag haben wir für Audi rangeklotzt, vier Stunden unsere eigenen Sachen entwickelt. Ich hatte inzwischen sehr viele Freunde im Werk und auch in der Öffentlichkeit. Bei Audi erkannte man immer mehr die positive Wirkung, die von den technisch und optisch aufgewerteten Treser Audis ausging. Was haben sich die Händler gefreut, dass sie endlich mal was Exklusives im Angebot hatten. Die haben begeistert zugegriffen. Im ersten Jahr haben wir 1 Million Mark umgesetzt, im zweiten 3 Millionen und im dritten Jahr 9 Millionen.

Eigneten sich die Wagen überhaupt zum Tuning, auch vom biederen Image her?

Natürlich gab es zu der Zeit wesentlich attraktivere Marken. Aber ich war inzwischen auch mit dem Herzen ein voller Audi-Mann, und so kam für mich keine andere Marke in Frage. „Faszination für Audi“ war der Firmenslogan. Das entspricht meiner Mentalität: Probleme und Herausforderungen nicht zu beklagen, sondern als Chance wahrzunehmen.

Wie kam es zu den schwarzen Rückleuchten, die damals so populär waren, dass sie es bei Audi sogar ganz regulär in die Serienfertigung geschafft haben?

Ich weiß nicht mehr, wer die erste Idee dazu hatte. Ich hatte eigene Designer angestellt und arbeitete aber auch sehr eng mit Audi Design zusammen. Wir haben Treser mehrfach benutzt, um neue Ideen sozusagen von außen her durchzusetzen. So hatten wir z.B. auf der IAA 1987 auf meine Initiative hin einen Treser Audi 80 Kombi „Avantgarde“, den wir mit Hilfe von Audi Design gestaltet hatten, und der der Vorläufer aller Audi 80 und A4 Avant wurde.

Was war der Schwerpunkt Ihres Tuning-Geschäfts, was ging besonders gut?

Der Schwerpunkt von Treser lag auf der optisch ansprechenden Gestaltung von technischen Ideen. Ich nenne Ihnen zwei Beispiele: Das Treser Lenkrad war das erste Lenkrad, bei dem der Lenkradkranz nicht einfach nur rund war, sondern seitlich, wo man ihn überwiegend anfasst, muldenförmig und griffgerecht ausgebildet war. Man konnte also die Funktion sehen. Das Zweite sind die Treser Turbofelgen. Hier hatten wir auf der Rückseite schaufelförmige Rippen angebracht, die eine zusätzliche Bremsenbelüftung erzeugten. Also auch hier galt es, einen technischen Vorteil attraktiv zu verpacken. Danach kamen die Konzeptideen für neuartige Fahrzeuge: der Treser Audi Liner, als Vorläufer der heutigen Luxuskombis oder der Treser Audi Hunter, den man als erstes Crossover-Fahrzeug ansehen kann. Und vor allem der Treser Quattro Roadster, an dem wir, wie Herr Bertone auf der IAA 1983 sagte, zum ersten Mal die Idee eines voll versenkbaren Hardtops praktikabel gelöst hatten.

Wer waren die Kunden?

Von einigen späteren VW-Fahrern abgesehen, kümmerten wir uns ganz konsequent ausschließlich um Audi-Kunden, die aus aller Welt zu uns kamen. Ich gründete dann Treser USA und Treser Japan. Dann hatten wir mit den aufwändigeren Umbauten, wie auch dem Treser Audi Largo, das waren verlängerte Audi 100 und 200 Limousinen, und vor allem dem Quattro-Roadster, Kunden aus den arabischen Emiraten. Alle waren angetan von der Tatsache, dass ihnen ein professionelles Angebot für Audi gemacht wurde. Wir haben damit neue Kundengruppen für Audi erschlossen.

Mal für die Statistik: Wie viele Treser-Audi haben sie gebaut?

Das kann ich nicht genau beantworten. Aber vielleicht 20 Hunter, rund 30 Roadster und 24 Treser TR 1 aus Berlin. Dazu sehr viele Quattro-Umbauten in Bezug auf Optik, Fahrwerk, Motortuning, einige der Largos, Liner, Superpfeile, so nannten wir die Treser Audi 90, usw. Nach Amerika gingen viele aufgewertete Audi 4000 und Audi 5000.

Welches Quattro-Modell war Ihr Liebling?

Wie bei jedem stolzen Vater beginnt es beim Stammhalter, dem Ur-Quattro, und geht weiter zu allen seinen Varianten, die wir bei Treser hergestellt haben.

Jetzt noch ein Tipp für die Sammler: welchen Quattro würden Sie sich in die Garage stellen?

Seit ich pensioniert bin und die Zeit habe, mich mit der Vergangenheit zu beschäftigen, haben wir einen Treser Club e.V. gegründet, der sich die Aufgabe gestellt hat, die Tradition aller Treser Audis und Treser Autos zu pflegen. Die wichtigsten sind sicher der Treser Quattro Roadster und der Treser TR 1 aus Berlin. Beide würde ich gerne besitzen.

Herr Treser, vielen Dank für das Gespräch!

Zur Person

Der Diplom-Ingenieur Walter Treser, am 18.April 1940 in Bad König geboren, kam Anfang 1977 über Stationen bei Daimler-Benz und Pirelli nach Ingolstadt. Noch 1977 wurde Treser Leiter des Quattro-Projekts und 1980 Leiter von Audi Sport. Nach seinem Ausscheiden bei Audi im Jahr 1982 entwickelte Treser im eigenen Unternehmen Tuning-Teile und Sonderkarosserien für Audi-Fahrzeuge und ab 1987 ein eigenes Auto, den Treser TR 1. Ein Jahr später musste Treser mit seiner Berliner Firma Konkurs anmelden. 1992 wurde Walter Treser Rennleiter bei Opel, später Direktor der Vorausentwicklung. Seit 2003 ist Walter Treser im Ruhestand und lebt im niedersächsischen Hameln.

Allrad-Inthronisation

Vom Sport zum 20V

Luft und Ladung: Die gesamte Front des Audi Quattro Sport ist auf die optimale Durchströmung des durch den Turbo aufgeheizten Motorraums ausgerichtet.

Wie die Geister loswerden, die man selbst gerufen hat? Diese Frage stellte sich Audi seit dem ersten Einsatz des neuen Quattro bei der österreichischen Jänner-Rallye 1981, wo die Ingolstädter der Konkurrenz vor Augen geführt hatten, wohin die Reise im Rallyesport gehen würde. Weg von Zweiradantrieb und Saugmotor, hin zu Allrad und Turboaufladung. Fort von seriennaher Alltagstechnik in dynamischer Auslegung hin zu speziell vorbereiteter Hochtechnologie, schon bald auf Formel-1-Niveau. Diese Entwicklung gipfelt zur Saison 1982 in der neu eingeführten Gruppe B und bald ist klar, dass Audi den Weg zwar geebnet hat, technisch aber nicht zu Ende gegangen ist.

1982, am Anfang der Maßlosigkeit, siegt mit dem Opel Ascona 400 zum letzten Mal das Althergebrachte, der Vortrieb, wie wir ihn kennen: mit Motor vorn und angetriebenen Rädern hinten (s. Kapitel Allrad-Invasion). Die Konkurrenz denkt da längst weiter: Lancia präsentiert den maßgeschneiderten Rally 037 mit Kompressor-Aufladung, Mittelmotor und Heckantrieb; Peugeot arbeitet am noch konsequenter konzipierten 205 T16 mit Turbo und Allrad und bei Austin werden Pläne

Der packendste Antrieb unserer Zeit.

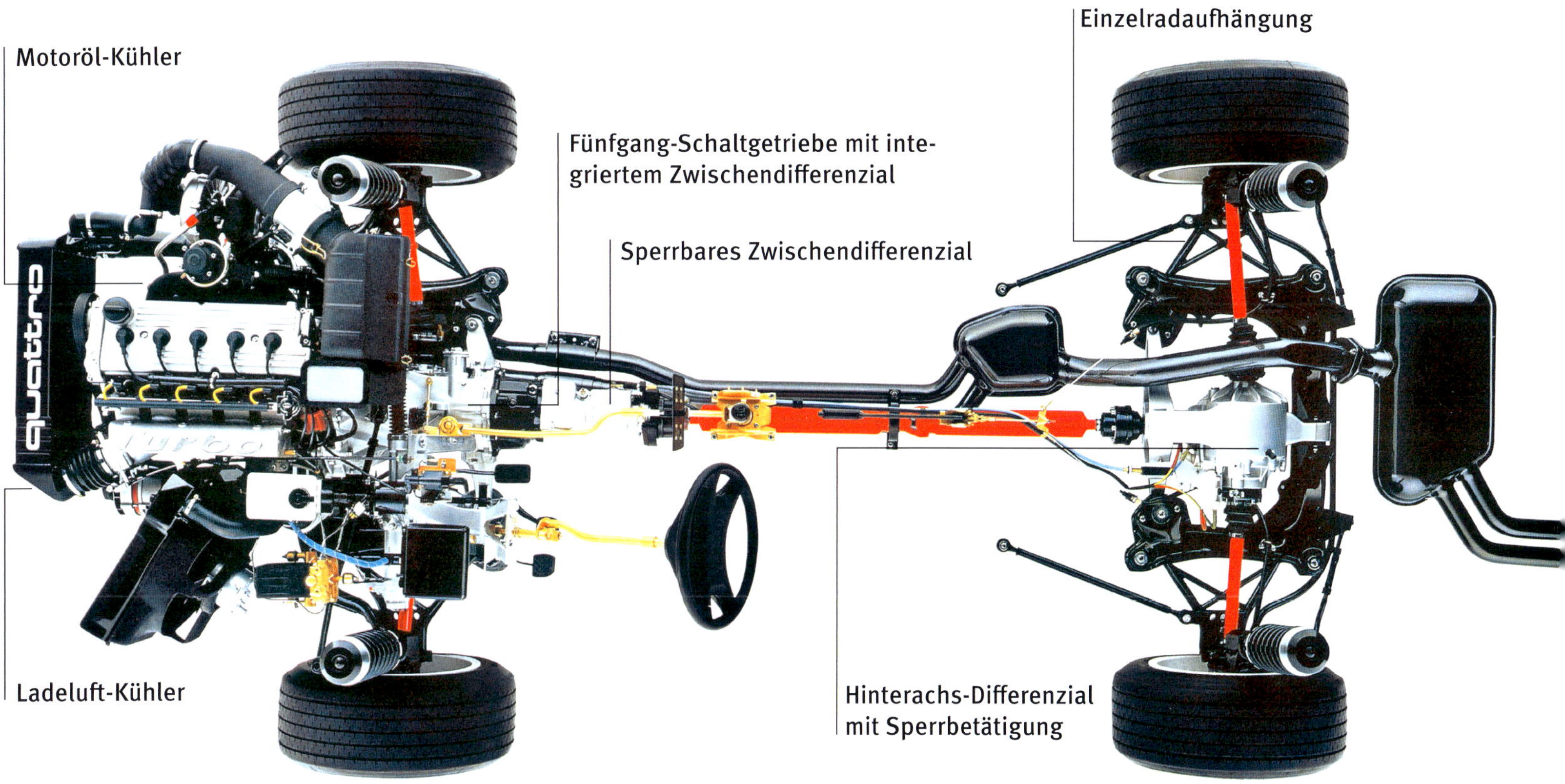

gezeichnet, den konventionellen Metro mit Hilfe eines Gitterrohrrahmens und V6-Motors drastisch auf links zu krempeln. Beste Chancen auf den Sieg werden allerorten der Kombination von Turbomotor, Allradantrieb und Mittelmotor eingeräumt, nun ist es an Audi zu kontern.

Die Antwort ist kurz und knapp und lautet Audi Quattro Sport. Kein anderes Auto steht während der IAA 1983 derart im Licht der Öffentlichkeit wie jene tornadorote Kurzversion des Quattro. Allenfalls die Porsche-Studie namens „911 Gruppe B" – aus welcher der ebenso kompromisslose 959 entstehen wird und die Audi in internen Bewertungen als schärfsten Mitbewerber ausmacht – erwirbt ähnlich viel Aufmerksamkeit. So unterschiedlich die beiden formal auch sind, so ähnlich ist der konstruktive Hintergrund: Beide verfügen über Allradantrieb sowie einen aufgeladenen Motor und teilen sich die bedingungslose Ausrichtung auf die Gruppe B. Und da ist noch etwas: Beide stellen die Spitze ihrer Art, den Gipfel der Evolution dar. Auf Basis des klassischen 911 hat Porsche einen Extremsportler mit hohem Wiederkennungswert und luftgekühltem Boxermotor herangezüchtet.

Audi hat den Quattro-Antrieb mit einer Hochleistungsversion des Fünfzylinders und einer wendigen, leichteren Hülle vereint. Mehr geht nicht und genau darum geht es. Der Audi Quattro Sport, der bald nur noch „Sport Quattro" oder schlicht „der Kurze" gerufen wird, stellt die Summe aller Möglichkeiten dar, die für die Straße zugelassen sind. Ein technologischer Superlativ aus der Entwicklungsabteilung eines Herstellers, der kaum 20 Jahre zuvor noch dazu verdammt war, mit dem Audi 72, einem aufgerüsteten Verwandten des unglückseligen, zweitaktenden DKW F 102, einen Neubeginn zu wagen! Kein anderes deutsches Auto ist beim Erscheinen der ersten zur Auslieferung bereiten Sport Quattro im Herbst 1984 teurer (200.000 Mark), kein anderer Audi war je stärker

Kurz und bündig: 320 Millimeter kürzer als das Chassis eines herkömmlichen Audi Quattro ist der Unterbau des Sport Quattro geraten, die frontlastige Auslegung mit dem Motor vor der Vorderachse ist geblieben.

Powerplay.

Die überlegene Konstruktion des Audi Sport quattro wird besonders deutlich durch das völlig neue Turbo-Triebwerk der 4. Generation, das aus Aluminium gefertigt wird, durch das Hochleistungsfahrwerk mit dem permanenten Allradantrieb, durch den Einsatz von extrem leichten Karosserieteilen aus modernen Kunststoffen und Aluminium und durch Achskonstruktionen, Bremsen und Radaufhängungen aus dem Rallyesport. Und schließlich durch das überlegene Handling, für das auch der kurze Radstand des Audi Sport quattro verantwortlich ist. Kernstück dieses technischen Energiebündels ist jedoch der 20ventiler aus Aluminium. Ein Fünfzylinder-Triebwerk mit 225 kW (306 PS), mit Abgas-Turbolader, extrem groß dimensioniertem Ladeluftkühler und vollelektronischer Zündanlage, das nicht nur in 4,9 Sek. von 0 auf 100 km/h ist, 250 km/h Spitze bringt, sondern mit einer Literleistung aufwartet, wie sie sonst nur bei Rennwagen vorkommt.
Eine neue Triebwerkgeneration von Audi, die enorme Leistung und Drehmoment paart mit hoher Laufkultur und Alltagstauglichkeit.

Eine Generation voraus.

Beim Audi Sport quattro über Qualität und Sicherheit zu reden heißt, sie nicht per se zu definieren, sondern stets eingebettet in das faszinierende Gesamtkonzept dieses Ausnahme-Automobils zu betrachten. Hier ist alles schon richtungsweisend auf die Zukunft konzipiert und in genialer Weise umgesetzt. Der Audi Sport quattro ist in jeder Hinsicht einzigartig. Mit einer Karosserie aus modernen, hochfesten, faserverstärkten Qualitätskunststoffen, die durch hochwertiges Aluminium zusätzlich stabilisiert ist. Auch das Sicherheitskonzept beeindruckt durch viele einzigartige Konstruktionen. So sind die Fahreigenschaften, insbesondere Richtungsstabilität und Vortrieb, durch das kompakte kurze Fahrwerk mit dem permanenten Allradantrieb und zwei zuschaltbaren Differentialsperren beispielhaft. Eine über-

legene Technik für eine überlegene Fahrweise. Mit Hilfe der Differentialsperren wird man selbst mit schwierigsten Traktionsproblemen fertig. Sie verhindern z.B., dass das Auto im Schnee oder Schlamm steckenbleibt.

Was der Allradantrieb für den Vortrieb ist, das ist das serienmäßige, speziell auf Allraderfordernisse entwickelte Anti-Blockier-System des Audi Sport quattro für das Bremsen. Die Kombination von beidem bringt ein Maximum an Sicherheit, denn Mobilität und Fahrsicherheit werden bis an die Grenzen der physikalischen Möglichkeiten gesteigert.

Ein paar Beispiele nur.

Aber die Summe aller Maßnahmen zeigt: für den Audi Sport quattro gibt es keinen Vergleich.

Sport und Komfort.

Im Audi Sport quattro erfahren Sie das faszinierende Gesamtkonzept eines Ausnahme-Automobils als unvergleichliche Synthese von zukunftsweisender Technik, exklusiver Luxusausstattung mit sportlichem Charakter, ergonomischem Komfort und beruhigender Sicherheit. Nehmen Sie Platz auf hochwertigen Recaro-Sportsitzen in Stoff-Leder-Kombination mit Sitzheizung, und lassen Sie sich von den vielen exklusiven Ausstattungsdetails beeindrucken.

(306 PS) und als erster Audi verfügt der Sport Quattro über einen komplett aus Aluminium bestehenden Motor, erstmals mit einem Querstrom-Zylinderkopf ausgerüstet.

KURZ UND BÜNDIG

1983 hatten die Arbeiten am kurzen Quattro begonnen, ganz und gar unter dem Diktat der neuen Gruppe B stehend, welche die Abstammung von der Großserie endgültig aus ihrem Reglement gestrichen hatte. 200 Exemplare in 12 Monaten muss ein Hersteller künftig von einem Fahrzeug bauen, um an der Rallye-WM teilnehmen zu können – eine Regel, die der Spezialisierung Tür und Tor öffnet. Bald ist klar, dass ein kurzer Radstand mit viel Motorleistung und Allradantrieb die wichtigsten Zutaten für einen möglichen Erfolg sind und hier knüpft die Entwicklung des neuen Sport Quattro an. Zu oft hatte der Ur-Quattro seine Fahrer zum Zurücksetzen in engen Spitzkehren gezwungen, was wertvolle Zeit kostete.

Die Sportversion übt hier Verzicht. 320 Millimeter haben die Ingenieure beim Radstand und damit im Rücken der vorderen Passagiere eingespart. 32 Zentimeter, welche die Rückbank zu einer Ablage degradieren und in der Seitenansicht am ehesten am gekürzten Seitenfenster zu erkennen sind. 0,32 Meter, die den Sport Quattro deutlich agiler um die Ecken gehen lassen sollen. Dass die Gesamtlänge im Vergleich zum normalen Quattro nur um 240 mm schrumpft, geht auf das Konto der völlig neu gestalteten Front, deren Entwurf allein der optimalen Durchströmung und Kühlung des Aggregats zu gehorchen hat. Gewachsen ist der Sport Quattro in Spur und Breite – ein Plus von 95 Millimetern sind an der Vorderachse und 34 mm an der Hinterachse zu verbuchen.

Die rund 50 mm Zuwachs in der Breite gehen auf das Konto der voluminösen Radkästen, in denen 9 Zoll breite Ronal-Räder mit Michelin-Reifen im eigens angefertigten Format 235/45 VR 15 sitzen.

Gedrungen und aggressiv ist das gestauchte Gesamtbild des Sport Quattro. Das Dach ist kürzer, die Frontscheibe steht steiler, die C-Säulen ebenfalls. Elegant nennt Audis neue Schöpfung niemand, seine Anziehungskraft liegt in der Kürze, im optischen Festgewachsensein auf dem Untergrund, in der groben Optik, die aussieht, als hätte Chefdesigner Martin Smith, der schon am Ur-Quattro beteiligt war, nun endgültig zur Axt gegriffen und auf das Schleifpapier verzichtet. Der Eindruck wird durch die zerklüftete Front noch verstärkt, gespalten und zerrissen von Öffnungen für Kühl- und Ladeluft. Mit Gewalt scheint der Motor seinem ungehobelten Abteil entfliehen zu wollen.

Zweck-gebunden: Um dem Sport Quattro die für den Rallye-Sport notwendige Wendigkeit mitzugeben, ist der Radstand auf Höhe der Fondpassagiere um 0,32 Meter gekürzt worden.

Es ist der Geist der Grenzenlosigkeit, welcher den Kurzen umweht. Maßlos in der Motorisierung und maßlos im technischen Aufwand. Trotz der mühsam und aus Marketing-Gründen herbeigeführten Nähe des Sport-Geräts zur Audi-Serie befindet sich sogar die Karosserie zu großen Teilen auf einem enorm hohen und kostspieligen Entwicklungsstand. Die Kombination einer aus Kunststoff, Leichtmetall, Kevlar, Stahl und Composite-Werkstoffen bestehenden Hülle übertrifft den bisher betriebenen Aufwand um ein Vielfaches. Nur wenige Teile stammen aus der Großserie, ein im Haus gebrauchter Leitfaden zum Sport Quattro zählt sie schnell auf:

„Basis des Audi Sport quattro ist bis zur B-Säule die Audi 80 Limousine, ab der B-Säule das Audi Coupé. Bei der Bodengruppe stützt man sich vorn auf ein Teil des Audi-Serien-quattro, wobei hier sitzseitig 320 mm gekürzt werden. Das Hinterteil der Bodengruppe entspricht wiederum dem des Audi 80 quattro mit angepasster und versetzter Handbremsaufnahme. Komplett übernommen werden die Serientüren der Audi 80 Limousine. Die Heckklappe besteht aus glasfaserverstärktem Polyesterharz, wie es auch für den Frontspoiler des Audi quattro verwendet wird. Kotflügel, Seitenteile hinten, Dach, Motorhaube, Front- und Heckschürze werden von der Fa. Seger und Hoffmann aus der Schweiz gefertigt und angeliefert. Diese Teile bestehen aus mehrschichtigem Kevlargewebe, Epoxidharz und verschiedenen Zusätzen. Die Herstellung und Bearbeitung dieses extrem formsteifen und dennoch superleichten Materials macht denn auch einen Großteil der Gesamtkosten des Audi Sport quattro aus."

Beim Herstellungsverfahren bedienen sich die Schweizer einer neuen Technik, dem Vakuum-Press-

Zwerg-Nase: Dem Vorbild der Großserienbasis folgend, dreht der Sport Quattro seinen Entwicklern – trotz aller Bemühungen die Überhänge kurz zu halten – eine lange Nase.

verfahren. Dabei werden bei extremem Unterdruck (1000 Tonnen lasten auf dem Werkzeug) Fasermatten in die Form gezogen und gleichzeitig mit Kunststoffharz bespritzt. Dabei erhält das 1 mm starke Kunststoffteil ein besonders dichtes Gefüge, anschließend muss das Karosserieteil bei 30 Grad für 20 Stunden aushärten. Das Schneiden der fertigen Komponenten übernimmt ein Wasserstrahl mit 4000 bar Druck. Ein einziger Karosseriesatz entsteht so pro Tag, die Kosten sind enorm, jedoch unumgänglich. Eine Fertigung in Stahl oder Leichtmetall würde aufgrund der hohen Werkzeugkosten nahezu das gleiche Geld verschlingen, Kevlar und GFK sparen immerhin Gewicht. Nur 1,3 Kilo wiegt einer der sündteuren Kotflügel, selbst das Dach kommt nur auf ein Gewicht von 5,3 Kilogramm.

Was im Sport von Vorteil ist, kann im Alltag für Verdruss sorgen und bereitet den Entwicklern Probleme. Oberflächen sind im Falle eines Unfalls kaum zu bearbeiten, weil sie beim Schleifen ausfransen, bei den Gewebelaminaten zeichnet sich die Gewebestruktur im Lack ab und bei den manuell hergestellten Laminaten entstehen unterschiedliche Wandstärken und Abstufungen, die wiederum aufwändiges Schleifen erfordern. Um den Sport Quattro auch auf den Einsatz in Privathand abzustimmen, wird deshalb ein Kompositlaminat gewählt, dessen Kern aus hochfestem Kevlar besteht, während die zwei Deckschichten aus Glasgeweben hergestellt sind, die im Reparaturfall schleif- und spachtelbar sind.

Nur 1,5 Millimeter dick ist der Aufbau am Ende der komplexen Fertigung, dafür ist das Klassenziel erreicht – über 300 Kilo im Vergleich zum normalen Quattro hat der Kurze abgespeckt, bei rund 1300 Kilogramm liegt das Leergewicht.

VIER GEWINNT

Leichtbau heißt die Devise, die auch beim dohc-Motor umgesetzt wird. Um das Mehrgewicht des Vierventil-Zylinderkopfes sowie des groß dimensionierten Ladeluftkühlers und des größeren Turboladers vom Typ KKK 27 wieder wett zu machen, besteht der Motor aus Leichtmetall. Dünnwandige Graugussbuchsen sind von einer Aluminium-Legierung umgossen, das erste Mal arbeitet in einem Audi ein komplett aus Leichtmetall bestehendes Triebwerk. Allein der Aluminiumblock ist 23 Kilo leichter als das Graugusspendant des bekannten Fünfzylinders, der mit seinen 2144 cm^3 als Basis dient.

Hubraum ist nicht alles: auf 2133 Kubikzentimeter haben die Motorenentwickler um Chef Dr. Fritz Indra den Hubraum reduziert. Dies wurde nötig, um trotz des für Turbomotoren im Wettbewerb festgelegten Faktors von 1,4 unter 3000 cm^3 zu bleiben (Beispiel: 2,14 x 1,4 = 3,008 Liter / 2,13 x 1,4 = 2,986 Liter). Nur Fahrzeuge mit weniger als 3 Litern Hubraum dürfen laut Reglement unter 1000 Kilo wiegen.

Mit dem althergebrachten Reihenmotor hat das 145 Kilogramm schwere Triebwerk des Sport Quattro nur noch die in einer Reihe angeordneten fünf Zylinder sowie die Turboaufladung gemein. Durchaus schlank und elegant liegt es unter der Leichtbauhaube, der „turbo"-Schriftzug der Ansaugseite erinnert zwar noch an den seligen Audi 200, dominiert wird der Motorraum aber von dem großzügig dimensionierten Turbolader und dem Wastegate-Ventil. Völlig neu ist der Zylinderkopf aus Aluminium, der im Gegensatz zum alten Fünfzylinder als Querstromkopf ausgelegt ist und über 20 Ventile verfügt. Diese moderne Technik kommt auch der simpel gestrickten Verwandtschaft zugute. Die gleichzeitig auf der IAA gezeigte Studie eines VW Scirocco mit 1,8-Liter-16V-Motor sorgt bei leistungshungrig veranlagten Volkswagen-Piloten bereits für feuchte Hände.

Die Vorteile der Vierventiltechnik sind vielfältig: bessere Füllung und Gaswechsel, mehr Leistung und Drehmoment, optimierte Verbrennung durch zentrale Lage der Zündkerzen und kompakte Form der Brennräume, höhere Verdichtung, reduzierter Verbrauch sowie günstiges Abgasverhalten. Den Ventilwinkel von nur 25° haben die Entwickler durch unsymmetrische Platzierung der Ventile betont klein gehalten, durch die kompakte Bauweise konnten die beiden eng nebeneinander liegenden Nockenwellen durch ein Stirnradpaar

Obwohl konsequent für den Sporteinsatz entwickelt, besitzt „der Kurze" ein vergleichsweise luxuriös ausgestattetes Cockpit, das über Teilledersitze und dicke Teppiche verfügt.

miteinander verbunden werden. Nur die Auslassnockenwelle wird direkt über einen Zahnriemen angetrieben.

Um möglichst geringe Druckverluste zwischen Drosselklappe und Ladeluftkühler zu erreichen, ist der Abstand zwischen den beiden verringert worden: 600 mm beträgt er beim Quattro, beim Sport Quattro sind es nur noch 150 mm, was den Motor bedeutend agiler auf Bewegungen des Gaspedals ansprechen lässt. Der Ladeluftkühler, der die Nase des Kurzen um 50 Millimeter wachsen lässt, hat nun die gleichen Abmessungen wie jener der Rallye-Version, bei maximaler Aufladung kühlt er die Luft von 140° Celsius auf 60° herunter. Der maximale Ladedruck liegt bei 1,04 bar und zum ersten Mal setzen die Audi-Ingenieure auf eine vollelektronische Einspritzanlage vom Typ Bosch LH-Jetronic. Das L steht für Luftmasse, das H für Hitzdraht, nicht mehr die Luftmenge, sondern die -masse wird gemessen.

Nimmt die Luftmasse zu, wird dadurch der Draht gekühlt. Elektronisch geregelter Heizstrom stellt dessen Temperatur zurück auf das ursprüngliche Maß. Der benötigte Heizstrom ist somit das Maß für die angesaugte Luftmasse.

Alle Sport Quattro-Triebwerke besitzen ab Werk eine Nasssumpfschmierung, erst für den Wettbewerbseinsatz wird ein Trockensumpf nachgerüstet. Die Mühen sind von Erfolg gekrönt: bei 250 km/h liegt die Höchstgeschwindigkeit des Sport Quattro, eingefangen von kantiger Statur und großen Lufteinlässen, die den c_W-Wert auf 0,44 hochtreiben. Trotzdem: rund 5 Sekunden reichen dem Audi Quattro Sport, um von 0 auf Tempo 100 zu stürmen, angetrieben von der Urgewalt des hochgezüchteten Motors. Das Leistungsvermögen der Straßenversion ist gewaltig. 306 PS bei 6700/min leistet das Kraftwerk des Sport Quattro, die Literleistung liegt bei rennwagenverdächtigen 141 PS und für den Einsatz in der Rallye-WM sind bereits 450 bis 500 PS angepeilt. 350 Nm beträgt das maximale Drehmoment, das bei 3500 Touren über die projektilartig beschleunigten Insassen herfällt, denen es Audi durchaus gemütlich gemacht hat.

Dicke Schlingenware liegt zu ihren Füßen, die Türtafeln sind mit Leder bespannt, die Recaro-Sportsitze haben Sitzwangen aus Leder, die Sitzmittelteile sind aus Stoff. Dafür ist die Sitzbank im Ablage-Format im Rücken komplett in Leder gehalten und ebenfalls mit Leder verkleidet ist das Vierspeichenlenkrad, das seine profane Herkunft aus dem Audi 80 trotz seines edlen Bezugs nicht leugnen kann. Immerhin, die Armaturentafel besteht auf der Oberfläche aus flexiblem Polyurethan und in der neu formierten Mittelkonsole haben neben allerlei Schaltern aus dem VAG-Regal, dem Zugknopf für die Differenzialsperren, Lüftungsöffnungen und Radio, drei Zusatzinstrumente Platz gefunden, die über Öl- und Wassertemperatur sowie über den Öldruck informieren. Zwei Hosenträgergurte für die Vordersitze werden bei Lieferung beigelegt, soviel Luxus muss sein.

Nicht nur äußerlich ist der Sport Quattro auf seinen Einsatzzweck reduziert, die Ausstattungsliste wird gleichfalls von Verzicht diktiert. Elektrische Fensterheber oder verstellbare Außenspiegel (sogar der Spiegel auf der Beifahrerseite ist nicht vorgesehen) gibt es nur auf Sonderwunsch, und würden die großen Rundinstrumente nicht – wie beim Tacho – bis 300 km/h und beim Drehzahlmesser bis 9000 Touren reichen, die

Fünf Zylinder mit Turboaufladung, rund 300 PS, Platz für zwei Insassen und eine Spitze von 250 km/h kosten bei Audi die enorme Summe von über 200.000 Mark – und 200 gebaute Exemplare verlangt die Homologation.

Illusion eines mit Sportsitzen aufgewerteten Audi 90 wäre perfekt. Mehrausstattungen sind nicht vorgesehen, zumindest die Servolenkung wurde aber übernommen.

Vier fast schon klassisch zu nennende Farben stehen zur Wahl. Tornadorot (das über die Hälfte aller Fahrzeuge trägt), Kopenhagenblau, Alpinweiß und Malachitgrün, allesamt ohne Mehrpreis zu bekommen, was bei einem Preisschild mit 200.000 Mark wie feiner Humor klingt. Nur zwei Sport Quattro werden je Schwarz tragen.

Im krassen Gegensatz zum spröden Flair des Innenraums steht die Technik. Fahrwerk und Bremsanlage können ihre Abstammung aus dem Rallyesport nicht leugnen, erneut heißen die Verantwortlichen Jörg Bensinger und Roland Gumpert. Vorne und hinten sind Zugstreben angebracht, welche die geschweißten Stahlquerlenker starr mit der Karosserie verbinden, um zusammen mit verstärkten Stabilisatoren hohe Querbeschleunigungen aufzunehmen. Rundum sind Boge-Dämpfer verbaut und um wirklich alle Kundenwünsche – sei es von angestellten Rallye-Fahrern oder Privat-Piloten – zu befriedigen, lässt sich mittels verstellbarer Federteller die Bodenfreiheit um 50 Millimeter variieren. Üppig dimensioniert sind die innenbelüfteten Bremsscheiben mit einem Durchmesser von 295 mm und einer Stärke von 28 mm, kombiniert mit einer Vierkolben-Festbremssattelanlage (Kolbendurchmesser: vorn 42 mm, hinten 32 mm). Ein kleiner zusätzlicher Schwimmsattel übernimmt an der Hinterachse die Funktion der Handbremse und im Renneinsatz beim Durcheilen von Kurven die Funktion einer Lenkhilfe. Wie die zivilen Brüder auch, verfügt der Kurze über ein ab 2,75 km/h arbeitendes ABS, das beim Betätigen der Sperre automatisch außer Funktion gesetzt wird.

DIE OBEREN 200

Rund ein Jahr hatte die Entwicklung des Audi Quattro Sport bis zu seiner Präsentation auf der IAA gedauert, Ende April 1984 ist die komplette Stückzahl von 200 Fahrzeugen gebaut und die ersten Einheiten der Kleinserie kommen bei den Kunden an. Wer die sein sollten und was der neue Quattro für Audi bedeuten könnte, darüber hatte sich Produktmarketing/VP-21 Produktstrategie und -förderung bereits Gedanken gemacht. Uli Hoeneß, Luis Trenker und Franz-Josef Strauß hatten unter anderem die lokalen Fahrer-Größen des Freistaats geheißen, die sich bisher auf allen Vieren fortbewegt hatten, doch der Sport Quattro ist ungleich exklusiver. Prominente sollen es sein, solvente Kunden müssen es sein. 203.850 Mark kostet schließlich ein Kurzer, da stockt dem bürgerlichen Quattro-Piloten der Atem.

MARKETING-KONZEPT

Audi quattro Sport
1. Ausgabe, Stand: 16. Januar 1984 (vertraulich)

„1984 wird Audi mit dem neuen quattro Sport einen weiteren Meilenstein in der Entwicklung hochwertiger Automobile setzen, die durch die enorme Leistungsstärke und souverän überlegene Fahreigenschaften den Audi Markenanspruch weiterhin nachhaltig dokumentieren.
Der neue Audi quattro Sport mit einer Leistung von 220 kW (300 PS), einem um 32 cm verkürzten Radstand und einer hochwertigen Ausstattung wendet

sich einmal an jenen ganz speziellen Kundenkreis, der – ohne sich dem aktiven Automobilsport zuzuwenden – die Faszination des gelassen-überlegenen Fahrens in einem komfortablen Vollblut-Sportcoupé höchster Wertmaßstäbe schätzt. So ist der Audi quattro Sport sinnfälliger Ausdruck eines in jeder Hinsicht einzigartigen Automobils, das dem verantwortungsbewussten Fahrer über den automobilistischen Alltag hinaus eine neue Dimension des Fahrens erschließt und ihm das gediegene Prestige technischer Kennerschaft und Exklusivität verleiht.
Über diesen exklusiven Kreis potentieller Käufer hinaus bietet der Audi quattro Sport allen im Automobilsport ambitionierten Privatfahrern sowie leistungsfähigen Tunern die Möglichkeit, sich aktiv und mit Aussicht auf Erfolg im Automobilsport zu betätigen.
Schließlich wird der Audi quattro Sport – in einer entsprechend leistungsgesteigerten Version – die Basis für alle zukünftigen Audi-Werkseinsätze im Rallyesport sein und auch für 1984 die Rallye-Weltmeisterschaft anstreben.
So hat der Audi quattro Sport die Aufgaben:
Die technische Fortschrittlichkeit und die enorme Leistungsfähigkeit der Marke Audi zu dokumentieren und damit zu einer weiteren eindringlichen Stärkung des dynamischen Audi-Markenimages beizutragen („beweglich, frisch, temperamentvoll").
Durch Erscheinungsbild des Fahrzeugs, Hochleistungsmotorisierung und insbesondere durch Erfolge bei sportlichen Einsätzen das Sportlichkeitsimage im Audi-Markenbild weiter zu fördern. Der Einführung weiterer hochwertiger Audi-Allradfahrzeuge – vor allem im C-/D-Bereich – unterstützend den Weg zu öffnen, um durch das Quattro-Angebot in diesem Marktsegment die technisch anspruchsvolle und elitäre Kontrastposition von Audi speziell gegenüber BMW und Daimler-Benz zu stärken."

Noble und nobel verdienende Kunden erfreuen sich an soviel Distanz zur Masse. Erster Kunde ist der Aga Khan, Juan Carlos von Spanien fährt ebenfalls einen Sport Quattro, sowohl Umberto Agnelli als auch Franz Beckenbauer gehören zu den prominenten Probefahrern.

Herbert von Karajan, einem der treuesten Quattro-Kunden überhaupt, wird zur besseren Erfahrung des Sport Quattro gleich noch das Konkurrenzprodukt Peugeot 205 T16 zum Vergleich daneben gestellt. Die Ausrichtung auf die unterschiedlichen Ansprüche von Piloten wie Walter Röhrl und Dirigenten wie Herbert von Karajan ist ein Spagat zwischen den Zwängen der Homologierung, die gleiche Materialien für Sport- und Zivilversionen verlangt.

SPORTVERSION

- hohe Missbrauchbeanspruchung ist Standardbeanspruchung
- begrenzte Haltbarkeit, ausreichend auf Rennstrecke abgestimmt
- Funktionalität nur auf Rennbetrieb abgestimmt
- keine Oberflächenansprüche
- extremer Leichtbau
- geringer Kostendruck für Detaillösungen

PRIVATVERSION

- begrenzter Missbrauch möglich
- hohe Haltbarkeit gemäß Kundengebrauchswert
- Funktionalität auf Kunden abgestimmt – Styling
- hohe Qualitätsansprüche an Karosserie und Ausstattung
- funktionaler, wirtschaftlicher Leichtbau
- Kostendruck für Gesamtprojekt

Die Kraftkur samt Kürzung des Radstands hat ihre Spuren hinterlassen. Der alte Quattro war schwer gewesen, hatte nur zögerlich eingelenkt und ein ausgeprägtes Turboloch besessen. Der neue Sport Quattro ist leichter und kürzer und die Gewichtsverteilung ist optimiert worden. Aber trotz allem nimmt der Kurze enge Biegungen immer noch unwillig. Die aus dem Konstruktionsprinzip des vor der Vorderachse angeordneten Motors resultierende Fahrphysik lässt sich nicht wegentwickeln – es sei denn, man geht radikal neue Wege. Peugeot und Lancia tun dies, die Franzosen mit dem Peugeot 205 T16, die Italiener noch konsequenter mit dem Delta S4 – von Audi lernen heißt Siegen lernen.

Im März 1983 hatte Peugeot auf dem Genfer Salon den neuen Kompakten präsentiert. Ein Kleinwagen für die Hausfrau mit Platz für Kind und Taschen, 45 PS, Frontantrieb und Frontmotor.

Direkt daneben, aus Verkaufsgründen an den normalen 205 optisch eng angelehnt, der 205 T16 mit Raum für einen Piloten plus Beifahrer und Gebetbuch, 200 Turbo-PS, Allradantrieb und Mittelmotor. 200 Exemplare dieses Extrem-Sportlers 205 T16 musste Peugeot innerhalb eines Jahres bauen, um wie Audi in der neu formierten Gruppe B auf Asphalt und Schotter antreten zu dürfen. So kompromisslos wie Peugeot im Jahr 1984 hatte bis dahin noch kein anderer Hersteller die Stärken der Konkurrenz wie Vierventil-Turbotriebwerk, Allradantrieb, Mittelmotor und Gitterrohrrahmen übernommen und die Schwächen wie zu große Abmessungen und Hinterradantrieb eliminiert. Die Nähe zur Serie war reines Marketing, in Wirklichkeit passten nur die Türen, Blinker, Scheinwerfer, Grill und Frontscheibe vom 205. Das Chassis bestand aus einem Stahlblech-Monocoque samt Gitterrohrrahmen, die dicken Backen zeigten auch dem Laien, dass hier eine Verschiebung der Kraftverhältnisse stattgefunden hatte. Unter der vorderen Haube lagen nur noch Wasserkühler und Ersatzrad, die hintere, hochklappbare Hälfte des Peugeot 205 T16 gab den Weg zur quer angeordneten Motor/Getriebe-Einheit frei. 200 PS stemmte der nach rechts versetzte und leicht gekippte 16V-Leichtmetall-Vierzylinder mit 1775 cm^3 Hubraum und KKK-Lader. Ein Drittel der Kraft ging an die Vorderräder, zwei Drittel an die Hinterachse, was den 205 auch in Richtung des Grenzbereichs berechenbar machte.

Noch wilder war der Lancia Delta S4 von 1985 zusammengesteckt, dessen Grundlage die italienische Interpretation der Golf-Klasse war. Zwei Sitze und ein Vierzylinder mit nur 1759 cm^3, aber aufgerüstet durch Kompressor und Turbo, das erste Mal vereint. In unteren Drehzahlen sorgte der Kompressor für Schub, darüber schaltete sich der Turbolader zu. 250 PS leistete die brachialste aller Straßen-Interpretationen des Themas Gruppe B, die 1985 debütierte, und schoss ihre Insassen in 6 Sekunden von 0 auf 100 km/h, erst bei 225 km/h Spitze stoppte der Wind das Delta-Monster. Wie das Fahrzeug einer Marsmission hatten die Lancia-Techniker den S4 eingekleidet, eine verkantete Karosserie über einen Gitterrohrahmen samt mittig angeordnetem Motor gezogen und die Form sich selbst sowie der Funktion überlassen. Beulen, Warzen und Öffnungen dienten der Aufnahme von breiten Rädern, der Servicefreundlichkeit oder der Belüftung, schön sollte der Lancia nie sein.

Und so wie Audi, Peugeot und Lancia in der Rallye-Weltmeisterschaft beim Kampf um Bestzeiten aufeinander treffen, so geht das Duell bei den Alltäglichkeiten der Parkplatzsuche und Kofferraumgrößen weiter.

Peugeot und Lancia haben gleich gar keinen mehr, bei ihnen klappt das halbe Auto auf, wird die hintere Hälfte zur Kontrolle des Ölstands geöffnet. Von hinten heizen die Motoren unbarmherzig die Fahrgastzellen auf, bei jedem Zündschlüssel-Dreh erwacht im Rücken der Insassen ein mechanisches Orchester aus Benzinpumpen, Lüftern, Ketten und Riemen. Die Innenräume geben sich gediegen, voll instrumentiert, mit dickem Teppich und fein bezogenen Sitzen, wie um den enormen Aufpreis zu rechtfertigen.

Eines haben alle Drei gemein: die Vorliebe für schnelle Haken und die Abneigung gegen schnelle Autobahnpassagen, wo die kurzen Radstände für Unruhe und schlechten Geradeauslauf sorgen. Peugeot und Lancia fahren bereits mit Viscosperren um den Sieg, Audi setzt auf sein eigenes System. Mögen Peugeot und Lancia auch das Geschehen auf den Pisten bestimmen, auf der Straße bleibt das Original von Audi die erste Wahl – er verfügt über Platz für Zwei samt Gepäck, ausreichend Komfort und mehr Kraft als der gemeine Privatfahrer beherrschen kann. Aus dem Alltags-Vergleich mit dem 205 T16 und dem Delta S4 geht der Audi als Sieger hervor, eine Bereicherung für die Straße sind sie alle: „Wenn unter der Karosserie Vierventilmotoren, Abgasturbolader, mechanische Roots-Gebläse, Verteilergetriebe für den Allradantrieb, Wasser/Luft- und Luft/Luft-Ladeluft-

Rot-Wild: Auf winkligen Wegen kann der Sport Quattro die Vorteile seiner überbordenden Leistung, seines kurzen Radstands und Allrad-Antriebs ausspielen, lange Geraden bleiben die Domäne des langen Ur-Quattro.

Vier sind wieder wer: 1989 wird das Flehen der Quattro-Anhängerschaft erhört – in der letzten Auflage des Ur-Quattro schlägt das domestizierte, 220 PS starke Vierventilherz des Sport Quattro, das dem alten Kämpfer einen zweiten Frühling beschert.

Um die Ecke gedacht: Noch auf Basis eines älteren Audi Quattro entsteht 1989 ein Prototyp mit Allradlenkung.

kühler angeordnet sind, sind das Gruppe B-Automobile. Wenn sie aussehen wie ihre eigenen Erlkönige und nackt und unbeklebt vor sich hin schimmern, dann sind es die Straßenversionen davon", bemerkte seinerzeit schon das Fachblatt auto motor und sport.

Der Wahnsinn hatte Methode und fand dennoch Käufer. Ein Peugeot 205 T16 lag bei 94.000 Mark, ein Delta S4 kostet schon 160.000 DM und der Audi schlägt mit über 200.000 Mark zu Buche. Ein bisschen über 600 Fahrzeuge alles in allem reichten aus, um die Rallye-Welt auf Jahre durcheinander zu wirbeln und am Ende war der Sport Quattro noch die vernünftigste Lösung. Zwischen 212 und 224 gebauten „Kurzen" schwanken die Angaben, mit einem Potenzial von zunächst 200 bis 400 und dann 500 bis 800 Fahrzeugen hatte Audi gerechnet, was die Kostenschere dramatisch auseinander klaffen ließ. Geld verdienen konnte Audi mit dem Kurzen nie, auch nicht, als der Sultan von Oman spontan 14 Exemplare bestellte, die aus Ersatzteilen komplettiert wurden. Für Otto Normalautofahrer hatte der Sport Quattro aber trotzdem etwas Gutes.

ÜBER KURZ ODER LANG

Die endlich verfügbare Vierventiltechnik, geadelt mit dem Duft der großen Rallye-Welt, regt die Phantasie der Kunden und Fachleute an. Von einer 20V-Variante ohne Turbolader wird halblaut geraunt, 175 PS sollen einem Quattro für Einsteiger als günstige Motorisierung im unteren Preissegment dienen. Der Audi 200 20V lässt jedoch schon ahnen, dass eher obere Segmente ins Visier genommen werden. Im Herbst 1989 ist es endlich soweit, Audi verbindet das Beste aus beiden Welten – dem Rennsport und dem Alltag – zu einem finalen Geschenk an die Quattro-Gemeinde. Nachdem der 20V-Fünfzylinder bereits den Audi 200 im Vergleichstest nach den Stuttgarter Sternen greifen ließ, leuchtet dank des Top-Motors nun auch der klassische Quattro heller denn je. Im zehnten Jahr des Bestehens erlebt der Quattro sein spätes Karrierehoch, längst auf dem Weg zum Klassiker, wie selbst die kritische Fachpresse bemerkt.

Anlass von einem „Alten Meister" zu sprechen, gibt es reichlich. Vieles ist alt, Manches aber auch meisterlich. Da ist die klotzige Karosserie, die sich noch immer mit all ihrer selbstbewussten Kantigkeit in den Wind stellt, wie es schon 1980 nicht mehr nötig gewesen wäre und wie es 1989, wo sämtliche Karosseriekörper der Aerodynamik folgen, nun gänzlich unchic geworden ist. Dann ist da das Innenraumkonzept, das vier Personen samt Gepäck unproblematisch Platz bietet, eine Tugend, die kaum noch ein Sportwagen beherrscht. Und es bleibt noch der Turbomotor, von dem sich die meisten Hersteller längst wieder verabschiedet haben. „Audi Quattro 20V. Eine der individuellsten Möglichkeiten, regelmäßig Sport zu treiben", nennt es Audi in seinem Prospekt und zählt auf die Kenner, die bereit sind, den Grundpreis von 91.000 Mark für neuen Wein in alten Schläuchen zu zahlen. Der Geschmack aber stimmt, nie ließ ein Audi Quattro seine Fahrer so mit der Zunge schnalzen wie der Quattro 20V.

Der Motor, selbst eine Symbiose aus bewährter und modernster Technik, macht die Mischung perfekt. Den Gussblock des altbekannten, 2226 Kubikzentimeter großen Triebwerks krönt ein vom Sport Quattro abgeleiteter Aluminium-Zylinderkopf mit zwei obenliegenden, von Ketten gesteuerten Nockenwellen. Vier Ventile pro Zylinder sorgen jetzt für optimierte Gaswechsel, in der Größe identisch mit denen des Sport Quattro: 32 Millimeter beträgt der Durchmesser des Einlass-, 28 mm jener des Natrium-gekühlten Auslassventils.

Allerdings sorgen zahmere Steuerzeiten der Nockenwellen für eine alltagstaugliche Abstimmung des mit einem Dreiwegekatalysator ausgerüsteten Aggregats, das anstelle der mechanischen Einspritzung vom Typ Bosch K-Jetronic ein elektronisches Motronic-Motormanagement des gleichen Herstellers besitzt.

Geändert hat sich auch das Motorkennzeichen. Das Kürzel WR hatte die Zehnventiler-Triebwerke mit 2144 cm^3 markiert, MB die 2226 cm^3-Versionen und die 20V-Aggregate tragen ein RR vor der Motornummer. Sticht der dohc-Zylinderkopf beim Öffnen der Motorhaube zuerst ins Auge, sind die nicht sichtbaren Modifikationen kaum weniger tiefgreifend. Mehrmals pro Sekunde misst das adaptive Motormanagement Zündzeitpunkt, Drehzahl, Ladedruck und Gemisch-Zusammensetzung, Benzinmenge und Einspritzzeitpunkt werden für jeden Zylinder individuell ermittelt. Die Vorteile der sequenziellen Kraftstoffeinspritzung sind hörbar und messbar: der 20V-Motor dreht leise und turbinenartig in hohe Drehzahlregionen, der Verbrauch liegt mit 14 Liter Super im Drittelmix (eine Klopfregelung lässt auch die Verwendung von Kraftstoff mit geringerer Klopffestigkeit zu) auf einem vergleichsweise günstigen Niveau.

Ausgerüstet ist die letzte Ausbaustufe des Ur-Quattro mit flüssigkeitsgekühltem Turbolader, die Verdichtung ist im Vergleich zum Vorgänger leicht von 8,6:1 auf 9,3:1 gestiegen. 220 PS bei 5900/min sind das Ergebnis, der Zweiventiler hatte es noch auf 200 PS bei 5800 Touren gebracht. Eindrucksvoll ist der Zuwachs beim Drehmoment: 303 Nm bei 1950/min (vorher 270 Nm bei 3000/min), was die Elastizität in den einzelnen Gängen verbessert und den 20V-Motor in seiner Leistungsab-

Audi quattro® 20V. Der Reiz innovativer Sportlichkei

Die Attraktivität des Audi quattro® ist ungebrocher kraftvolle, sportlich-klare Form läßt den Charakter dies Fahrzeugs schon auf den ersten Blick erkennen. Und seine strahlung und Leistungsfähigkeit vermitteln ein Gefühl von Lebensfreude, wie es so nur ganz wenige Automobile können.

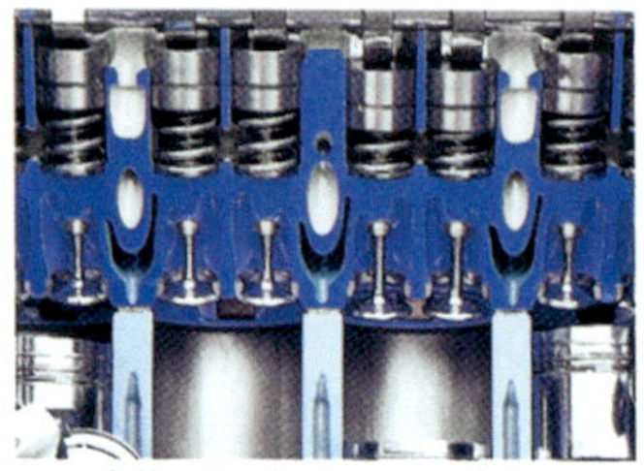

Mit der Leistungsfähigkeit seines neuen Motors beeindruckt der Audi quattro 20V jeden, der die überlegene Dynamik eines Automobils dieser Kategorie zu schätzen weiß.

Denn es ist vor aller dieses modernen T der das gesamte Fa bestimmend prägt.

2,2 Liter Hubrau (220 PS), 309 Nm 1950/min, 0–100 km/ 6,3 Sekunden, V max. – das sind Daten, die d sofort vermitteln, welc siges Fahrerlebnis ihn tet. Basis dieses auß lichen Temperament fessionelle Hochleis nik. Rennerprobte Ab

fladung mit Ladeluftkühlung in mbination mit anspruchsvoller Ventiltechnik ergeben einen geisternden Charakter: Spontes Ansprechverhalten, enores Durchzugsvermögen bereits Leerlaufdrehzahl und eine über n gesamten Drehzahlbereich ntinuierliche Kraftentfaltung erben ein Gefühl von Souveräni-, das man nur unzureichend schreiben kann.

Dabei ist es gar nicht einmal sehr die enorme Spurtkraft, mit r dieser Sportwagen zu beeindrucken weiß. Erheblich stärkeren Einfluß auf das Fahrgefühl hat vielmehr die jederzeit erlebbare Mühelosigkeit der Leistungsentwicklung, mit der dieses Automobil immer wieder überrascht. Es ist eben gerade auch diese überragende Elastizität, die das Fahren in einem Audi quattro 20V zu einem so unvergleichlichen Genuß werden läßt. Und die auch ein betont dynamisches Vorwärtskommen zu einem ausgesprochen entspannten Vergnügen macht.

Fortschrittliche Technik als zukunftssichere Qualit-

Überlegenes Leistungsvermögen sollte für einen Sportwagen selbstverständlich sein. Doch ebenso selbst-ständlich sollten bei Fahrzeugen dieser Klasse heute all-lichkeiten zeitgemäßer Technik für eine größt-mögliche Umweltentla-stung genutzt werden – so wie beim Audi quattro® 20V.

Im Audi quattro 20V ist vereint, was anspruchsvolle Triebwerkstechnik möglich macht. Der bewährte 5-Zylinder-Motor erhält durch 4-Ventil-Technik und Abgas-Turbo-Aufladung zusätzliche Kraft.

Zusammen mit der für Turbomotoren ungewöhnlich hohen Verdichtung, einem optimal auf niedrige Strömungswiderstände ausgelegten Ansaugsystem, einem Ladeluftkühler sowie exakten Steuerzeiten gewährleistet diese Kombination größtmögliche Luftzufuhr, sehr schnellen Gasdurchsatz und hohes Drehmome niedrigen Drehzah geringen Gegendru te und dabei sehr le Doppel-Katalysatora die Summe der Ma

Für höchste Energieausbeute u verträglichkeit arb quattro 20V eine de elektronischen Trie rungen. Die zentra heit (Motronic) e Motordrehzahl, Ve luftmenge (Luftma

durch Hitzdraht), Lastzustand (Stellung des Gaspedals bzw. Drosselklappe) und Betriebstemperatur und anderen Parametern stets die optimalen Werte für Zündzeitpunkt und Ladedruck. Zusammen mit der Lambda-Regelung werden die günstigsten Werte für den Kraftstoffbedarf bestimmt. Auf diese Weise wird eine bestmögliche Abgasreinigung erreicht.

Dabei arbeitet die Motronic im Audi quattro 20V nach einem besonders fortschrittlichen Prinzip: Denn als Stellgröße für die optimale Dosierung der Einspritzmengen wird die effektive Luftmasse, d.h. die Luftmenge unter Berücksichtigung ihrer Temperatur und Dichte, gemessen. Unterschiede durch den Betrieb des Fahrzeugs in wechselnden Höhen sowie bei wechselnden Außentemperaturen werden so kompensiert, und der Motor arbeitet stets mit hohem Wirkungsgrad und unter Vermeidung unnötiger Leistungsverluste.

Eine zylinderselektive Klopfregelung ist weiterer integrierter Bestandteil dieses Systems. Damit wird eine eventuell klopfende Verbrennung zuverlässig erkannt – z.B. im Falle des Betriebes mit einer veränderten Benzinqualität – und Zündwinkel und gegebenenfalls auch Ladedruck an die neuen Bedingungen angepaßt. So kann der grundsätzlich auf bleifreies Superbenzin (mit 95 ROZ) ausgelegte Audi quattro 20V im Bedarfsfall auch einmal gefahrlos mit Kraftstoff geringerer Klopffestigkeit betankt werden.

Die Evolution der inneren Werte.

Gerade ein besonders leistungsstarker Sportwagen soll seinem Fahrer auch bei der Bedienung keine Rätsel aufgebe

Deshalb finden Sie im Audi quattro® 20V moderne Cockpit-Technik, die für eine engagierte, aber dennoch entspannte Fahrweise beste Voraussetzungen schafft.

Man hat zuweilen den Eindruck, daß für manche Fahrer die „Sportlichkeit" eines Fahrzeugs daran gemessen wird, wie konzentriert es gefahren werden will. Und daß der Reiz, den es ausübt, gerade dann als besonders groß angesehen wird, wenn der Wagen gewissermaßen im persönlichen Zweikampf bezwungen werden will. Doch was in diesem Zusammenhang so oft und gern mystische Züge erlangt, ist häufig nicht mehr als die Folge eines überforderten Fahrwerks oder eines unzureichend an ergonomischen Gesichtspunkten orientierten Fahrerplatzes.

Nun - der Audi quattro bietet auch hier etwas m Die Innenraumgestaltung ve hohe formale Ästhetik mit e wirklich ausgereiften ergono schen Konzeption. Und trotz scheinbaren Zielkonfliktes eine ausgesprochen fahreror tierte Auslegung gelungen, d dabei durch betonte Einseitig die Belange des Beifahrers ßer acht zu lassen – oder ihr auszuschließen.

Besondere Erwähnung dient die Ausstattung des Inn raums. Denn hier wurde n nur ein formal außerorden anspruchsvolles Ambiente

– ausgesprochen ein-
ist auch die Qualität
s und die Summe der
ßigen Einrichtungen für
nfort. Die Stoffsitzbe-
d aus hochwertigem
-Satin mit Einfassun-
ranitfarbenem Kodiak-
t diesem Leder sind
Zuziehgriffe und Tür-
sten sowie Teile der
ntafel und die Mittel-
ezogen. Elektrisch be-
Sportsitze vorn, das
gene Sportlenkrad, elek-
nsterheber, Zentralver-
und das leistungsfähige
ssetten-Radio mit vier Lautsprechern und Automatikantenne mit elektronischer Verstärkung sind weitere hervorzuhebende Ausstattungsmerkmale. Als Sonderausstattung sind darüber hinaus z.B. eine Ganzlederausstattung oder eine Klimaanlage lieferbar.

Und weil besonders engagierte Fahrer auch etwas besser und genauer über die Technik ihres Fahrzeugs informiert sein möchten, bietet der Audi quattro 20V serienmäßig die Vorteile eines besonders klar gezeichneten und daher übersichtlichen Digital-Displays mit Anzeigen für alle wichtigen Funktionen. Zusätzliche In-

formationen liefert der leicht zu bedienende Bordcomputer. So bietet der Audi quattro 20V in jeder Hinsicht ein wirklich erstklassiges Fahrvergnügen. Und er ist damit für den Kenner ein außergewöhnlicher und besonders attraktiver Weg, die Freude am Automobil neu zu erfahren.

Die Ausstattung.

Außenausstattung
Grüne Wärmeschutzverglasung
Verbundglas-Windschutzscheibe mit grünem Colorstreifen
Luftleitschaufel auf dem Scheibenwischerarm der Fahrerseite
In Front- und Heckschürze integrierte Stoßfänger in Wagenfarbe lackiert
Frontspoiler in Wagenfarbe lackiert
Leichtmetallräder im Speichen-Design
Blanke Audi Ringe im Kühlergrill
Schweller in Wagenfarbe lackiert
Radhausverbreiterungen
Schwarze Abdeckung der mittleren Dachpfosten
Schwarze Regenrinnenzierleisten
Schwarze Scheibeneinfassungen
Schwarze Fensterschachtleisten
2 Außenspiegel, schwarz
Schwarz getöntes Leuchtband und schwarze Blende zwischen den Heckleuchten
Schwarz getönte Heckleuchten
Großer Heckspoiler in Wagenfarbe lackiert
Blanke Audi Ringe auf dem Gepäckraumdeckel

Innenausstattung
Sportsitze vorn sowie ausgeformte Rücksitzbank mit Kodiak-Leder-Wangen und Stoff-Mittelteil in Jacquard-Satin mit eingewebtem quattro Schriftzug
Gepolsterte Armaturentafel
Dreispeichen-Sportlenkrad mit lederbezogenem Lenkradkranz
2 einstellbare Rahmenkopfstützen für Vordersitze
Liegesitzeinrichtung für Fahrer und Beifahrer
Höheneinstellbarer Fahrer- und Beifahrersitz
Dreipunkt-Automatic-Sicherheitsgurte für Vordersitze
2 Dreipunkt-Automatic-Sicherheitsgurte und 1 Beckengurt für Rücksitzplätze
Abblendbarer Sicherheitsinnenspiegel
Klapp- und schwenkbare Sonnenblenden mit beleuchtetem Make-up-Spiegel auf der Beifahrerseite
Formteilhimmel
Ablagefach auf der Fahrerseite
Abschließbarer Ablagekasten auf der Beifahrerseite mit Beleuchtung
Mittelkonsole
Ablagekästen in den Türe
Teppich verkleidet
Integrierte Ablagen in der
ren Armlehnen
2 Ascher hinten
2 Haltegriffe hinten mit Kl
haken
Türverkleidungen mit Arm
und Zuziehgriffen
Tür- und Seitenverkleidur
mit Stoffbesatz in Jacqua
Satin
Fußraumauskleidung in V
mit Trittschutz auf der Fah
seite
Schalthebelknopf mit Lec
zug
Schalthebelmanschette i
Schutzleiste für Türeinstie
Ausgeformte Rücksitzbar
integrierten Kopfstützen i
Rückenlehne
Gepäckraumverkleidung
Ladekantenabdeckung

Funktionsausstattung
Anti-Blockier-System (AE
Selbstsperrendes Torsen
schendifferential
Servolenkung
Zentralverriegelung

-Breitbandhauptschein-
nit integriertem Fern-
satzstrahler
weitenregulierung
eren Stoßfänger in-
 Halogen-Nebelschein-
nd Blinkleuchten
werfer-Reinigungsanlage
 Zusatzblinkleuchten
ahrleuchten
nkanlage
hlußleuchte
on-Fanfare
" Schriftzug im Heizdraht
kscheibe
h beheizbare Vorder-

h betätigte Türfenster-

uckfedern für die
aumklappe
ßbarer Deckel für den
fbehälter
he Scheibenwasch-

enschaltung und Tipp-
ontakt für Scheiben-

nwischer-Intervallschal-
d Wasch-Wisch-Auto-

eibenwischer mit
Waschanlage und Intervallschaltung
Parklichtschaltung
Kombiniertes Belüftungs- und Heizsystem mit luftseitiger Wärmesteuerung und 4stufigem Gebläse, Fußraumausströmern vorn und einstellbaren Ausströmern in der Armaturentafel
Defrosterdüsen für die Windschutzscheibe und Seitenscheiben
Zwangsentlüftung
Elektronisches Anzeige-Display mit:
- digitaler Geschwindigkeits- und Wegstreckenanzeige
- Tachometer, Kilometerzähler, Tageskilometerzähler, quasianalogem Drehzahlmesser, Kühlmitteltemperaturanzeige mit Kühlmittel-Mangelwarnung, Kraftstoffvorratsanzeige mit Reservewarnung und Digital-Zeituhr
- Bordcomputer mit digitaler Anzeige von: Fahrzeit (max. Anzeige 23 Stunden, 59 Minuten), Durchschnittsgeschwindigkeit, Durchschnittsverbrauch, Reichweite
- Kontrolleuchten für Generator, Öldruck, Blinkleuchten, Fernlicht, Warnblinkanlage, Heckscheibenheizung, Nebelscheinwerfer, Nebelschlußleuchte, Anti-Blockier-System, angezogene Handbremse, Brems- und Hydraulikanlage, Bremsflüssigkeitsstand

Zusatzinstrumente in der Mittelkonsole: Voltmeter und Öltemperaturanzeige
Warnsummer für nicht ausgeschaltetes Licht und/oder Radio
Regelbare rötliche Instrumentenbeleuchtung
Stereo-Cassetten-Radioanlage mit elektronisch verstärkter Automaticantenne
Druckschalter für Hinterachs-Differentialsperre mit Symbolik und Kontrolleuchte
Innenleuchte mit Kontaktschalter an den Türen und Abschaltverzögerung
Leuchtkennzeichnung der Schalter für die Heizungs- und Frischluftbetätigung
Elektrisch einstell- und beheizbare Außenspiegel
Separate Gepäckraumbeleuchtung
Dauerschutzkonservierung für Unterboden und Radhäuser
Hohlraumkonservierung im Bodenbereich
Edelstahl-Abgasanlage mit Doppelendrohr
Elastischer Steinschlagschutz-Füller

Interessante Sonderausstattungen gegen Mehrpreis
Klimaanlage
Herausnehmbares Ausstelldach
Geschwindigkeitsregelanlage
Kodiak-Leder-Innenausstattung (Sitzbezüge und Einlagen für Tür- und Seitenverkleidungen aus Leder)
Sonderlackierung Perlmutt-Effekt

Wenn Sie die Ausstattung Ihres Audi quattro nach Ihren individuellen Wünschen erweitern möchten, wenden Sie sich bitte an Ihren Audi Partner. Er informiert Sie gern über die entsprechenden Kombinationsmöglichkeiten und das komplette Angebot an Sonderausstattungen.

Die Technik auf einen Blick.

Motor	Vorn angeordneter 5-Zylinder-Reihenmotor mit 4-Ventil-Technik. 6fach gelagerte Kurbelwelle. Leichtmetall-Querstrom-Zylinderkopf. Ventilsteuerung über Zahnriemen durch zwei obenliegende Nockenwellen (DOHC) und Tassenstößel mit wartungsfreiem, hydraulischem Ventilspielausgleich (Hydrostößel). Dynamische Öldruckkontrolle. Zusätzlicher Ölkühler. Flüssigkeitskühlung als geschlossenes Überdrucksystem mit Pumpe, Kühler, Ausgleichbehälter und elektrisch angetriebenem, thermostatisch geregeltem Kühlventilator. Vollelektronisches adaptives Motormanagement (Motronic). Kennfeldgesteuerte sequentielle Kraftstoffeinspritzung mit Luftmassenmessung durch Hitzdraht. Leerlauffüllungsregelung. Stufenlose Höhenkorrektur durch Luftmassenmessung. Schubabschaltung. Warmlaufsteuerung. Beschleunigungsanreicherung. Vollelektronische Zündanlage mit Kennfeldsteuerung. Zylinderselektive Klopfregelung (2 Sensoren). Elektronische Ladedruckregelung. Eigendiagnose des Steuerungssystems. Notlaufprogramm. Abgasentgiftung nach US-Standard 1983. Zwei parallel angeordnete Drei-Wege-Katalysatoren. Lambda-Regelung. Longlife-Zündkerzen. Aktivkohlebehälter. Abgas-Turbolader mit Ladeluftkühlung.
Hubraum	2,2 Liter (2226 cm³), Verdichtung 9,3
Leistung	162 kW (220 PS) bei 5900/min
Max. Drehmoment	309 Nm bei 1950/min
Elektrische Anlage	12-Volt-System mit Drehstromgenerator 90 A und wartungsarmer Batterie 300 A (63 Ah). Zentralelektrik.
Kraftübertragung	Permanenter Allradantrieb über Einscheiben-Trockenkupplung mit hydraulischer Betätigung, vollsynchronisiertes Fünfgang-Schaltgetriebe, selbsttätig sperrendes Torsen-Zwischendifferential (zum Ausgleich zwischen Vorder- und Hinterachsantrieb) auf integriertes Vorderachsdifferential und über Kardanwelle auf sperrbares Hinterachsdifferential.
Hochleistungs-Fahrwerk	Federung: Vorn und hinten durch Federbeine mit Schraubenfedern und Teleskopstoßdämpfern – alle Elemente in Federbeinen kombiniert. Stabilisator vorn. Radführung: Vorn und hinten durc Federbeine und untere Dreiecksq lenker. Bremsanlage: Zweikreis-Bremsar mit Bremskreisaufteilung vorn un ten. Innenbelüftete Scheibenbren vorn und hinten. Hydraulischer Br kraftverstärker. Druckabhängiger Bremskraftregler. Elektronisch ge tes Anti-Blockier-System (ABS).
Lenkung	Servolenkung mit Zentralhydrauli Sicherheitslenksäule mit Ausklink ment.
Räder/Reifen	4 Leichtmetallräder 8 J x 15, Stahl reifen 215/50 R 15 V, platzsparend Notrad 4 J x 15
Aufbau	Selbsttragende Stahlkarosserie m formungszone vorn und hinten.
Höchstgeschwindigkeit	230 km/h
Beschleunigung bei halber Nutzlast	0– 80 km/h: 4,1 Sekunden 0–100 km/h: 6,3 Sekunden
Kraftstoffverbrauch [1] nach DIN 70030	bei 90 km/h: 7,8 Liter/100 km bei 120 km/h: 9,9 Liter/100 km im Stadtzyklus: 14,5 Liter/100 km Super bleifrei, mind. 95 ROZ [2]
Abmessungen	Radstand 2524 mm, Spurweite v hinten 1461/1494 mm, Länge/Bre Höhe 4404/1723/1320 mm, Bod heit 100 mm, Wendekreis ca. 11,5 Komfortmaß/Ellenbogenbreite 1870/1378 mm, Sitzraumfläche 2
Gewichte [3]	Leergewicht 1380 kg, zul. Gesam wicht 1840 kg, zul. Achslasten vo ten 1000/990 kg, Dachlast 75 kg
Zulässige Anhängelasten [4]	1500 kg gebremst bei 12 % Steigu 600 kg ungebremst
Kraftstoffbehältervolumen	90 Liter
Gepäckraumvolumen	390 Liter nach Kugelmessung [5] 330 Liter nach VDA-Quadermess

Hinweise

[1] Je nach Fahrweise, Straßen- und Verkehrsverhältnissen, Umwelteinflüssen und Fahrzeugzustand können sich in der Praxis Verbrauchswerte ergeben, die von den nach dieser Norm ermittelten Werten abweichen.

[2] Wenn einmal nicht vorhanden – Normal bleifrei (mind. 91 ROZ), mit geringer Leistungsminderung.

[3] Durch Sonderausstattungen können sich das Leergewicht und der Luftwiderstandsbeiwert des Fahrzeugs erhöhen, wodurch die mögliche Nutzlast bzw. Höchstgeschwindigkeit entsprechend verringert werden.

[4] Mit zunehmender Höhe verringert sich zwangsläufig die Motorleistung. Ab 1000 m über Meereshöhe und je weitere 100 jeweils 10 % von dem Gespanngewicht (zul. Anhängelast Gesamtgewicht des Zugfahrzeuges) abzuziehen.

[5] Nach üblicher Messung mit Kugeln von 50 mm Durchme

[6] Messung nach VDA-Methode mit Quadern von 200 x 100 x 50 mm Kantenlänge.

Wichtiger Hinweis

Der V.A.G Inspektions-Service erfolgt alle 12 Monate einsch Ölwechsel-Service. Nur alle 30.000 km fallen noch einige Z beiten an. Ein hiervon abweichender Ölwechsel-Service ist lich, wenn die jährliche Fahrleistung wesentlich mehr als 15. beträgt.

rben und Sitzbezüge.

rben.

orot G2

Ginster M3

Alpinweiß P1

ic-Lackierungen.

ilber metallic C6

Panthero metallic L7

Lago metallic Q6

Sonder-Lackierung.

*Leichtmetallräder in Wagenfarbe.

etallic Z6

Perlmutt-Effekt* 9019

Im Druck können die Farbtöne nicht so genau wiedergegeben werden wie im Original. Die Original-Lack- und Sitzbezugmuster hat Ihr Audi Partner.

Sitzbezug, Jacquard-Satin/Leder.

ZV

-Leder-Sitzbezug.

ZV

Kombinationstabelle für Sitzbezüge und Lackierungen.

Audi quattro 20V	Lackfarben	Tornadorot G2	Ginster M3	Alpinweiß P1	Sonder-Lackierung	Perlmutt-Effekt 9019	Metallic-Lackierungen	Kristallsilber metallic C6	Panthero metallic L7	Lago metallic Q6	Titan metallic Z6
Jacquard-Satin/Leder-Sitzbezug*/Armaturentafelfarbe											
Granit/Graphit ZV		Sitzbezüge + Lackfarben serienmäßig	Sitzbezüge + Lackfarben serienmäßig	Sitzbezüge + Lackfarben serienmäßig		Sitzbezüge serienmäßig Lackfarben gegen Mehrpreis		Sitzbezüge + Lackfarben serienmäßig	Sitzbezüge + Lackfarben serienmäßig	Sitzbezüge + Lackfarben serienmäßig	Sitzbezüge + Lackfarben serienmäßig
Kodiak-Leder-Sitzbezug/Armaturentafelfarbe											
Granit/Graphit ZV		Sitzbezüge gegen Mehrpreis Lackfarben serienmäßig	Sitzbezüge gegen Mehrpreis Lackfarben serienmäßig	Sitzbezüge gegen Mehrpreis Lackfarben serienmäßig		Sitzbezüge + Lackfarben gegen Mehrpreis		Sitzbezüge gegen Mehrpreis Lackfarben serienmäßig	Sitzbezüge gegen Mehrpreis Lackfarben serienmäßig	Sitzbezüge gegen Mehrpreis Lackfarben serienmäßig	Sitzbezüge gegen Mehrpreis Lackfarben serienmäßig

*Mit eingewebtem quattro Schriftzug im Sitz-Mittelteil.

- Sitzbezüge + Lackfarben serienmäßig
- Sitzbezüge serienmäßig Lackfarben gegen Mehrpreis
- Sitzbezüge + Lackfarben gegen Mehrpreis
- Sitzbezüge gegen Mehrpreis Lackfarben serienmäßig

gabe in die Nähe sportlicher Saugmotoren rückt. Dem neuen Motor im alten Quattro stellt der ams-Tester ein hervorragendes Zeugnis aus: „Kernig klingt er, der Fünfzylinder im Quattro. Dazu fügt sich aber auch eine feine Laufkultur ohne spürbare Vibrationen über den gesamten Drehzahlbereich. Und wie der Motor zur Sache geht, lässt Zweifel darüber aufkommen, ob der Entschluss mancher Werke weise war, bei der Entwicklung künftiger Sportmotoren dem Sauger anstelle des Turbos den Vorrang zu geben." Nur 6,3 Sekunden dauert laut Werksangabe der Sprint von Tempo 0 auf 100 km/h, die Spitze gibt Audi mit 230 km/h an.

Kombiniert mit dem Quattro-Antrieb der Torsendifferenzial-Generation begeistert der Ur-Quattro – wie er schon zu Lebzeiten immer häufiger genannt wird – nach wie vor mit einem Übermaß an Traktion, während das Fahrwerk mittlerweile einen perfekten Spagat zwischen Komfort und Sportlichkeit meistert.

Der Innenraum ist längst nicht mehr so karg wie früher. Das digitale Cockpit ist dem Fahrer geblieben, neu ist das Dreispeichen-Lenkrad von Personal mit dem dreifarbigen „Audi Sport"-Logo und neu sind die mit Sitzheizung ausgerüsteten Sportsitze, deren Seitenwangen mit Leder und Mittelteile mit Stoff bezogen sind, in den klein und fein der „quattro"-Schriftzug eingewebt ist.

Die Liste der Ausstattungen ab Werk ist ungewöhnlich lang, sie reicht vom ABS über beheizte Außenspiegel bis hin zum charakteristischen „quattro"-Heizfadenschriftzug der Heckscheibe. Lediglich Klimaanlage, ein herausnehmbares Ausstelldach, Sitze in „Kodiak"-Leder, Tempomat sowie die Sonderlackierung in Perlmutt-Effekt müssen extra bezahlt werden. Eine vollverzinkte Bodengruppe mit 10-jähriger Garantie gegen Durchrostung ist serienmäßig an Bord. Voll ausgerüstet kommt der Audi Quattro 20V haarscharf unter der magischen 100.000-DM-Grenze zum Stehen, was ihn weg von Asphalt und Schotter und hin zu den gekiesten Auffahrten rückt, auf denen Audi längst mit Mercedes-Benz und BMW konkurriert.

Dem kontinuierlichen Abverkauf der letzten Exemplare steht der Preis zumindest nicht im Wege. Drei bis vier

Quattro, je nach Eingang der Bestellungen, werden zum Ende der Karriere in der Halle N2 pro Tag noch gebaut. Ruhig und geordnet geht es in Audis „Edelboutique" zu, wo wenige Spezialisten in Handarbeit und Einschichtbetrieb die Fahrzeuge komplettieren. Fast 40 Stunden dauert es, bis ein Quattro bereit für den werksinternen Testzyklus ist, bei dem Motor, Fahrwerk und Karosserie auf Leistungsfähigkeit und Verarbeitungsqualität geprüft werden. Die akribische Arbeit in der N2-Manufaktur macht die Fertigung teuer und zu einem Anachronismus in der Modellpalette des Massenherstellers.

Nach rund zehn Jahren und 183.826 gefertigten Fahrzeugen mit Quattro-Antrieb (Stand Ende 1989) hat sich der Preis für einen Quattro verdoppelt und langsam verabschieden sich auch die Käufer von dem Meilenstein – die Baureihe des „Ur-Quattro" läuft nicht, sie tröpfelt aus. 462 Fahrzeuge sind es noch 1989, 413 Quattro im Jahr darauf. Am 2. Oktober 1990 feiert Audi das zehnjährige Quattro-Jubiläum mit absatzfördernden Maßnahmen. Sondermodelle der „quattro-edition" bringen edle Ausstattungen zu günstigen Konditionen unter das Volk, selbst beim Quattro 20V kann gespart werden.

Für 96.700 Mark sind beim Audi quattro 20V-edition enthalten:

- Außenlackierung kristallsilber-metallic
- Innenausstattung in Jacquard-Satin mit Sitzwangen in Kodiak-Leder, graphit
- Geschwindigkeitsregelanlage
- Ausstelldach
- Klimaanlage
- Abschließbare Radschrauben
- Nummerierte Plakette mit Signatur „Dr. Piëch" auf dem Handschuhkastendeckel
- Schlüsselanhänger „quattro"

Außerdem wird zu Sonderkonditionen von 1670 DM die Kodiak-Lederausstattung angeboten, welche den letzten in Einzelanfertigung gebauten Quattros den finalen Schliff mit auf den Weg gibt. 1991 verlassen noch 23 Ur-Quattro das Band, im Mai kommt für den letzten Vertreter jener ehemals neuen Fahrzeuggattung das Ende. 400 Homologations-Modelle hatten es werden sollen, 11.452 Exemplare wurden schließlich verkauft – Jörg Bensingers Rechnung war aufgegangen.

Last Order: Im Mai 1991 läuft, begleitet von Mitarbeitern und Rallye-Weltmeister Walter Röhrl, der letzte Ur-Quattro vom Band – anstelle der geplanten 400 Homologationsexemplare sind es 11.452 Einheiten geworden.

Allrad-Institution

Vom Quattro zur eckigen Verwandtschaft

„Herzlich willkommen im Kreis der Audi Quattro Fahrer. Sie gehören zu den Autofahrern, die sich für innovative Technik begeistern können und von einem Automobil mehr als das Gewohnte erwarten.

Mit Ihrem Audi Quattro erfahren Sie die Vorteile einer Technik, die die Rallyeszene veränderte und neue Perspektiven der Automobil-Entwicklung aufzeigte. Die Audi Allrad-Technik wurde nicht entwickelt, um Rallyes zu gewinnen, sondern um anspruchsvollen Fahrern ein Programm sicherer, schneller und herausragender Automobile zu bieten. Das Audi Quattro Programm reicht heute vom Audi 80 Quattro bis zum Audi 200 Quattro mit Turbomotor.“

Zwei Jahre hatte Technik-Chef Ferdinand Piëch gebraucht, um sein Versprechen wahr zu machen, jedes Modell in einer Quattro-Variante anzubieten und Audi zum einzigen Hersteller zu machen, der über ein umfassendes Programm von allradgetriebenen Fahrzeugen verfügte. Endlich sollten flächendeckend auch jene Kunden in den VAG-Verkaufsraum gelockt werden, die weniger am betont sportlichen Potenzial des teuren Ur-Quattro als an vier Türen und praktischem Nutzen in

Allrad-Offensive: Der Audi 80 Quattro feiert im Dezember 1982 Premiere und ist der Anfang des ehrgeizigen Vorhabens, den Quattro-Antrieb auf breiter Front unters Volk zu bringen.

Kombination mit Allradantrieb interessiert waren. Im November 1984 war es schließlich soweit: Audi 80, 90, 100, 200 und Coupé trugen die in den oberen Schichten mit dem Quattro ausgerufene Allrad-Revolution unter das Volk der Autofahrer.

Zwölf Varianten zwischen weniger als 30.000 Mark beim Audi 80 Quattro und mehr als 300.000 DM beim Sport-Quattro umfasste das Audi-Angebot. Und konsequenterweise machte das automobile Schwarzbrot der Modell-Palette – der Audi 80, auf dessen Grundlage die Evolution des Quattro-Antriebs erst begonnen hatte und zu dessen Präsentation 1982 Ferdinand Piëch sein ehrgeiziges Ziel verkündet hatte – den Anfang bei der Verbreitung der ehemals so exklusiv gehandelten Technik. Ende 1982 bereichert der erste Audi mit Vierradantrieb und vier Türen, intern Typ 85 getauft, die frontgetriebene (Typ 81) Audi 80-Baureihe. Die hatte sich, im September 1978 vorgestellt, schnell zum unauffälligen Liebling der Mittelklasse entwickelt. Eine ansehnliche Optik, zeitgemäße Technik, eine geräumige Karosserie, gute Leistung, sparsamer Verbrauch und ein angemessener Preis hießen die vernunftbetonten Qualitäten der zweiten Audi 80-Generation, die nun durch Allradantrieb geadelt wurde.

„Wir wollen mit diesem Fahrzeug dem technisch anspruchsvollen Autofahrer eine ungewöhnliche Alternative offerieren", sagt Ferdinand Piëch am 3. Dezember 1982 in St. Moritz, wo Audi mit 25 „Maronrot" lackierten Testwagen vertreten ist, und stellt wegen begrenzter Fertigungskapazitäten vorerst nur 25 bis 30 produzierte Fahrzeuge pro Tag in Aussicht.

Hoch, aber nicht exklusiv ist sein Preis: 31.850 DM, rund 28.000 DM weniger als der Quattro, kostet der Audi 80 Quattro bei seiner Markteinführung. So konsequent Quattro der Erste sein sportliches Potenzial in den Vordergrund stellte, so betont uneinheitlich war das Wesen des zweiten Audi mit Allradantrieb geraten. Einerseits ist da die bekannte kantige Form, die schon ab Werk ein Hauch von Pensionsgrenze, organisierter Busreise, und unkrautfreier Hofeinfahrt umweht. Dieses biedere Strickwesten-Image, das noch immer große Teile der automobilen Öffentlichkeit mit den Vier Ringen verbinden, soll der Audi 80 Quattro nun auch auf breiter Front vergessen machen.

Denn andererseits ist da die anspruchsvolle Technologie, die direkt vom Quattro übernommen wurde. Die Audi 80-Karosserie ruht auf der Bodengruppe des Quattro, Antriebsstrang und Fahrwerk wurden mit einigen wenigen Änderungen übernommen. Gegenüber dem Frontantrieb bringt der Allradantrieb nur 75 Kilogramm mehr auf die Waage. Federn und Dämpfer sind zugunsten einer komfortableren Auslegung anders abgestimmt, die leichteren vorderen Antriebswellen stammen vom Audi Coupé 5E. Die serienmäßigen 14-Zoll-Stahlräder mit Goodyear Allwetterreifen im Format 175/70 HR 14 stellt der Audi 100. Mit Hilfe des Audi-Baukastens ist auch die Bremsanlage konstruiert: Die vorderen innenbelüfteten Scheibenbrem-

Aller Anfang ist quer: Neben viel Platz für die Passagiere und einem vernünftigen Preis glänzt der Typ 85 vor allem mit sehr guten Fahrleistungen und einem sportlichen Fahrwerk.

Lade-Hemmung: Im Gegensatz zum aufgeladenen Quattro muss der Typ 85 auf einen Turbo verzichten und leistet als Sauger nur 136 PS.

sen kommen vom Audi 100, hinten arbeiten einfache Scheiben, jedoch in Kombination mit Bremsbelägen des Quattro. Der stellt neben der drehzahlabhängig servounterstützten Zahnstangenlenkung selbst den Motor dem viertürigen Verwandten zur Verfügung. Längst ist der 2,1 Liter große Reihenfünfzylinder bei Audi zum Allround-Triebwerk avanciert, das quer durch die Modellpalette verbaut wird. Im Audi 80 Quattro sitzt aber nicht die aufgeladene Variante des Quattro, sondern die bekannte Einspritzer-Version, die dank eines neu entwickelten Auspuffkrümmers mit drei statt zwei abgasführenden Rohren 136 PS leistet (6 PS mehr als im Fronttriebler-Coupé) und ein maximales Drehmoment von 176 Nm bei 4500/min erreicht.

Gleichzeitig sollen eine neue Elektronik sowie ein Luftstrom um die Einspritzdüsen, der das Benzin besser zerstäubt und eine Senkung der Leerlaufdrehzahl auf 800/min erlaubt, den Verbrauch des längs eingebauten Fünfzylinders senken, was mit einem Durchschnittsverbrauch von rund 13 Litern nur teilweise gelingt.

Das Cockpit übernimmt der Audi 80 Quattro vom Coupé, der Differenzial-Zugschalter an der Mittelkonsole zeigt an, dass hier vier Räder für Vortrieb sorgen.

Das Technik-Paket, soviel ergeben erste Tests der Fachpresse, ist dennoch sorgfältig geschnürt: Das sportliche Fahrverhalten ist ausgewogen, es ist ausreichend Restkomfort vorhanden, das Fünfganggetriebe ist kurz abgestimmt und der Motor zeigt sich ohne Aufladung deutlich elastischer als im 200 PS starken Quattro. Rund 10 Sekunden braucht der Audi 80 Quattro für den Sprint von 0 auf 100, die Höchstgeschwindigkeit liegt bei 193 km/h. Weil dem Audi 80 die schwerwiegende Turbotechnik des Quattro fehlt, liegt weniger Gewicht auf der Vorderachse, die Tendenz zum Untersteuern ist geringer.

Die Optik kann der wegweisenden Technik jedoch nur begrenzt folgen, äußerlich gibt sich der Audi 80 Quattro allenfalls aufgehübscht, ohne seinen eher biederen Charakter verbergen zu können. Scheinwerfer vom Coupé, Front- und Heckspoiler aus Kunststoff sowie ein Doppelrohrauspuff und Quattro-Schriftzüge unterscheiden den Über-80er von seinen frontgetriebenen Brüdern. Im Innenraum können sich die Insassen zwar am Instrumententräger des Coupés und bequemen Sportsitzen erfreuen – hinten wurde die Sitzbank des Coupés mit zwei ausgeformten Sitzen verbaut –, doch ist nur an der Mittelkonsole mit dem Zugschalter und den Kontrollleuchten für die beiden Differenzialsperren zu erkennen, dass es sich hierbei um das Topmodell der B2-Baureihe handelt. Ein höhenverstellbarer Fahrersitz, Lederlenkrad, Nebelschlussleuchte und Verbundglas-Frontscheibe gehören serienmäßig zum Lieferumfang, Schiebedach oder Leichtmetallräder im „Waffeleisen"-Design mit 195/60 HR14-Reifen bleiben aber Extras.

Doch das sind Ungereimtheiten, an denen sich höchstens Fachleute einen kurzen Moment stören. Die Mischung macht's: endlich hat Audi wieder ein Auto auf die Räder gestellt, das seit dem Ableben des ersten, 110 PS starken Audi 80 GTE (der den VW Golf GTI-Boom bei den Vier Ringen vorwegnahm) im Angebot fehlte, da dessen Nachfolger Audi 80 GLE eher den „Grand Luxe"- denn den „Gran Turismo"-Charakter betonte. „Die etablierten Konkurrenten unter den sportlichen Limousinen haben in ihm einen neuen Gegner, an dem sich mancher die Zähne ausbeißen wird", ahnt ams-Tester Wolfgang König am Ende seines Audi 80 Quattro-Fahrberichts und soll bald in seiner Meinung bestätigt werden.

DIE NEUE MITTE

Die Konkurrenz ist bekannt, kommt aus großen Häusern mit gutem Namen und setzt sowohl auf Klasse wie auf Masse. BMW 323i und Ford Sierra XR 4i heißen die Wettbewerber, denen sich der Audi 80 Quattro ein halbes Jahr nach seinem Erscheinen stellen muss und es ist ein Wettkampf mit unterschiedlichen Stärken und variierenden Schwächen. Als Einziger verfügt der Audi über Allradantrieb, ist jedoch nur mit einem Fünfzylinder ausgerüstet und mit Abstand der Teuerste im Test. Der BMW besitzt das sportlichste Fahrverhalten, den besten Motor im Vergleich, aber nur zwei Türen und ein begrenztes Platzangebot. Der Ford Sierra ist das günstigste Fahrzeug unter den Dreien, hat den stärksten Motor und zudem eine praktische Heckklappe, ist jedoch mit doppeltem Heckspoiler und seitlichen Schürzen allzu grell ausstaffiert und in der Fahrdynamik unterlegen.

Die Karosseriewertung entscheidet der Audi mit Abstand für sich. Als Einziger ist er mit vier Türen (zwei Türen stehen erst gar nicht zur Wahl) lieferbar, bietet vier Personen bequem Platz und offeriert ausreichend Gepäckraum. Sowohl BMW als auch der Ford sind in der im Vergleich antretenden Variante nur als Zweitürer verfügbar. Der 3er BMW fällt außerdem aufgrund seines beengten Platzangebots in der zweiten Reihe ab, während der Sierra unübersichtlich geraten ist.

Beim Kapitel Antrieb werden die Karten der Konkurrenten neu verteilt. Der BMW 323i mit seinem 139 PS starken, drehfreudigen und kultiviert laufenden Reihensechszylinder liegt klar vorne, der Sierra XR 4i belegt mit seinem 150 PS starken 2,8-Liter-V6 den zweiten Platz. Letzter wird der Audi, mit 136 PS und einem weniger ruhig laufenden Fünfzylinder der schwächste Teilnehmer im Vergleich. Wieder ein anderes Bild ergibt sich bei der Komfort-Wertung. Hier belegt der geräumige und eben komfortabel angestimmte Ford Sierra den ersten Rang, Zweiter wird der BMW 323. Der Audi 80 Quattro verfügt zwar über gute Sitze, ist aber zu straff ausgelegt, Auspuff und Antriebsstrang heizen den Insassen ordentlich ein und die Instrumentierung ist hart an der Armutsgrenze – letzter Platz.

Bei den Fahreigenschaften lässt der Audi dafür seine Konkurrenten mehr als deutlich hinter sich. Überragende Traktion, unerschütterlicher Geradeauslauf, leichtgängige Lenkung und gute Bremsen bedeuten hier den ersten Rang vor BMW 323 und Ford Sierra XR 4i. In Sachen Wirtschaftlichkeit rettet sich der Audi mit einem hauchdünnen Vorsprung vor BMW und Ford als Erster ins Ziel.

So fällt auch das letztlich eindeutige Endergebnis aus. Die Summe der Qualitäten bedeutet den Sieg für den Audi 80 Quattro, der Ford wird Zweiter während der BMW knapp geschlagen auf den dritten Platz verwiesen wird. „Der Audi verdankt seinen insgesamt knappen Punktsieg teilweise den durch den Allradantrieb bedingten Vorteilen, aber allein vier angetriebene Räder hätten

Sonder-Kondition: Der „Spar-Quattro" gibt sich äußerlich bescheidener als das 136 PS-Modell und ist als günstigste Version auch mit zwei Türen zu haben, erfordert aber dank des 2-Liter-Fünfzylinders kaum Verzicht vom Fahrer.

ihn wohl nicht an die Spitze gelangen lassen. Unübersehbar bleibt indessen, dass der Audi, ganz abgesehen davon, ein sehr gutes Auto ist – mit geräumiger, viertüriger Karosserie, mit akzeptablem Komfort und einer insgesamt harmonischen Antriebseinheit." Das Fazit der Tester zeigt, dass die Vermählung von alltagstauglicher Karosserie mit Allradantrieb – nicht nur für sich genommen, sondern auch im Vergleich mit anderen – eine gelungene Kombination darstellt.

Ähnlich argumentiert die Ingolstädter Absatzförderung, die ihren VAG-Händlern einen Verkaufsleitfaden mit dem Titel „Der Audi 80 Quattro. Argumente. Zielgruppen. Wettbewerber." an die Hand gibt, welcher den Audi 80 Quattro als bezahlbare Allzweckwaffe mit dem gewissen Hauch von Exklusivität darstellt. Leistungsstarken, kompakten Limousinen wie BMW 323i und Mercedes-Benz 190 E habe der Audi 80 Quattro zwei zusätzlich angetriebene Räder sowie viele Ausstattungsdetails voraus. Und weniger anspruchsvoll konstruierten Allrad-Limousinen wie Subaru 1800 4WD und Toyota Tercel 4 x 4, beide ohne permanenten Allradantrieb und ohne Mitteldifferenzial ausgerüstet, sei der Audi ebenso überlegen, wie den unhandlichen und viel teureren Gelände-Spezialisten vom Schlage eines Mercedes-Benz G oder Range Rover.

Im Vergleich mit Subaru und Toyota Tercel geht es nicht um die sportlichen Qualitäten wie bei der Gegenüberstellung mit BMW 323 und Ford Sierra XR 4i, sondern um das Leistungsvermögen der unterschiedlichen Allrad-Konzepte. Allein das Vorhandensein von vier angetriebenen Rädern macht diesen Wettbewerb erst möglich, denn die Unterschiede könnten kaum größer sein. Der Audi 80 Quattro verfügt über 136 PS, permanenten Allradantrieb, Mitteldifferenzial und zwei Differenzialsperren.

Weitaus konventioneller ist die Konkurrenz ausgerüstet. Der 18.200 DM teure Subaru, wie der Audi eine Stufenhecklimousine, verfügt über zuschaltbaren Allradantrieb und einen 82 PS starken 1,8-Liter-Boxermotor. Der als Kombi antretende, 17.990 Mark teure Toyota besitzt neben einem 1,5-Liter-Vierzylinder mit 71 PS ebenfalls zuschaltbaren Allradantrieb sowie einen zusätzlichen Kriechgang, der das Anfahren bei rutschigem Untergrund erleichtern soll. Keiner der beiden im Normalbetrieb mit Frontantrieb ausgerüsteten Japaner verfügt aber über ein zentrales Differenzial, so dass Verspannungen des Antriebsstrangs im Allrad-Betrieb zum Alltag gehören.

Technisch sind die beiden Einfach-Allradler dem Audi somit deutlich unterlegen, ein Vorteil, den sich Audi mit einem Preisaufschlag von enormen 15.000 Mark vergüten lässt. „Der Audi 80 Quattro ist also äußerlich ein zwar markantes, aber nicht auffälliges Auto. Sein Fahrer muss sich schon ein bisschen zur Philosophie des Understatements bekennen. Dafür fährt er in der Gewissheit, durch die außergewöhnliche Technik über hohe Fahrsicherheit und Leistung zu verfügen", preist die Argumentationshilfe den neuen Audi 80 Quattro. Allein – ein wahrer Volks-Wagen ist auch die allradgetriebene Limousine nicht, der hohe Preis steht einer weiten Verbreitung im Weg.

WENIGER IST MEHR

Deshalb stellt Audi ein Jahr nach Debüt des 136 PS starken 80 Quattro eine bescheidenere Variation des nun schon bekannten Themas vor. Rund 15 Prozent aller Audi 80 verfügen Ende des Jahres 1984 über Allradantrieb, von den langfristig angestrebten 50 Prozent ist Audi also meilenweit entfernt. Jetzt soll der „Spar-Quattro" helfen, diese Quote in die Höhe zu treiben. Und dass beim kleineren 80er gespart wurde, ist auf den ersten Blick zu erkennen. Im Gegensatz zum

Im Spar-Quattro dominiert sachliche Gediegenheit, die fehlende Servolenkung gleicht ein größeres Lenkrad aus.

erwachseneren Verwandten fehlen dem neuen Audi 80 Quattro die Spoiler als sportliche Insignien sowie in der günstigsten Version zwei Türen. Der Innenraum zeigt sich ebenfalls bescheidener ausstaffiert: Die Sportsitze sind auf die Liste der Zusatzausstattungen gewandert, genauso wie die Servolenkung, an deren Stelle einfach das größere Audi 100-Lenkrad – 400 statt 380 mm Umfang – getreten ist, das die fehlende Servo-Unterstützung durch einen größeren Hebel kompensieren soll. Schnell stellt sich heraus, dass dies eigentlich auch schon der gravierendste Mangel des „Spar-Quattro" ist, der viel näher am größeren Bruder rangiert, als es die über 5000 Mark Preisunterschied vermuten lassen. Das ist in erster Linie der Verdienst des neu entwickelten 2,0-Liter-Fünfzylinders, der sich nur nominell schwächer zeigt. 115 PS leistet der neue Einspritzer, der den bisherigen 1,9-Liter-Fünfzylinder mit Vergaser im Audi-Programm abgelöst hat.

Der Zweiliter, bekannt aus Audi 80 CD und Coupé GT, reagiert spontaner aufs Gas als es der bekannte 2,1-Liter-Motor tut, und verfügt zudem über ein Drehmoment von 165 Nm (2,1-Liter-Motor: 176 Nm), das bereits bei 3200/min anfällt, während das größere Triebwerk erst bei 4500/min sein maximales Drehmoment abgab. Laufruhiger und sparsamer läuft der neue Motor ohnehin, gern und oft wurde die Brummfrequenz der 2,1-Liter-Version bei hohen Drehzahlen und der übergroße Durst des bisher angebotenen Triebwerks bemängelt. Auf die sportliche Optik wurde weitgehend verzichtet, der dynamischen Übersetzung des Getriebes ist Audi treu geblieben. Die Höchstgeschwindigkeit von 190 km/h wird im fünften Gang erreicht und über die Traktionsvorteile auf rutschiger Fahrbahn verfügt der kleinste Quattro im Audi-Verbund genauso wie seine stärkeren und prestigeträchtigeren Verwandten, was den Spar-Quattro zu einem echten Vernunftkauf mit ab Werk eingebautem Lustpotenzial macht.

Gerade dieser Spaß-Faktor, viel Motor in eher wenig Auto, findet mit dem Facelift zum Modelljahr 1985 ein Ende. Mehr schwarzer Kunststoff zum Schutz der Karosserie, größere Lampen und Leuchten sowie ein überarbeitetes Armaturenbrett lassen den schmal gewordenen Audi 80 repräsentativer wirken. Neben äußerlichen Modernisierungsarbeiten an dem erfolgreichsten Audi aller Zeiten, seit Produktionsbeginn 1978 sind rund zwei Millionen Einheiten in Ingolstadt vom Band gelaufen, fällt bei einem Blick auf die Audi 80-Modellpalette sogleich ein konsequenter Sparzwang ins Auge.

Die Fünfzylindermotoren sind künftig den größeren Modellen Audi 100 und 200 vorbehalten, im Audi 80 kommt nur noch der Entwicklungsauftrag (EA) 827, ein 1781 cm^3 großes Vierzylindertriebwerk zum Einsatz, das bereits aus nah verwandten VW Golf-Modellen bekannt ist und für den Allrad-Einsatz im Audi 80 eine geänderte Kupplungsglocke benötigt. Für die Audi-Ingenieure ist das Aggregat kein Unbekannter, immerhin wurde es wie alle Vier- und Fünfzylinder des VAG-Konzerns in der Ingolstädter „Ludwigsburg“ entwickelt. Die Erfahrungen aus der Vierzylinder-Entwicklung, die Verwendung von längeren und leichteren Pleueln sowie Kolben mit geringerem Gewicht beeinflussen auch die weitere Evolution der Fünfzylinder-Aggregate. Der 115 PS starke Zweiliter ist der erste Fünfzylinder, der von diesen Erfahrungen profitiert, bevor er im Audi 80 Quattro von seinem kleineren, konstruktiven Verwandten abgelöst wird.

Wenn dem jetzt verpflanzten Reihenvierer naturgemäß auch der Audi-typische Fünfzylinderklang mit seinem weichen „wummwummwumm“ abgeht, kann das Leistungsvermögen des 1,8-Liter-Reihenvierzylinders durchaus überzeugen. 90 PS leistet die betont sparsam gestrickte Vergaser-Variante des „Langpleuel“-Motors, ein Fünfganggetriebe ist serienmäßig an Bord und auf Wunsch steht erstmals bei einem Mittelklasse-Audi ein speziell für die Anforderungen im Allradantrieb gemeinsam mit Bosch entwickeltes Antiblockiersystem zur Verfügung. Anstatt diagonal angeordnete Bremskreise zu verwenden, wurde je ein Bremskreis für die Vorder- und die Hinterachse konstruiert. Rund 27.000 DM kostet der zweitürige Audi 80 Quattro, nie war der Einstieg in die Audi-Allradflotte günstiger. Das Erbe der stärkeren Vorgänger tritt das 112 PS starke Einspritzer-Topmodell der Baureihe, der Audi 80 GTE mit dem ehemaligen Motor des Golf GTI an. Die schwächere Version kommt auf eine Spitze von 170 km/h, der GTE erreicht immerhin eine Höchstgeschwindigkeit von 187 km/h.

So ausgerüstet ist das Quattro-Konzept von Audi nach rund fünf Jahren tatsächlich in der Mitte der Gesellschaft angekommen. Das gilt umso mehr, da fast alle anderen Hersteller – durch den Audi-Erfolg konstruktiv unter Druck gesetzt – ebenfalls Allrad-Versionen ihrer Fahrzeuge anbieten oder mit Hochdruck daran arbeiten. Längst können sich die Ingolstädter nicht mehr auf ihren Lorbeeren ausruhen, das einsame, allradgetriebene Audi 80-Angebot in der kompakten Mittelklasse hat Konkurrenz bekommen.

Und in den oberen Fahrzeugregionen wird die Luft ebenfalls zunehmend dünner. Um sich den Wettbewerbern zu stellen, muss Audi wachsen, wie schon beim Allradantrieb macht der Audi 80 den Anfang – nur dass er nun Audi 90 heißt.

GROSS IN FORM

Eine halbe Nummer größer präsentiert sich ab 1984 der Audi 90 Quattro mit dem 2,1-Liter-Reihenfünfzylinder und 136 PS, im Übrigen die einzige Motorisierung, die für das neue „Volumen“-Modell in Kombination mit vier angetriebenen Rädern angeboten wird. Die Abstammung vom Audi 80 kann der aufgewertete Ableger kaum verbergen, aber um den höheren Status des neuen 90ers besser zu verdeutlichen, haben die Audi-Designer den Audi 90 betont dick angezogen.

Die geneigte Front mit den Breitbandscheinwerfern erinnert an das zaghaft neu gestaltete Coupé, die voluminöse, schwarze Kunststoffstoßstange besitzt einen großen integrierten Frontspoiler, Seitenschweller stellen die Verbindung zum Heckspoiler auf dem Kofferraumdeckel her, unter dem sich ein breites Leuchtenband spannt. Ein echter Hingucker für Hinterherfahrende ist der aus Heizfäden der Heckscheibenheizung geformte

Tarn-Anzug: Trotz seines verhaltenen Auftretens besitzt der Audi 90 Quattro sportliche Qualitäten.

Größen in diesem Audi-Angebot, das von der Fachpresse durchaus Lob für seine harmonische Gesamt-Vorstellung bekommt. Billig ist sie freilich nicht. Wie weit sich der Audi 90 vom Audi 80 entfernt hat, zeigt der interne Preisvergleich: 37.495 Mark, rund 10.000 DM mehr als der billigste Audi 80 Quattro, kostet der groß gewordene Mittelklässler, der vom kleineren Verwandten sogar die Widersacher geerbt hat.

Beim Vergleich mit BMW 325 iX (42.500 DM) und Ford Sierra XR 4x4 (38.505 DM) herrscht „Traktions-Zwang" wie *auto motor und sport* im Herbst 1985 titelt. Formal hat sich bei dem Trio so gut wie gar nichts geändert, sieht man einmal von der fülligeren Form des Audi 90 (38.505 DM) ab. Unter dem Blech ist sehr viel mehr passiert. Um in der Gunst der sportlichen Käufer nicht weiter an Boden zu verlieren, haben BMW und Ford

Neue Mitte: Dank des repräsentativen Auftretens schließt der Audi 90 die Lücke zwischen dem kleineren Audi 80 und der Audi 100-Mittelklasse.

„Quattro"-Schriftzug auf der Heckscheibe, der sich auf den hinteren Seitenscheiben wiederholt.

Etwas bemüht sieht er aus, der neue Audi 90, doch die inneren Werte überzeugen. Erwachsener ausstaffiert geht es im Innenraum bereits zu, nicht mehr so dünn und kratzig wie im Audi 80. Aufgeschäumter Kunststoff ersetzt im 90 geradwinkliges Plastik mit Kanten und Ecken, hier will einer schon Premium sein, das ist zu spüren. Zwar handelt es sich beim Antrieb im Grunde genommen noch immer um den seit vielen Jahren bei Audi zum Einsatz kommenden 2,1-Liter-Fünfzylinder, doch ist der Hubraum bei unverändertem Hub mittels größerer Bohrung von 2114 Kubikzentimetern auf 2226 cm^3 gewachsen.

Außerdem werden um 88 Gramm leichtere Kolben sowie um acht Millimeter verlängerte Pleuel verbaut, die Verdichtung ist auf 10:1 angehoben und Hydrostößel haben die Tassenstößel ersetzt. Der Unterschied ist fühl- und messbar: Der Fünfzylinder reagiert spontan aufs Gas, hat an Drehfreude und Durchzugsvermögen gewonnen und ist dank Schwingungsdämpfer an der Kurbelwelle kultivierter geworden. Die 136 PS liegen nun schon bei 5700/min (vorher 5900/min) an und das Drehmoment ist von 171 Nm auf 186 Nm bei 3500 Touren (vorher 4800/min) gestiegen.

Obwohl schwerer als der Audi 80 Quattro, beschleunigt der Audi 90 geringfügig schneller auf Tempo 100 und die Höchstgeschwindigkeit liegt bei 200 km/h. Hinzu kommt ein sportlich abgestimmtes Fünfganggetriebe ohne Schongang, ein großes Plus beim Kapitel Komfort im Vergleich zum Vorgänger, und ein überzeugendes Platzangebot auf allen Sitzplätzen – bekannte und neue

Mit seinem sachlichen Armaturenbrett und dem drehmomentstarken Fünfzylinder schafft der Audi 90 Quattro den Spagat zwischen Vernunft und Fahrspaß.

ihre Verkaufsschlager mit permanentem Allradantrieb versehen. Was BMW beim 325 iX in Kombination mit dem 171 PS starken 2,5-Liter-Reihensechszylinder gut gelingt, führt bei Ford zu einem unausgegorenen Ergebnis. Das Fahrverhalten des Sierra, der nach wie vor mit einem 2,8-Liter-V6 und 180 PS an den Start geht, ist schwer berechenbar, der Motor durstig und die Fahrleistungen dürftig. Am Ende siegt wieder einmal der Audi, der in seiner Gesamtheit überzeugen kann. Unter dem Strich fällt das Urteil der dem Allradantrieb in normalen

Als Erster aus der Audi-Sippe erhält der Audi 90 den überarbeiteten „Langpleuel"-Fünfzylinder, der einen Hubraum von 2226 cm^3 und 136 PS besitzt.

Schnitt-Menge: Seit Ende 1984 besitzt jedes Audi-Modell einen Quattro-Vertreter, der Audi 90 und das Audi Coupé zählen zu den eher unauffälligen Typen.

Straßenfahrzeugen überaus kritisch gegenüber stehenden Tester wie folgt aus: „Allrad-Pionier Audi muss sich der neu gewachsenen Konkurrenz keineswegs geschlagen geben. Den ersten Platz im Allrad-Trio verdankt er im übrigen nicht seiner speziellen Antriebstechnik, sondern der insgesamt großen Ausgewogenheit in allen relevanten Kriterien (...). Bleibt die Frage, ob sich Allrad im Alltag überhaupt lohnt. Sieht man einmal von Einzelfällen mit extremen Einsatzbedingungen ab, ist der Mehrwert kaum auszumachen. Im Gegenteil: Ein Audi 90 ohne Quattro ist üblicherweise vernünftiger, ein einfacher BMW 325 i sicher sportlicher und ein zweiradgetriebener Ford ganz einfach besser."

Die wachsende Akzeptanz und Beliebtheit unter den Auto-Käufern gibt jedoch den Herstellern und nicht den Journalisten recht. Was im Rallye-Sport längst zum absoluten Muss geworden ist, hält auch abseits der Rennpiste immer selbstverständlicher Einzug in den Straßenverkehr, wo ein Plus an Traktion sicherlich nicht zu allen Zeiten und an allen Orten unbedingt erforderlich ist, aber eben auch nicht schaden kann. Zu den Kunden zählen längst nicht mehr nur solvente Technik-Enthusiasten und Anrainer der Bergwelt, sondern ebenso Vielfahrer, die auf unbedingtes Ankommen auch bei widrigen Verhältnissen angewiesen sind, und solche Autofahrer, die oft mit Anhänger unterwegs sind. Der Markt ist groß und Audi reagiert, wie es Vorstandsmitglied Ferdinand Piëch zwei Jahre zuvor versprochen hatte.

Ende 1984 steht von jedem Audi-Modell ein Typ mit Allradantrieb zur Verfügung, inklusive der verfügbaren Kombi-Modelle, die bei Audi auf den Namen „Avant" hören und eher Fünftürer denn Kastenwagen sind. Zu Audi 80 und 90 gesellen sich Audi 100, 200 und das Coupé.

ALLRAD FÜR ALLE

Gerade das in der stärksten Ausbaustufe 200 km/h schnelle Coupé ist eine interessante Offerte. Ende 1980 hatte Audi das auf dem Audi 80 basierende Coupé vorgestellt, schmaler gezeichnet und dünner motorisiert als der inspirierende Quattro, aber trotz Frontantrieb und mangelnder Turboaufladung definitiv dessen nächster Angehöriger. Die Nähe zum vernunftbetonten Ausgangsprodukt und die nicht gewollte Eigenständigkeit der Coupé-Baureihe wird von der übernommenen Typen-Bezeichnung Typ 81 signalisiert. In den Verkauf gehen Quattro und Coupé zeitgleich, dem GT 5S, mit einem Grundpreis von 21.930 Mark noch nicht einmal halb so

Im Gegensatz zum Audi Quattro verzichtet das Coupé auf kantige Radkästen und Turbomotor, kostet aber nur die Hälfte des starken Urtyps.

teuer wie der Quattro, müssen jedoch vorerst die 115 PS des Vergaser-Fünfzylinders mit 1991 Kubikzentimetern reichen. Gran Turismo heißt im Falle des Audi Coupé GT eher Größe denn Sport, so dass schon nach dem ersten Test der Wunsch nach einer Leistungszulage laut wird.

Im August 1982 wird das Flehen erhört, endlich gibt es auch neben zwei sparsamen Vierzylinder-Varianten im Coupé den 2,1-Liter-Einspritzmotor mit 130 PS, die zweifellos spannendste Offerte erscheint zwei Jahre später. Zum Modelljahr 1985 hat Audi das Beste aus dem Baukasten kombiniert. 136 PS leistet der auf 2226 cm^3 gewachsene „Langpleuel"-Motor, Federbeine und Dämpfer stammen vom Audi 90, den Allradantrieb stellt der Quattro und der Preis beträgt 39.325 Mark. Ziemlich genau die Hälfte dessen, was für einen Quattro ausgegeben werden muss, aber dafür muss das Coupé ja auch auf die bewusst ungeschlacht gehaltenen Kotflügelverbreiterungen verzichten.

Äußerlich sind die Änderungen moderat ausgefallen: die abgeflachte Frontpartie ist aerodynamischer, wirkt moderner, aber auch verwechselbarer als die alte Ausführung mit den kleinen, eckigen Doppelscheinwerfern. Der größer dimensionierte Heckspoiler ist vom Quattro bekannt und die schwarz getönten Heckleuchten mit der dunklen Blende auf der Kofferraumklappe hat Walter Treser, Quattro-Mann der ersten Stunde, entworfen. Der kümmert sich seit seinem Abschied als Audi-Sportchef im Januar 1982 als Tuner im nahe gelegenen Hofstetten um das Tuning der von ihm mit ins Leben geholten Quattro-Modelle und beschränkt sich dabei nicht nur auf den Urtyp.

Auch beim Coupé ersetzen Drehschalter in der Mittelkonsole die alten Zugschalter für die Differenzialsperren.

BOOM AM NEUEN MARKT

Schon bei ersten Probefahrten mit dem neuen Audi 80 Quattro finden die Tester von *sport auto* deutliche Worte für das ihrer Meinung nach größte Manko des neuen Allrad-Modells: „Schon nach wenigen Metern im serienmäßigen Audi Quattro weiß der Fahrer, was dem Auto fehlt: Biss, Drehmoment und eine gehörige Portion Leistung.“ Ein Jahr später ist Besserung in Sicht, auch wenn sich Viele erst dran gewöhnen müssen. Michael Koenig, Motorjournalist in Diensten von *auto motor und sport*, bringt im Herbst 1983 die Gefühlslage der deutschen Autofahrer in Sachen Audi auf den Punkt: „Autos von Audi waren bis vor kurzer Zeit noch Stiefkinder der Tuning-Branche. Die Modelle aus Ingolstadt galten nach Volkes Meinung als brave Fortbewegungsmittel vorzugsweise für Beamte und Angestellte des Öffentlichen Dienstes.“ Scheinbar unwirklich mutet deshalb der folgende Vergleich an: die Frisierer-Branche hat die Vier Ringe entdeckt, vier getunte Audi 80 Quattro treffen aufeinander.

Nothelle aus Mülheim, Oettinger aus Friedrichsdorf, Schmidt aus Nürnberg und Treser aus Hofstetten bei Ingolstadt treten mit ihren Eigenkreationen an. Geringfügige Hubraumerweiterungen, geänderte Nockenwellen und Zylinderköpfe, neue Auspuffanlagen sowie Fahrwerksmodifikationen unterscheiden die Tuner-Fahrzeuge vom herkömmlichen Audi 80 Quattro. Die Ausbaustufen, sowohl was Optik wie Technik betrifft, sind aber durchaus unterschiedlich. Tuner Schmidt, mit Harald Demuth als Fahrer 1982 immerhin Deutscher Rallye-Meister geworden, hat das harte Sportfahrwerk der Piste für die Straße übernommen, was sich als übertriebene Härte für die Insassen erweist. Dafür ist die Motorleistung mit 158 PS nur geringfügig gestiegen und die Spitze von 203 km/h liegt gerade einmal vier km/h über dem Wert des Serienfahrzeugs.

Auf 170 PS und 215 km/h Höchstgeschwindigkeit kommt der Nothelle-Audi, der mit Doppelscheinwerfern und breiten Reifen ein ähnliches Fahrverhalten – übertrieben hart und konsequent Spurrillen folgend – an den Tag legt, wie der Schmidt-Wagen.

Den ausgewogensten Kompromiss im Vierer-Feld stellt der Audi 80 des Routiniers Gerhard Oettinger aus dem Taunus dar, seit 1951 im Geschäft und erster Volkswagen-Frisierer im Land. Äußerlich unauffällig, innen elegant, bescheiden im Verbrauch – der Oettinger-Audi benötigt nur einen Liter mehr als das Serienpendant – 155 PS stark, 205 km/h schnell und mit ausreichend Restkomfort ausgestattet.

Um die 50.000 Mark kostet jeder der getunten Audi 80, nur das Treser-Auto stellt in jeder Hinsicht einen Ausreißer dar. In dem äußerlich unveränderten Audi 80 Quattro, nur die breiten 220/55 VR 365 TRX-Reifen lassen eine Ahnung vom Potenzial der Limousine aufkommen, arbeitet das aufgeladene Herz des Quattro. 21.432 Mark werden allein für diesen Turbo-Umbau berechnet, rund 9500 DM kostet die weiterführende Steigerung auf 250 PS, womit der Viertürer Kanonenkugel-gleich innerhalb von etwas mehr als sechs Sekunden auf Tempo 100 geschossen wird. Erst bei 226 km/h hat der Treser-80 seine Höchstgeschwindigkeit erreicht, zum traumatisierenden Kaufpreis von über 75.000 Mark kommt noch ein Durchschnittsverbrauch von 18 Litern Super auf 100 Kilometern.

Modell	**Audi 80 Quattro Nothelle**
Motor	Reihe/5
Hubraum	2336 cm³
Bohrung x Hub	83,0 x 86,4 mm
Leistung	170 bei 6000/min
Verdichtungsverhältnis	10,0:1
Drehmoment	215 Nm bei 4700/min
Getriebe	5-Gang
Räder / Reifen	7 J x 15 / 195/50 VR 15
Gewicht	1198 kg
0 auf 100 km/h	8,3 sec
Höchstgeschwindigkeit	201 km/h
Verbrauch	15,2 S
Preis	54.129 DM

Modell	**Audi 80 Quattro Oettinger**
Motor	Reihe/5
Hubraum	2332 cm³
Bohrung x Hub	81,0 x 90,5 mm
Leistung	155 bei 5700/min
Verdichtungsverhältnis	10,0:1
Drehmoment	196 Nm bei 4100/min
Getriebe	5-Gang
Räder / Reifen	6 J x 15 / 195/50 VR 15
Gewicht	1235 kg
0 auf 100 km/h	8,4 sec
Höchstgeschwindigkeit	205 km/h
Verbrauch	13,6 S
Preis	50.418 DM

Seit dem Auftauchen leistungsstarker und sportlicher Audi-Modelle entdecken auch die Tuner die Marke mit den Vier Ringen.

Modell	Audi 80 Quattro Schmidt
Motor	Reihe/5
Hubraum	2280 cm³
Bohrung x Hub	82,0 x 86,5 mm
Leistung	158 bei 5600/min
Verdichtungsverhältnis	10,0:1
Drehmoment	213 Nm bei 3800/min
Getriebe	5-Gang
Räder / Reifen	7 J x 15 / 215/50 VR 15
Gewicht	1197 kg
0 auf 100 km/h	8,5 sec
Höchstgeschwindigkeit	203 km/h
Verbrauch	15,5 S
Preis	49.401 DM

Modell	Audi 80 Quattro Treser
Motor	Turbo Reihe/5
Hubraum	2144 cm³
Bohrung x Hub	79,5 x 86,4 mm
Leistung	250 bei 5700/min
Verdichtungsverhältnis	7,3:1
Drehmoment	343 Nm bei 3000/min
Getriebe	5-Gang
Räder / Reifen	165 TR 365 / 220/55 VR 365
Gewicht	1256 kg
0 auf 100 km/h	6,4 sec
Höchstgeschwindigkeit	226 km/h
Verbrauch	18,1 S
Preis	75.110 DM

Andersrum wird aber auch ein Auto daraus. Nur 160 PS leistet eine andere Treser-Variation des Themas Audi 80 Quattro, die ist dafür äußerlich umso heftiger mutiert. An Front und Heck sind dem Audi schneepflugartige bzw. flügelförmige Stoßstangen und Spoiler gewachsen und wenig zurückhaltende Streifen zieren die Flanken. Dafür gibt es auf Wunsch die bei Treser entwickelten Leichtmetallräder, die ausschließlich mit Michelin TRX-Reifen bestückt werden. Im Innenraum ist das triste Plastikarmaturenbrett einer neuen Tafel mit acht Rundinstrumenten gewichen, der Fahrer hält ein ergonomisch gestaltetes Treser-Lenkrad mit Griffmulden in den Händen, das in seiner Form und Funktion dem Rest des Fahrzeugs um 20 Jahre voraus ist. 59.700 DM verlangt Treser für diesen Audi 80 nach eigener Komposition, während bereits der nächste, mit ähnlich heißer Nadel gestrickte Konkurrent auf den neu entstandenen Markt drängt.

Der Schnelle: Wie Walter Treser setzt auch Johann Abt auf eine Kombination aus Audi 80 Quattro und dem Turbo-Motor des Ur-Quattro.

Johann Abt aus Kempten geht dabei ähnlich vor wie Walter Treser: Anstelle des 136 PS starken Serienaggregats wird der 200 PS leistende Turbomotor des Quattro samt umfassendem Kühlsystem für Ladeluft und Öl in den Motorraum des Audi 80 geschuhlöffelt. Mit breiten Centra-Rädern und Plastik-Beplankungen rundum trägt der Abt ungeniert den Tuning-Stil seiner Zeit spazieren, überzeugender abgestimmt ist hingegen das Fahrwerk. Allein der Motor ist gänzlich unverändert geblieben und verharrt stoisch unterhalb der 3500er Drehzahlmarke in seinem tiefen Turboloch. 61.809 Mark, ein paar Tausender weniger als der Quattro, kostet der Abt-Umbau, dem *sport auto* ein befriedigendes Zeugnis ausstellt. „Der Schnelle. Eine Kreuzung zwischen Audi Turbo Quattro und Audi 80 Quattro ist der Quattro von Abt. Er vereint die (unharmonische) Turbo-Kraft des Coupés mit dem von Abt noch verbesserten unproblematischen Fahrverhalten des kleinen Quattro."

Modell	Audi 80 Quattro Abt
Motor	Turbo Reihe/5
Hubraum	2144 cm³
Bohrung x Hub	79,5 x 86,4 mm
Leistung	200 bei 5500/min
Verdichtungsverhältnis	7,3:1
Drehmoment	285 Nm bei 3500/min
Getriebe	5-Gang
Räder / Reifen	6 J x 15 / 195 / 50 VR 15
Gewicht	1190 kg
0 auf 100 km/h	8,2 sec
Höchstgeschwindigkeit	219 km/h
Verbrauch	17,5 S
Preis	61.809 DM

Der Oettinger-Audi 80, der ebenfalls wieder zum Test angetreten ist und mit seinem dezenten Auftreten sogar die Serienversion krawallig aussehen lässt, bekommt ein glattes „Gut" ins Heft geschrieben. *sport auto*: „Der Harmonische. Tuner Oettinger ist es gelungen, die guten Anlagen des Audi 80 Quattro konsequent zu verbessern. Der Oettinger Quattro besticht in erster Linie durch seinen drehfreudigen, durchzugskräftigen 2,4-Liter-Saugmotor und seine Handlichkeit."

Dem Oettinger-Modell gelingt es am Ende sogar, im Vergleich mit Serien- und Tuning-Modellen als Gesamtsieger hervorzugehen. Der beste Audi Quattro entstehe zur Zeit in Friedrichsdorf im Taunus: ohne Star-Allüren, agil, kraftvoll, handlich und sicher im Fahrverhalten sei der Audi 80 Quattro von Oettinger in seiner am Alltags-Nutzen orientierten Gesamtheit das beste aller allradgetriebenen Audi-Angebote.

Das genaue Gegenteil hat die Firma Treser bald im Programm. Eine besonders exklusive wie skurrile Offerte, mit der Walter Treser Jagd auf Allrad-versessene Individualisten und liquide Erdöl-Potentaten macht, ist der Audi Treser Hunter. Basis des Hunter ist der Audi 90, mit dem Treser jene Scheichs ins Visier nimmt, die unter widrigen Wüsten-Bedingungen der Falkenjagd nachgehen und dafür ein geländegängiges Fahrzeug mit vier Sitzplätzen, edler Ausstattung sowie Limousinen-Komfort benötigen und außerdem abseits des Sandes 180 km/h schnell sein wollen. Ein Schiebedach gehört also ebenso zum Lieferumfang des rund 110.000 DM teuren Treser Hunter wie ein Geländefahrwerk und ein in der Leistung gesteigerter Motor – nur das einst so brave Ausgangsprodukt Typ 85 Audi 90 Quattro ist kaum noch zu erkennen.

Um die Erwartungen der Klientel aus Dubai, Oman und Saudi-Arabien zu erfüllen, die selbst bei Treser solch ein dynamisches Allrad-Fahrzeug abseits der üblichen, behäbigen Geländewagen-Gilde anforderte, bedarf es tiefgehender Eingriffe. Zusätzlich zu den serienmäßigen Sperren am Verteiler- und Hinterachsdifferenzial wird bei Treser in Ingolstadt eine Sperre für die Vorderachse verbaut. Ein Hebel neben der Handbremse schaltet das Differenzial zu, ein kürzer übersetzter Achsantrieb soll in schwerem Geläuf das Fortkommen erleichtern.

19 Zentimeter beträgt die Bodenfreiheit des Jagdwagens, bei den Reifen hat Treser ganz oben in das Regal der Zulieferer gegriffen. Rundum rollt der Hunter auf Treser-Leichtmetallrädern mit Reifen im Michelin-Format 280/45 VR 415 TRX, wie sie der Ferrari Testarossa an der Hinterachse trägt. Die breite Auflagefläche soll das Festfahren im Sand verhindern und beschert dem Hunter eine Spurverbreiterung von zehn Zentimetern. Riesige Räder und breite Spur sprengen jedoch die Serienabmessungen des vernünftigen Audi 90, nun prägen unorganische Kunststoffverbreiterungen das Bild des in die Breite gewucherten Treser Hunter. An Front und Heck – wo außen liegend das Notrad befestigt ist – sind stabile Rammschutzbügel installiert, ein Unterfahrschutz sichert Motor und Antrieb gegen Aufsetzer im Gelände.

50.000 Mark beträgt allein der Preis für den Fahrwerksumbau, hinzu kommen 8550 DM für das Motor-Tuning. Eine Nockenwelle mit geänderten Steuerzeiten stellt mehr Drehmoment im unteren Drehzahlbereich und 160 PS sowie 220 Nm bei 2900 Touren bereit. Ein maßvoller Eingriff, der gerade ausreicht, um das gestiegene Gewicht und die deutlich schlechter gewordene Aerodynamik zu kompensieren. 10,7 Sekunden braucht der Hunter von 0 auf 100 km/h, die Spitze liegt bei 177 km/h.

Modell	**Audi 90 Quattro Hunter**
Motor	Reihe/5
Hubraum	2280 cm³
Bohrung x Hub	82,0 x 86,4 mm
Leistung	160 bei 5700/min
Verdichtungsverhältnis	10,0:1
Drehmoment	220 Nm bei 2900/min
Getriebe	5-Gang
Räder / Reifen	210 TR 415 / 280/45 VR 415
Gewicht	1389 kg
0 auf 100 km/h	10,7 sec
Höchstgeschwindigkeit	177 km/h
Verbrauch	15,8 S
Preis	114.907 DM

Die verwöhnte Kundschaft ist allemal angetan, eine Handvoll Hunter verlässt die Manufaktur Walter Tresers, der in Berlin mit seinem Sportwagen TR 1 zum Serienhersteller avancieren will.

Während die Tuning-Branche den Hunger nach mehr Leistung in Verbindung mit dem Quattro-Antrieb erfüllt, widmet sich Audi dem Wunsch nach mehr Platz und Prestige. Im August 1982 löste die dritte Audi 100-Generation, intern C 3 genannt, den Vorgänger ab. Mit dem im direkten Vergleich beinahe barock wirkenden Typ 43, seit 1976 gebaut, hatte der neue Audi 100 nur noch den Frontantrieb und die Motoren gemein. Formal setzte der C 3, unerbittlich dem Diktat der Stromlinie unterworfen, mit seiner strömungsgünstigen und enorm geräumigen Karosserie ein Ausrufezeichen hinter den Firmenslogan vom „Vorsprung durch Technik". Ein c_W-Wert von 0,30 bedeutete 1982 Weltrekord. Im Juni 1983 komplettierte

Verkannte Größe: Kein anderes Audi Quattro-Modell wird mit so vielen Motor-Varianten angeboten, wie der c_w-Weltmeister Audi 100 Typ 44.

der neue Audi 200, wieder ein betont luxuriöses Derivat des Audi 100, die Modellpalette.

Als letzte Fahrzeuge erhalten zum November 1984 der Audi 100 und 200 ihren Quattro-Ableger, sowohl bei den Stufenheck- wie den fünftürigen Avant-Modellen. Der Einstieg in die Audi 100 Quattro-Baureihe, die gemäß der Audi-Philosophie ausschließlich als sportlich angedeutete CS-Variante verkauft wird, beginnt bei 31.855 DM mit dem 90 PS starken 1,8-Liter-Vergaser-Vierzylinder. Darüber rangiert eine 40.995 Mark teure Fünfzylinder-Version, die mit einer K-Jetronic aus 2226 cm^3 138 PS holt. Ansonsten stellt der Audi 100 Quattro eine vertraute Größe dar. Viel Platz, viel Komfort, hohe Temperaturen zur Sommerzeit, da sich durch die schräg stehenden Scheiben der Innenraum stark aufheizt. Vor- und Nachteile, die der Audi 200 vom nur nummerisch kleineren Verwandten übernommen hat, mit dem er sich die Abmessungen und abgesehen von einigen Änderungen der Lampen und Leuchten auch das Aussehen teilt. Technisch hingegen schlägt der Audi 200 Quattro die Brücke zum ursprünglichen Quattro.

Dem 60.740 DM teuren Avant-Modell des Oberklasse-Audi, das in der Werbung gezielt in sportlich-luxuriöser Umgebung als Zugfahrzeug von Boot- und Pferdeanhängern gezeigt wird und ausschließlich als Quattro zu bekommen ist, kommt eine neue Rolle zu. 1700 (über 12 Prozent Steigung) bis 1900 Kilogramm (bis 12 Prozent Steigung) darf der 200 Avant Quattro wegziehen und gerade bei solchen Belastungen stellen vier angetriebene Räder einen großen Vorteil dar, vor allem in Verbindung mit dem 182 PS starken Turbo-Motor, der bei der zweiradgetriebenen Variante die Vorderräder auf rutschigem Untergrund regelmäßig an die Haftgrenze bringt. Erstmals entdeckt Audi den grundsätzlich als Sportprogramm definierten Quattro-Antrieb quasi nebenbei als Komfort-Merkmal, was ams-Tester Werner Schruf bestätigen kann.

„Das unproblematische Fahrverhalten, das auch bei den hohen Kurvengeschwindigkeiten beibehalten wird, die diese Limousine erreicht, ist eine der positiven, aus

182 PS leistet der 2144 cm^3 große Fünfzylinder im Audi 200 Quattro, der erstmals neben Ladeluftkühlung auch über einen flüssigkeitsgekühlten Turbolader verfügt.

dem Allradantrieb resultierenden Eigenschaften. Eine zweite registriert man ebenfalls mit Genugtuung, nämlich die deutlich verbesserte Handlichkeit. Hat man im 200 Turbo alle Hände voll zu tun, um die in den Kurven wegen der hohen Antriebskräfte zerrende und zuckende Lenkung zu bändigen, so konstatiert man im Quattro gerade noch geringe Antriebseinflüsse in Biegungen und eine gewisse Stoßempfindlichkeit der Lenkung bei eingeschlagenen Vorderrädern.“

58.195 Mark beträgt der Grundpreis für die Quattro-Limousine, die gegen solch illustre Konkurrenz wie 7er BMW, Mercedes-Benz S-Klasse und die großen XJ Jaguar antritt. Zum Lieferumfang gehört serienmäßig ein Antiblockiersystem, selbst wenn sich der 200-Käufer noch mit dem alten 2144-cm^3-Motor bescheiden muss. Um dem 2,1-Liter-Fünfzylinder ausreichend Druck zu machen, waren umfangreiche Arbeiten am Triebwerk nötig. Neben der Ladeluft werden auch die Lager und das Gehäuse des Laders gekühlt, und zwar mit Wasser. Kein anderer europäischer Hersteller verfügt über ein solch ambitioniertes Turbo-System, das ein Ergebnis der Kooperation mit Kühnle, Kopp & Kausch (KKK) aus Frankenthal ist. Ein Gebläse kühlt zudem die Einspritzleitungen, um Dampfblasenbildung zu verhindern.

Geblieben ist das tiefe Turboloch, das erst ab 3500 Touren mit vehementem Drehmoment zugeschüttet wird und den 200 Quattro in rund 10 Sekunden auf Tempo 100 beschleunigt. Neu ist die Einzelradaufhängung der angetriebenen Hinterräder. Wo bei den anderen Quattro-Typen im Grunde genommen immer eine umgedrehte Vorderachse mit Federbeinen als Hinterachse diente, hängen die Hinterräder beim Audi 100 und 200 an einer Kombination aus Trapez- und Querlenkern, die nicht mehr Platz beansprucht als die ansonsten bei den Frontantriebsmodellen zum Einsatz kommende Starrachse. Somit bleibt das großzügige Format des Kofferraums erhalten und auf eine eigens konstruierte Bodengruppe kann ebenfalls verzichtet werden.

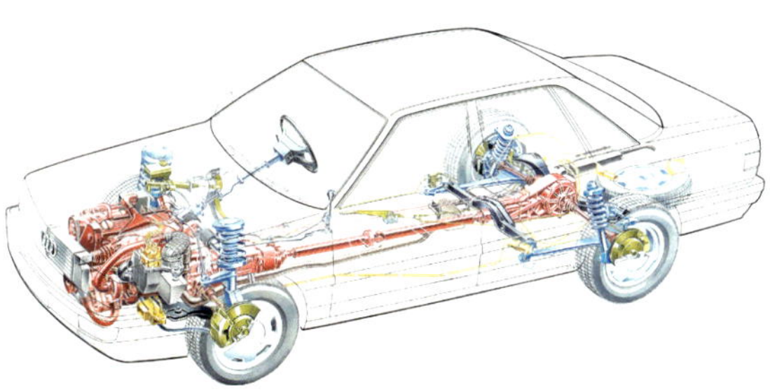

Links: In den großen Audi-Modellen kommt anstelle der umgedrehten Vorderachse bald eine neuartige, platzsparende Hinterachskonstruktion zum Einsatz.

HOCH HINAUS

Seinen größten Moment erlebt der Audi 100 CS Quattro nicht auf dem deutschen Heimatmarkt, sondern 1986 auf einer finnischen Skisprung-Schanze. Schauplatz des dramatischen Aufstiegs in den Werbehimmel ist die 78 Meter lange Schanze von Kaipola. Steigung: 37,5°! Das entspricht über 80 Prozent!

Eine Steigung von 39° hatte der Audi 100 Quattro bei Probefahrten bereits bewältigt, allein auf Traktion und Grip der mit Spikes versehenen Reifen will man sich

Schanzen-Rekord: It´s not a trick, it´s an Audi – mit dem legendären Werbespot auf der Skischanze, bringt Audi die Traktionsvorteile des Quattro-Antriebs eindrucksvoll auf den Punkt.

Über den Wolken: Der zweifache Deutsche Rallyemeister Harald Demuth fährt mit dem Audi 100 Quattro in den Werbehimmel.

aber dann doch nicht verlassen. Ein Drahtseil sichert den seit neuestem mit einem Torsen-Differenzial ausgerüsteten Audi gegen mangelnden Grip, hoch hinauf kommt der rote Audi aber aus eigener Kraft. Ein Helikopter filmt die so unglaublich wirkende Fahrt in die Wolken. Am Steuer sitzt der Deutsche Rallyemeister Harald Demuth: „Aus dem Cockpit sah ich nur noch Wolken."

VIER FÜR DEN FORTSCHRITT

Von ganz anderem Charakter zeigt sich die zweite Audi 200 Quattro-Generation, die im März 1989 debütiert. Der neue 200 Quattro zeigt eindrücklich, wie sich Audis Allrad-Konzept des permanenten, schnelllaufenden Allradantriebs im Laufe der Jahre verändert und von der Ausschließlichkeit weiter entwickelt hat. Weg vom kompromisslosen Sportler, hin zur fahraktiven Limousine. Eine Verbindung, die seit 1986 der Audi 100 Quattro Turbo vorlebt, den es nur in Verbindung mit einem Dreiwege-Katalysator zu kaufen gibt. Den mit der Abgasreinigung einhergehenden Leistungsverlust, mit dem nahezu alle Hersteller zu kämpfen haben, gleicht bei Audi bis zum Erscheinen des in der Entwicklung steckenden Vierventil-Zylinderkopfs der Turbolader aus.

165 PS bietet der aufgeladene 2226-cm^3-Fünfzylinder, der im Audi 100 für souveräne Fahrleistungen sorgt. Rund 9 Sekunden für den Sprint von 0 auf 100 und eine Spitze von nahezu 220 km/h sind sehr gute Werte. Vor allem überzeugt das Triebwerk aber durch seine harmonischere Leistungsentfaltung, das maximale Drehmoment liegt jetzt schon bei 3000 Touren an, ein Drehzahlbereich, in dem sich der Fünfzylinder leise und kultiviert gibt. Die Probleme beim Heißstart gehören der Vergangenheit an und weil bleifreies Superbenzin Mitte der 80er-Jahre noch nicht überall zu haben ist, übernimmt

Griff nach den Sternen: Ausgerüstet mit dem vom Sport Quattro abgeleiteten 20V-Motor lässt der Audi 200 Quattro endlich auch die Stuttgarter Konkurrenz hinter sich.

eine Klopfregelung automatisch die Verstellung des Zündzeitpunkts. „Keine Frage also, dass der aufgeladene Motor des Audi 100 die bisher gelungenste Turbo-Entwicklung von Audi darstellt", lautet das Test-Urteil. Der Audi 100 Turbo Quattro sei ein ausgewogenes Angebot, wenn auch kein günstiges. 48.100 Mark machten deutlich, welche Konkurrenz ins Visier genommen werde. „Der Verkaufserfolg ist wohl eine Frage des Images – vom Produkt her sind die Voraussetzung gegeben." Die Sterne sind zum Greifen nahe und drei Jahre später reicht mit dem 200 Quattro 20V ein Audi erstmals heran.

1989 bekommt der Audi 200 Quattro den 20V-Motor des Ur-Quattro implantiert. Die Optik des Ober-Audi ist straffer geworden, auch wenn es sich immer noch um die bekannte Silhouette des 1982 vorgestellten C 3 handelt. Seit Januar 1988 besitzen die beiden großen Quattro-Viertürer das selbstsperrende, „drehmomentfühlende" (deutsch für „torque sensing") Torsen-Differenzial, das je nach Bodenhaftung die Antriebskraft zwischen 75:25 und 25:75 auf Vorder- und Hinterachse verteilt, anstelle des bisher verwendeten Kegelrad-Zwischendifferenzials.

220 PS leistet der mit Vierventiltechnik aufgerüstete Langpleuel-Fünfzylinder, dessen maximales Drehmoment von 309 Nm nun schon bei 1950/min anliegt. Endlich fällt der turbogeladene Dampf nicht mehr überfallartig über die Insassen her, die Leistungscharakteristik hat sich im Vergleich zum Vorgänger deutlich verändert. Zwischen 2500 und 5500/min ist immer ausreichend Schub vorhanden und auch die Laufruhe des Fünfzylinders überzeugt. In nur 7,9 Sekunden sprintet der immerhin über 1,5 Tonnen schwere Audi von 0 auf 100 km/h, die Höchstgeschwindigkeit liegt bei beeindruckenden 237 km/h. Nur untertouriges Fahren quittiert das Turbotriebwerk durch verzögertes Ansprechen, den brummigen Unwillen gegenüber hohen Drehzahlen kann aber auch die letzte, leistungsstärkste Ausbaustufe des längst legendären Fünfzylinders nicht ablegen.

Für den ersten Platz aber reicht es, am Ende steht es Fünf vor Sechs: aus dem Vergleich mit dem 3,0-Liter-24V-Sechszylinder des Mercedes-Benz 300 E-24 geht das Audi Triebwerk als Gewinner hervor. 25 Jahre nachdem erstmals ein von Ferdinand Piëch entwickelter Fünfzylinder-Dieselmotor bei Mercedes für Furore sorgte, hat das andersartige Konzept über das klassische Vorbild gesiegt. Der Preis spiegelt das neue Selbstbewusstsein der Marke mit den Vier Ringen wider: 76.700 Mark, satte 10.000 DM mehr als die E-Klasse aus Stuttgart, kostet der Audi 200 Quattro, der allerdings schon beim Erscheinen nicht mehr das luxuriöse Aushängeschild der Ingolstädter darstellt. Seit Oktober steht eine weitere Spielart der C 3-Baureihe zur Verfügung, der Audi V8. Erstmals seit dem Ende der Auto Union, wie sie das Vorkriegsdeutschland kannte, trägt ein Auto mit den Vier Ringen wieder ab Werk mehr als fünf Zylinder unter der Haube. Und natürlich den Quattro-Antrieb als Zugabe der Neuzeit.

220 PS besitzt der laufruhige, 2226 cm³-große Langpleuel-Fünfzylinder, der den Audi 200 Quattro in rund 8 Sekunden von 0 auf 100 und auf eine Spitze von 237 km/h beschleunigt.

Ende 1984 ist das Versprechen von Ferdinand Piëch eingelöst: Jede Audi-Baureihe besitzt eine Quattro-Variante.

Links: Holz-Klasse: Edles Holz ziert den Innenraum des Audi 200, mit dem Audi erstmals in der Oberklasse gegen etablierte Konkurrenz antritt.

Allrad-Invasion

Vom Alltag in den Rennsport

Rallye Korsika 1984. Auf den Asphaltbändern des Kurven-Labyrinths von Korsika zeigt das Frontmotor-Konzept des Audi Quattro im Vergleich zu den Mittelmotor-Gegnern erste Schwächen.

Schnell, jedoch nicht unerwartet, verschied unser Liebling, einzige Hoffnung und großer Star

Audi Quattro

*24.1.1981 Ingolstadt † 26.1.1981 Monte Carlo

Ingolstadt, den 27. Januar 1981

In tiefer Trauer: AUDI NSU Sportabteilung
Mikkola, Fahrer
Wilfried Hausmann, Fan, mit Familie
und alle Gesinnungsfreunde

Von Beileidsbezeichnungen in Ingolstadt und Monte Carlo bitten wir nicht Abstand zu nehmen.

VERSUCH MIT VIER

Vier angetriebene Räder sind besser als zwei, diese Erkenntnis setzte sich schnell auch im Rennsport durch. Allein, es fehlte an der Zuverlässigkeit. Zu groß waren die Probleme mit der komplexen Technik, zu schwer wog auf der Piste das hohe Gewicht, zu unwillig waren die Autos oft zu lenken. Versuche gab es genug, schon die Brüder Hendrik-Jan und Jacobus Spijker nahmen die Rennstrecke ins Visier, als sie 1903 den ersten allradgetriebenen Serienwagen der Welt, den „Spyker" 36/50 HP, vorstellten (s. Kapitel Allrad-Revolution). Der 36/50

HP besaß als erstes Automobil einen Sechszylindermotor, die Ausrüstung mit Bremsen an allen vier Rädern prädestinierten den Allrad-Wagen in einer Variante mit 8,7 Litern Hubraum und 60 PS für den noch jungen Motorsport. Mit einem Sieg beim Bergrennen in der Nähe von Birmingham und einem zweiten Platz bei dem legendären Langstreckenrennen Peking-Paris im Jahr 1907 trug sich der Spyker-Rennwagen in die Siegerlisten ein, doch noch überwogen die Nachteile.

Ettore Bugatti, Motoren-Magier aus Molsheim und einer der kreativsten Konstrukteure der ersten Hälfte des 20. Jahrhunderts, versuchte sich 1931 an einem Rennwagen mit Allradantrieb. Speziell für Bergrennen wurde der Typ 53 geschaffen, eine Weiterentwicklung des erfolgreichsten Rennwagens aller Zeiten, des Typ 35, aber nur dreimal gebaut.

Als Antrieb diente ein Vierventil-Reihenachtzylindermotor mit 4,9 Litern Hubraum und rund 300 PS. Bugatti-Pilot Louis Chiron belegte 1932 mit einem Typ 53 den zweiten Platz beim bekannten Klausenpassrennen, doch der Typ 53 blieb eine Randerscheinung im Vollblut-Imperium des Ettore Bugatti, wo mit endgültiger Schönheit gepaarte Einfachheit das Maß aller Dinge war.

Zur gleichen Zeit wagte sich in den USA der erfolgreiche Rennwagen-Konstrukteur Harry Armenius Miller, an dessen Motoren sich selbst Bugatti interessiert zeigte, an ein Sportgerät mit Allradantrieb. Ausgehend von seinen zahlreichen Einsätzen mit frontgetriebenen Fahrzeugen – das Erste erschien bereits 1924 – entwickelte Miller einen Rennwagen mit zwei DeDion-Achsen für vorne und hinten und einem neuen 5-Liter-dohc-V8. Keiner der zwei gebauten Wagen konnte sich durchsetzen. Einer fuhr zukünftig bei Bergrennen, der andere nahm hingegen als erster allradgetriebener Rennwagen an einem Grand Prix teil. Beim GP von Tripolis 1934 wurde Peter de Paolo Gesamtsiebter, beim Großen Preis von Deutschland im gleichen Jahr auf der Avus in Berlin explodierte der Motor des Miller. Der zivile Ableger des Rennprojekts wurde ebenfalls kein Erfolg. Harry Miller entwarf einen Speedster mit Allradantrieb sowie einem per Roots-Kompressor aufgeladenen dohc-V16-Motorenmonstrum, das grob geschätzte 500 PS entwickelte und den genialen Konstrukteur endgültig in den Ruin trieb.

Für den Dauereinsatz zeigte sich die Technik der vier angetriebenen Räder noch als zu labil, für Kurzeinsätze aber schien sie umso geeigneter. Bergrennen hatten sich als erfolgreiches Einsatzgebiet empfohlen, 1937 brachte Ferdinand Porsche, der schon im Jahr 1900 den Lohner-Porsche mit Elektromotoren in allen vier Rädern bestückte, seine Ideen zum Vierrad-Antrieb in ein Rekordfahrzeuge ein. Rund 3000 PS rissen an den beiden angetrieben Hinterachsen des projektierten Mercedes-Benz Weltrekordwagens Typ 80, der nie zum Einsatz kam.

Ähnlich erging es dem Cisitalia-Rennwagen zwölf Jahre später, dieses Mal eine Konstruktion des Porsche-Sohns Ferry. Für den Weltklasse-Fahrer Tazio Nuvolari sollte Porsche einen neuen Dienstwagen konstruieren, ehemalige Entwickler der wegweisenden Auto Union-Rennwagen waren ebenfalls beteiligt. 350 PS aus nur 1,5 Litern Hubraum leistete der durch einen Kompressor aufgeladene 12-Zylinder-Boxermotor, der im Rücken des Fahrers angeordnet war. Um die Kraft möglichst schlupffrei auf die Piste zu bekommen, konnte die Vorderachse zugeschaltet werden. Den Start bei einem Rennen erlebte der Cisitalia jedoch nie.

Dem Traktoren- und Landmaschinenhersteller Harry Ferguson gebührt die Ehre, den ersten siegreichen Allrad-Rennwagen entwickelt zu haben. Beim Großen Preis von England des Jahres 1961 in Aintree gab das „Project 99“ mit Jack Fairman am Steuer sein Debüt, als letzter Wagen im Feld verfügte der Ferguson-Rennwagen noch über einen Frontmotor, aber als Erster und Einziger über Allradantrieb. 1961 gewann Stirling Moss im strömenden Regen das Oulton Park Gold Cup-Rennen im Ferguson P99, ausgerüstet mit einem 1,5-Liter-Coventry-Climax-Motor und Dunlop-Maxaret-Antiblockiersystem. Moss erinnerte sich: „Hatte man seinen Fahrstil auf den Wagen eingestellt, machte der Wagen, was man wollte. Im Regen war er unglaublich, fuhr außen um die Ferrari herum.“

Erst 1964 traute sich wieder ein Rennstall an das Abenteuer Allradantrieb heran. Zum GP von England in Brands Hatch zeigte BRM den Typ 67 mit V8-Motor und einem vom P99 übernommenen Ferguson-Antrieb. Kompliziert geriet die Kraftübertragung: Der Motor war um 180 Grad gedreht worden und gab seine Kraft erst nach vorne und anschließend über einen Seitenantrieb zum Mitteldifferenzial ab, von dort führten Antriebswellen zu Vorder- und Hinterachse. Bei Grands Prix trat BRM damit nicht an, bei Bergrennen erwies sich das Konzept aber erneut als siegfähig. Ein letztes Mal wurde der Allradantrieb Ende der 60er-Jahre in der Königsklasse populär, zum Durchbruch reichte es wieder nicht. Lotus, Matra und McLaren präsentierten zur Saison 1969 Neuentwicklungen mit Allradantrieb, die allesamt enttäuschten und schnell wieder aufgegeben wurden.

Der Matra MS84 besaß ein Ferguson-System und einen Gitterrohrrahmen, der Lotus 63 trat mit Monocoque-Bauweise und einem selbst entwickelten Allradantrieb an. Für die Entwicklung des McLaren M9 war der Schweizer Joseph Marquardt verantwortlich. Auch Ferrari und Cosworth arbeiteten an Lösungen, die helfen sollten, die ständig steigenden PS-Zahlen auf den Boden zu bringen, was jedoch nur in (kaum vorhandenen) engen Kurven deutliche Vorteile im Vergleich zum herkömmlichen Heckantrieb mit sich brachte. Fortschritte bei der Reifentechnik machten den Abschied von der komplexen Technologie und den um 15 Prozent schwerer geratenen Allradlern leicht.

Eine Ausnahme stellte Lotus dar. Für das 500 Meilen-Rennen von Indianapolis 1968 gab Andy Granatelli, Chef des mit Öl-Zusätzen handelnden Industriegiganten STP, bei Colin Chapman einen neuartigen Rennwagen in Auftrag. Granatelli förderte bereits Mitte der 60er-Jahre die Entwicklung von allradgetriebenen Turbinenwagen. Nun sollte Lotus den Siegerwagen bauen. Ausgerüstet mit einer Pratt & Whitney-Gasturbine fuhren zwei Lotus 56 im Training auf Platz 1 und 2, erst ein Defekt an der Benzinpumpe zwang den im vorderen Feld liegenden Lotus-Piloten Joe Leonhard in der 192. Runde zum Aufgeben. Ein Einsatz im Jahr 1969 führte ebenso wenig zum Erfolg, im gleichen Jahr wurden Gasturbinen und Allradantrieb im US-amerikanischen Nudeltopf-Rennsport verboten. Aber es gab ja noch die Rallye.

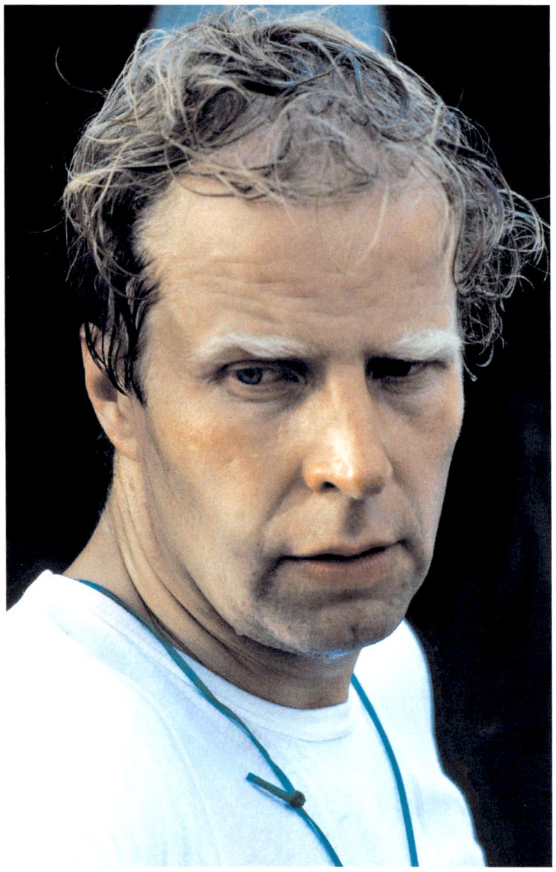

Der Finne Hannu Mikkola ist der erste Fahrer, der im September 1979 Testfahrten mit dem für Heckantrieb-erfahrene Piloten ungewöhnlichen Audi Quattro unternimmt.

1978 – RUHE VOR DEM STURM

Ende der 70er-Jahre – zu diesem Zeitpunkt bastelt man in Ingolstadt noch an einer fruchtbaren Verbindung von Iltis-Antriebstechnik und Audi 200-Turbomotor – ist die Rallyewelt noch in Ordnung. Mal abgesehen vom radikalen Lancia Stratos, der als erstes, speziell für den Rallyeeinsatz konzipiertes Fahrzeug eine Revolution auslöste, treten hier noch immer schneller gemachte Alltagsautos gegeneinander an. Gerade haben zwei kleine Renault 5 Alpine die Plätze zwei und drei bei der Rallye Monte-Carlo belegt und ansonsten sind die archaischen, aber effektiven Ford Escort und Fiat 131 das Maß aller Dinge, das aus Zweiradantrieb und Frontmotor besteht, selbst wenn die Porsche mit dem Gewicht ihres Motors auf den angetriebenen Rädern auf losem Untergrund noch immer eine Macht darstellen.

Allradantrieb ist sowieso verboten – nicht weil er diese Welt umwälzen könnte, sondern eher, weil keiner der Verantwortlichen oder Fans einen Land Rover im Drift erleben will. Solche Spinnereien sind traditionell den Rennen in Afrika vorbehalten, wo die Kauzigkeit der ehemaligen britischen Besatzer liebevoll bewahrt wird und Haltbarkeit die erlesene Technik zu dominieren pflegt. Dass ein Jeep Wagoneer 1972 die wohl bekannteste US-amerikanische Rallye, die Press-On-Regardless, gewinnen konnte, bewies eigentlich nur, dass die Amis von Rallye keine Ahnung hatten und dass echte Profis keinen Allradantrieb brauchen.

Allerdings ändert sich das gerade. Seit 1973 unterstützt Audi Hobby-Piloten in der europaweit ausgeschriebenen Audi Trophäe, einem Markenpokal mit anfangs kleinsten Prämien. Einer der Freizeit-Fahrer kommt nach Ingolstadt: Jürgen Stockmar. Der ehemalige Audi-Privatfahrer und neue Audi-Sportdirektor, zeitgleich mit Walter Treser zu Audi gekommen und mit diesem (Chef Jörg Bensinger hatte einen Posten zwei Bewerbern versprochen) für die Fahrwerksentwicklung des Allrad-Projekts verantwortlich, überzeugt in endlosen Gesprächen mit Offiziellen und Vertretern anderer Hersteller die nationale Motorsport-Behörde davon, dass ein Fahrzeug mit Allradantrieb doch keinen Schaden anrichten könne. Auch die anderen Hersteller nicken ab, was soll auch schon passieren? Ein VW Iltis, ein Jeep, ein Subaru bei Rallyes? Sorgen sehen anders aus, wie ein erfolgloser Einsatz zweier Range Rover bei der Rallye Elfenbeinküste im Jahr darauf beweist. Zum 1. Januar 1980 wird die FISA den gleichzeitigen Antrieb aller vier Räder bei Rallye-Veranstaltungen zulassen. Eingebracht hat ihn AvD-Sportpräsident Huschke von Hanstein. Im Sinne von Audi.

1979 – ALLRAD AM ANFANG

Seit 1970 kämpfen die Marken um den WM-Titel, 1979 wird auch der WM-Titel für Fahrer ausgeschrieben. In Schweden pfeift Saab im selben Jahr auf alle Konventionen, mit Stig Blomqvist am Steuer des 99 Turbo siegt erstmals ein Auto mit Turbolader bei einem Rallye-WM-Lauf, während sich der Schwede Björn Waldegaard am Ende der Saison als erster Fahrerweltmeister in die Statistiken der Rallye-WM eintragen darf. In Ingolstadt macht man sich währenddessen Gedanken, wie mal wohl auftreten könnte, so als Team in der Rallye-Szene. Da kennt sich bei Audi kaum einer aus, die neue Abteilung residiert in einem ehemaligen Supermarkt am Stadtrand. Das Design-Büro „gulden design" schlägt immerhin erste Farb-Kombinationen für das Audi-Sportengagement vor: „Die drei Farben sind immer als dreiteiliger progressiver Streifen – von orange über mahagoni nach aubergine – steigend zu verwenden." Es wird eine Trikolore von Rot, Grau, Aubergine daraus, die später trefflich mit dem Gelb-Weiß der Zigaretten-Marke HB korrespondieren wird.

Die Farben sind gefunden, jetzt fehlen nur noch die Fahrer. Der Finne Hannu Mikkola und sein schwedischer Copilot Arne Hertz sind die Ersten in Ingolstadt. Ende der 60er-Jahre war Mikkola ins professionelle Rallye-Gewerbe eingestiegen, ein begnadeter Fahrer und Entwickler, vertraut mit jedem Untergrund und dem technischen Verständnis des studierten Ingenieurs. Im September 1979 besucht Mikkola Audi, steigt vom Ford Escort auf einen Audi 80-Prototyp mit Quattro-Antrieb um und ist sich schon nach rund 30-minütiger Testfahrt abseits befestigter Straßen sicher, einen Blick in die Zukunft geworfen zu haben.

Bald gehören auch der Österreicher Walter Smolej mit Beifahrer Wilfried Öchsner und der Bayer Harald Demuth mit Copilot Arwed Fischer zum neuformierten Audi-Team, die in den nationalen Meisterschaften an den Start gehen, wo die Wagen vom Nürnberger VW- und Audi-Tuner Konrad Schmidt vorbereitet werden.

1980 – ALLRAD MACHT ANDERS

Während die Fertigung am Produktionsanlauf des Serien-Quattro arbeitet, werden bei Audi Sport die ersten Fahrzeuge für den Renneinsatz vorbereitet. Äußerlich unterscheiden sich die Wettbewerbswagen kaum von den Serienautos, aber natürlich ist die Technik entsprechend geändert worden, zuallererst jene des Motors. Die Serien-Einspritzung ist durch eine mechanische Pierburg-Einspritzung ersetzt worden, eine Rennnockenwelle sowie größere Ein- und Auslassventile sind verbaut, außerdem eine Trockensumpfschmierung. Größere Turbolader und Ladeluftkühler (die Lader aus dem Serien-Quattro setzen der Leistungskur bei 280 PS ein Ende), sorgen gemeinsam mit diesen Maßnahmen für eine Leistung von rund 300 bis 340 PS, der Ladeluftkühler ist direkt hinter dem Kühlergrill eingebaut. Im Renneinsatz schützt eine stabile Kunststoffplatte als Unterfahrschutz die Motor-Mechanik, verschiedene

Harald Demuth (l.) kämpft mit dem Audi Quattro auf nationaler Ebene um Meisterschafts-Punkte, zum Sport-Chef wird der ehemalige Quattro-Projektleiter Walter Treser (u.l.) ernannt.

Rallye Monte-Carlo 1981. Nach dem ersten Auftreten Hannu Mikkolas bei einem Rallye-WM-Lauf stellt die Konkurrenz fest: „Auf den bisherigen Sonderprüfungen brauchte man eine Sanduhr, um die Zeitunterschiede zu messen, ab morgen genügt ein Kalender."

Achsübersetzungen und Räder/Reifen-Kombinationen stehen zur Wahl. Rund 6 Sekunden braucht ein Quattro bei der gängigsten Übersetzung, um von 0 auf Tempo 100 zu beschleunigen, auf Schnee sind es dank Spike-Reifen bis dahin völlig unvorstellbar gewesene 8,5 Sekunden! Die Spitze liegt bei der längsten Übersetzung bei rund 250 km/h.

Die Schweißnähte der Karosserie sind verstärkt, im Gegenzug aber die Blechstärken an Dach und Seitenwänden von 0,9 auf 0,6 Millimeter reduziert worden.

Türen, Kotflügel und Motorhaube bestehen aus Aluminium, später auch aus Kunststoff, was das Gewicht eines Kotflügels auf 1,5 Kilogramm senkt. Den Kofferraumdeckel ziert ein größerer Spoiler und im Heck sitzt ein auf 120 Liter gewachsener Kraftstofftank. Für den Schutz der Insassen und die nötige Verwindungsfestigkeit der Karosserie ist ein aus Alurohren bestehender Käfig der Firma Matter verbaut worden. Nur wenige Komponenten der Serie haben es in den Sport geschafft: die Fensterkurbeln aus dem VW Polo sowie die Antriebswellen des Audi 200 Turbo. Selbst an einer kohlefaserverstärkten Kunststoffkardanwelle wird bereits geforscht, aber trotz aller Bemühungen wiegt ein rennfertiger Rallye-Quattro immer noch rund 1200 Kilo.

Bei betont rauen Einsätzen in einem Steinbruch ist es an Smolej und Demuth zu testen, ob der Quattro ausreichend solide gebaut ist. Dieses Verfahren wird auch später beibehalten. Während eine Truppe im Werk testet, fährt die andere im Wettbewerb. Potenzial besitzt der Audi genug, aber dem Team um Sportchef Walter Treser, Rallye-Einsatzleiter Reinhard Rode und dem technischem Koordinator Winfried Graf zu Kottulinsky, Freiherr von Kottulin, kurz: Freddy Kottulinsky, mangelt es an Erfahrung und der Technik an Ausdauer.

Sechs Monate ist der Quattro alt und weil er noch jung und unerfahren ist, halten ihn seine Entwicklungsberechtigten bewusst klein. Anstatt gleich in die Rallye-WM einzutauchen, gibt der Audi Quattro sein Debüt in der Europameisterschaft, abseits der allzu grellen Scheinwerfer. Im Herbst 1980 geht Hannu Mikkola als Vorausauto der Algarve-Rallye an den Start, hier ticken die Uhren für die anderen Teilnehmer, nicht aber für ihn. Die offiziellen Starter wird es gefreut haben – hätte Mikkola gemeldet, wäre er mit einem Abstand von 26 Minuten Erster geworden.

1981 – ALLRAD MACHT ANGST

Franz Wittmann und Copilot Dr. Kurt Nestinger haben gemeldet. Den ersten gestoppten Rallye-Einsatz erlebt der Audi Quattro bei der Jänner-Rallye 1981, einem EM-Lauf in Österreich. Als die Offiziellen der Zeitnahme ihre Stoppuhren beiseite legen, verkünden sie mehr als einen Klassenunterschied. Es sind Welten, die zwischen Wittmann/Nestinger und den Gesamtzweiten liegen, ganze 20 Minuten und 50 Sekunden.

Die Rallye-Welt ist gewarnt, der Saisonauftakt der WM gerät ähnlich. Nach zehn Minuten einer Sonderprüfung überholt Hannu Mikkola bei der Rallye Monte Carlo den Lancia Stratos von Bernhard Darniche, der eine Minute vor ihm gestartet ist. Nach sechs WP führt Mikkola das geschockte Feld mit einem Vorsprung von sechs Minuten an und Fiat-Pilot Markku Alén spricht aus, was alle denken: „Ich glaube, das Beste wäre, wenn wir gleich nach Hause fahren.“ Und Renault-Werksfahrer Bruno Saby sekundiert: „Auf den bisherigen Sonderprüfungen brauchte man eine Sanduhr, um die Zeitunterschiede zwischen dem Quattro und den anderen zu messen, ab morgen genügt ein Kalender.“ Dann beginnt sich der Quattro selbst zu zerlegen, der Keilriemen der Lichtmaschine reißt, ein Rad geht verloren.

Rallye San Remo 1981. Michèle Mouton (o.) und Fabrizia Pons gelingt was kein Mann für möglich gehalten hätte: als erstes Damenteam gewinnen sie einen Lauf zur Rallye-Weltmeisterschaft.

In der Toskana triumphieren Mouton / Pons noch, in Griechenland folgt die Disqualifikation für das Audi Team

Hannu Mikkola rutscht vom Bremspedal ab, setzt den Quattro erst gegen eine Brückenmauer und bohrt ihn später ungebremst zwischen zwei Leitplanken. Die Service-Crew hatte einen Splint an der Lenkung vergessen. Rang 91 lautet das Ergebnis. Seine neue Team-Kollegin Michèle Mouton aus Frankreich, die als erste Frau in der Rallye-WM mitfährt, schafft es sogar nur kurz bis hinter den Start: Dreck im Sprit.

Rallye Akropolis 1981. Bewegliche Kunststoffklappen anstelle der inneren Scheinwerfer sollen für eine bessere Belüftung des Motorraums sorgen und führen zu einem Ausschluss vom Rennen.

Den Konkurrenten reicht diese böse Ahnung einer neuen Zeitrechnung, die bei der Schweden Rallye mit einem Sieg Hannu Mikkolas Realität wird. Zumindest stimmen hier die Temperaturen, weiter südlich haben die Quattros allerdings mit Hitzeproblemen zu kämpfen, die immer wieder zu Motorschäden und Ausfällen führen. In der Toskana ist die Zeit des Audi Quattro endlich gekommen, der Sieg gerät zu einer Sensation im doppelten Sinne. Michèle Mouton und Fabrizia Pons dominieren die Rallye San Remo und am Ende steht ein Titel, den Mann nie für möglich gehalten hätte. Als erstes Damenteam siegen Mouton/Pons bei einem Rallye-WM-Lauf.

In den 70er-Jahren war Mouton von Renault Alpine zu Fiat France und auf den borstigen Fiat 131 gewechselt. Wie keine andere Rallye-Fahrerin bringt Mouton fahrerisches Können und physische Kraft mit, eine Tonne rasendes Metall kontrolliert und schnell ins Ziel zu bringen, dem Muff der Männerwelt setzt die Französin Leistung und Persönlichkeit entgegen. Noch wagen es viele, den Sieg der Quattro-Technik gutzuschreiben, doch die sollen bald eines Besseren belehrt werden.

Letztendlich scheitert Audi in dieser ersten echten Rallye-Saison an sich selbst und der im Motorsport-Einsatz unerprobten Technik, der immer wieder die große Hitze unter der Motorhaube zu schaffen macht.

In Griechenland führt eine umstrittene Konstruktion – bewegliche Klappen anstelle zweier Frontscheinwerfer verbessern die Kühlung der glutheißen Turbo-Technologie – zur Disqualifikation. Teamchef Walter Treser – der bei einem Tankstopp, bei dem sich Benzin entzündet, Verbrennungen an Kopf und Arm davonträgt – wird seines Amtes enthoben, sein Nachfolger heißt erst Reinhard Rode, anschließend übernimmt Roland Gumpert das Ruder. Seit 1969 ist Gumpert bei Audi und nach zahlreichen Stationen (Sachbearbeiter Audi 80-Prototyp, Entwicklung des Audi-Motorrads, des Iltis, Versuchsleiter in

Rallye Akropolis 1982. Die Saison 1982 entwickelt sich zum Zweikampf zwischen Audi und Opel. In Griechenland verbuchen Mouton / Pons den zweiten Gesamtsieg für sich.

Links oben: Der ehemalige Iltis-Projektleiter Roland Gumpert wird als Sport-Chef Nachfolger von Walter Treser.

der Abteilung Fahrwerk und Motor) nun mehr oder weniger direkt Entwicklungschef Ferdinand Piëch unterstellt.

Noch einer anderen Marke gelingt es in diesem Jahr zu verblüffen. Mit nicht mehr als einem Dutzend Leuten, Guy Frequelin und seinem Beifahrer Jean Todt als Fahrerduo, einem einzigen Gesamtsieg (Rallye Argentinien) und einem Minimalbudget holt Talbot den Markentitel. Noch unter Regie von Chrysler fiel Ende der 70er-Jahre der Entschluss zum Rallye-Engagement mit dem neuen, wenngleich technisch altbackenen Heckantriebs-Kleinwagen namens Talbot Sunbeam. Da kein tauglicher Motor vorhanden war, ging Sportchef Des O´Dell – der schon 1959 mit Aston Martin Sportwagen-Weltmeister geworden und an der Entwicklung des GT 40 von Ford beteiligt gewesen war – kurzerhand bei Lotus einkaufen. Wo andere Hersteller auf Prüfständen und ausgewählten Strecken testeten, schickte Talbot seine Autos einfach solange über die Panzerpiste benachbarter Truppenübungsplätze, bis nichts mehr abfiel. Es ist ein Sieg an der Zeitenwende, denn obwohl Talbot den letzten billigen WM-Titel einfährt, schauen eigentlich alle nur auf Audi.

1982 – ALLRAD MACHT AN

Zwei Gegensätze prägen das Rallye-Jahr 1982. Dort Audi mit dem revolutionären Quattro und der Französin Michèle Mouton am Steuer, die nichts so sehr hasst, wie Damenpokale. „Es gibt ja auch keinen Herrenpokal." Hier der konventionell angetriebene Ascona und der Regensburger Walter Röhrl – Weltmeister des Jahres 1980 auf Fiat Abarth 131 –, der nichts so sehr hasst wie Wettbewerbe in Afrika. „Affen-Rallyes, der reine Wahnsinn." Veranstaltungen wie die Monte sind sein Terrain, viermal siegt Röhrl hier, auf vier verschiedenen Autos – bis heute Rekord. Die Rallye Monte-Carlo liefert den Auftakt einer Saison, bei der jeder Lauf ein Finale ist. Audi hat aufgerüstet, neben Hannu Mikkola und Michèle Mouton greift auch Stig Blomqvist gelegentlich als Gastfahrer ins Steuer des stärker und zuverlässiger gewordenen Quattro.

Der erste Saison-Lauf – die Jubiläumsfahrt, die 50. Rallye Monte-Carlo – gewinnt Röhrl. Statt Schnee und Eis herrschen frühlingshafte Temperaturen und auf den trockenen Asphaltbändern der Seealpen auf dem Weg ins Fürstentum ist der Ascona 400 in seinem Element. Die Fahrt von Mouton und Pons, begonnen auf Slicks, endet auf überraschend auftauchendem Eis an einer Hausmauer.

Der Einschlag ist so heftig, dass Fabrizia Pons einige Tage mit einem Schock zur Beobachtung in der Klinik bleiben muss. Mikkola/Hertz werden Zweite. Laut offizieller Audi-Sprachregelung wurde über Nacht derart heftig am Ladedruck von Mikkolas Auto gedreht, dass die spontane Mehrleistung von 40 „Kampf-PS" am nächsten Tag nicht mehr mit dem Gebetbuch übereinstimmte.

Auf glattem Untergrund (und den richtigen Reifen) sind die Quattro mit ihrem Traktionsvorteil jedoch kaum zu bezwingen. Im verschneiten Norden liegen – wer hät-

Die mehrfache Europameisterin behält auch die Nerven, als sich Röhrl immer weiter an ihre Bestzeiten herantastet. Die Spannung nimmt zu. In der Fahrer-Wertung liegt Röhrl vorne, bei den Marken ist es nun Audi. Dann folgt die Safari-Rallye. Audi tritt nicht an, den Sieg holt sich erneut der indisch-ugandische „Pfadfinder" Shekar Mehta auf Datsun und Walter Röhrl wird Zweiter. Überraschend eigentlich, denn für den Bayern ist der Busch, fernab seiner bergigen Heimat, Zumutung und Schikane zugleich. Noch besser als Bankkaufte etwas anderes erwartet – die Skandinavier vorn. Stig Blomqvist und Björn Cederberg spielen ihren Heimvorteil aus. Mikkola und Mouton patzen hier auf spektakuläre Weise: Der Finne setzt seinen Wagen in den Tiefschnee, die Französin kracht ihrem Teamkollegen daraufhin in das Heck. Das folgende Kontrastprogramm könnte kaum größer sein. Von den verschneiten Waldwegen geht es auf die staubigen Straßen Portugals, spätestens hier beweist Audi die Überlegenheit des Quattro-Konzepts. Wie im Norden siegen die Ingolstädter auch im sonnigen Süden. Michèle Mouton gewinnt diesen WM-Lauf und beweist, dass Audi nun auch abseits der reinen Schotter- und Schnee-Rallyes die Zukunft bedeutet.

1982 stößt das ehemalige Saab-Team Stig Blomqvist / Björn Cederberg zur Audi-Equipe und gewinnt standesgemäß die Schweden-Rallye.

San Remo-Rallye 1982. In der Toskana werden Blomqvist / Cederberg Erste, Mikkola / Hertz Gesamtzweite und Mouton / Pons belegen den dritten Platz.

mann Geistdörfer sein Gebetbuch, kennt der ehemalige bischöfliche Chauffeur Röhrl die Abflugzeit des Fliegers zurück nach Hause. Die Führung in der WM baut er auf dem ungeliebten Terrain dennoch aus, genauso wie danach im Kurvenlabyrinth der Korsika-Rallye, obwohl er dort nur Vierter wird. Auf den ersten drei Plätzen liegen bei diesem Lauf ausschließlich und traditionsgemäß Franzosen. Erster wird Jean Ragnotti, der auf einem Renault 5 Turbo um die Ecken wieselt, erst auf Platz sieben folgt das Damenteam Michèle Mouton und Beifahrerin Fabrizia Pons aus Italien.

Die WM gewinnt an Rasanz und Brisanz, aus dem Zweikampf Röhrl-Mouton wird ein Geschlechterkampf. Kann eine Frau tatsächlich besser Auto fahren als ein Mann, lautet die meist gestellte Frage. Zumindest in Griechenland, hier wird Mouton erneut Erste.

Die wahren Gefahren dieses Wettbewerbs lauern jedoch nicht auf den Geröllpfaden, sondern im mörderischen Verkehr der zu durchfahrenden Innenstädte Griechenlands. Wer hier unbeschadet durchkommt, übersteht auch jede Wertungsprüfung. Danach geht es in die Ferne, Röhrl/Geistdörfer werden in Neuseeland Dritte, in Brasilien kommen Mouton/Pons vor ihnen ins Ziel. Der Thriller geht weiter, wer von beiden holt die Fahrer-WM, welcher Hersteller gewinnt den Marken-Titel? Wird die Finnland-Rallye, der 9. Lauf zur WM, eine Vorentscheidung bringen? Doch hier gewinnen entweder fliegende Finnen oder schwebende Schweden. So wundert sich niemand, als am Ende Mikkola/Hertz vor Blomqvist/Cederberg das Audi-interne Duell unter sich ausmachen.

Audi liegt bei den Marken vorn, bei der Rallye San Remo in Italien zeigt sich deren ganze Dominanz. Unter den ersten Sechs sind vier Audi, nur der Ascona 400 mit seinem perfekten Asphalt-Fahrwerk kann den Vier Ringen Paroli bieten. Zwei Quattro liegen schließlich vor

1982 wird Walter Röhrl noch auf Opel Ascona 400 Rallye-Weltmeister (o.). 1985 wird er auf Audi Quattro Sport dank spektakulärer Flugeinlagen in Portugal Dritter.

Walter Röhrl auf Opel, der die Fahrerwertung anführt und – ein Wunder wird wahr – für die berüchtigte Bandama-Rallye an der Elfenbeinküste meldet.

Was für eine Dramatik, welch furioses Finish. Die Bandama-Rallye, die wilde Hatz durch den Busch der Elfenbeinküste, vorletzter Lauf der Saison 1982, wird alles entscheiden. Audi oder Opel, Allrad- oder Zweiradantrieb, Frau oder Mann, Michèle Mouton oder Walter Röhrl. Staub und poltrige Pisten setzen dem Material, Land und Klima den Menschen zu. So wird nichts dem Zufall überlassen, der 11. Lauf der Rallye-WM wird zur Menschen- und Materialschlacht. Die Hersteller schicken mehrere Begleitfahrzeuge, angefüllt mit Mechanikern, Betreuern und jedem erdenklichen Ersatzteil, als Geleitschutz mit auf den Weg. Am Abend vor dem Start erfährt Michèle Mouton vom Tod ihres Vaters und beschließt, ihm den Titel zu widmen. Ruhig zieht die Französin im materialmordenden Gelände ihre Bahn, bis ein Elektrikschaden ihren 18-minütigen Vorsprung vor der letzten Etappe aufzehrt, sie die Ideallinie verlässt, einmal verunfallt und noch ein zweites Mal. Nichts geht mehr. Röhrl/Geistdörfer sind die Ersten in Abidjan und werden Weltmeister. Nur sechs Mannschaften erreichen nach über 5000 Kilometern überhaupt das Ziel, der Letzte hat 15 Stunden Rückstand.

Es ist dennoch das Ende einer Rallye-Epoche, der Abschied der Generalisten mit ihrem althergebrachten Antriebskonzept. Die Zukunft markiert Audi beim letzten Lauf, der RAC Rally in Großbritannien.

Hannu Mikkola und Arne Hertz siegen vor Michèle Mouton und Fabrizia Pons, Audi sichert sich den Titel des Markenweltmeisters. Sechs Siege fährt die Audi-Equipe ein, drei davon gehen auf das Konto von Michèle Mouton und Fabrizia Pons.

ZUM THEMA: GRUPPE B

Zur Rallye-Saison 1982 wurde alles anders: Buchstaben ersetzten künftig die Zahlen. Gemäß dem neuen FISA-Reglement wurden die Fahrzeuge, vorher in die Gruppen 1 bis 4 einsortiert, in die drei Hauptgruppen A (begrenzt modifizierte Tourenwagen), B (speziell vorbereitete Sportwagen) und C (Sport-Prototypen) aufgeteilt. Während die dritte Gruppe in geringer Stückzahl gebauten „Einzelstücken" wie etwa dem Porsche 956 vorbehalten blieb, entwickelte sich die Gruppe B zur Königsklasse des Rallye-Sports. Zur Homologation in der Gruppe B wurden 200 Wagen benötigt, die in zwölf Monaten gebaut werden mussten. Aus diesen 200 Fahrzeugen konnten über die Evolutionsmöglichkeit 10 Prozent zu Rallyeautos weiterentwickelt werden. Was eigentlich durch geringere Stückzahlen auch kleineren Herstellern die Teilnahme am Rallye-Zirkus ermöglichen sollte, entwickelte sich spätestens mit dem Auftauchen des Peugeot 205 T16 zur Hochpreis- und High-tech-Werbeschlacht der Großen, die verkaufsfördernde Seriennähe nur optisch mühsam vorgaukelten. Nach und nach entstehen in den Werken hochentwickelte Monster-Autos. MG Metro 6R4, Peugeot 205 T16 Evo 2, Audi Sport Quattro S 1 und Lancia Delta S4 heißen die Wildesten. Mit bis zu 500 PS (Audi) und kombinierter Kompressor/Turbo-Technik (Lancia) schießen die hochgezüchteten Projektile über Asphalt und Schotter. Mühsam gezähmte Formel-1-Technik unter Kevlar-Kleidern, eine Kombination, die sogar Profis in Schrecken versetzte. 1986 verunglückten bei der Korsika-Rallye Henri Toivonen und Sergio Cresto tödlich mit ihrem Lancia Delta S4, der Anfang vom Ende der maßlosen Zeit in der Rallye-Geschichte. Nie mehr Gruppe B, nur noch Gruppe A – zehn Jahre würde es dauern, bis sich die Rallye-Szene von dem Schock erholt hatte und mit den World Rallye Cars (WRC) wieder Spezialanfertigungen für den Rallyesport zuließ.

1983 – ALLRAD IST ANFÄLLIG

Der Gegner des Jahres 1983 ist der gleiche, das Auto ist ein anderes. Vor dem Sponsor Rothmans und Opel-Rennleiter Tony Fall ist Walter Röhrl zurück nach Italien geflüchtet. Der Mitte 1982 vorgestellte Lancia Rally 037 ist die Antwort auf den Quattro. Ein Leichtgewicht mit Gitterrohrrahmen, Mittelmotor und Kompressor-Aufladung, das ultimative Rallye-Fahrzeug mit Heckantrieb, das „missing link" zwischen alter und neuer Zeit. Es ist der Kampf zwischen einem filigranen Techniker und einem breitschultrigen Puncher.

Der Quattro A1 verfügt seit Mitte der letzten Saison über einen Motorblock aus Aluminium und 2144 cm³

Portugal Rallye 1983. In Portugal widmet eine Motorsport-Zeitung dem Sieg Hannu Mikkolas wenige Stunden nach dessen Triumph bereits eine Sonderausgabe.

Hubraum, was gemäß dem Reglement für Nachteile sorgt. Multipliziert mit dem Turbo-Faktor 1,4 liegt der Hubraum mit 3003 cm³ haarscharf über 3 Litern, was ein Mindestgewicht von 1100 Kilogramm zur Verpflichtung macht. Ein Problem, das zu lösen ist, zumal der Fünfzylinder in immer neuen Entwicklungsstufen antritt. Mit Alublock und Nebenaggregaten – darunter Turbolader, Ladeluftkühler, Lichtmaschine, Anlasser und Auspuffkrümmer – wiegt das ganze Aggregat nur rund 125 Kilogramm. Allein die Verwendung von Leichtmetall beim Block reduziert das Gewicht um die Hälfte auf 23 Kilogramm, die Rallye-Kurbelwelle wiegt im Renntrimm fünf Kilo weniger als das geschmiedete, 21 Kilo schwere Serienteil. Gemäß den Vorgaben des Reglements kommen die meisten der Bauteile aus der Großserie, Block und Kurbelwelle stammen aus dem Werk Salzgitter. Selbst der bearbeitete Zylinderkopf, dessen Ventile um 3 Millimeter erweitert sind (die Auslassventile sind Natrium-gekühlt), trägt Ein- und Auslass auf der gleichen Seite. Ein Querstromkopf, wie er für den Sport Quattro in der Entwicklung ist, ist nicht zugelassen.

Die Audi sind stärker und schwerer als die Lancia, 360 PS und über 1100 Kilo stehen 300 PS und 960 Kilogramm gegenüber. Den Nachteil der Leistung macht Lancia durch Leichtgewicht und die Klasse eines Walter Röhrl wett. Natürlich gewinnt Röhrl die Rallye Monte-Carlo, in Schweden schlägt Audi eindrucksvoll zurück. Zwischen Mikkola/Hertz und das finnische Sondereinsatzkommando Lampi/Kuukkala schiebt sich mit 47 Sekunden Rückstand auf den Erstplatzierten allerdings ein automobiler Überraschungsgast aus eigenem Hause. Tatsächlich gelingt es Blomqvist/Cederberg, ihren mit 170 PS nominell unterlegenen Audi 80 Quattro auf den 2. Platz zu steuern.

Zu diesem Zeitpunkt ist der Audi 80 Quattro noch in der Gruppe B homologiert, weil die vom Sportgesetz vorgeschriebenen 5000 Einheiten für einen Start in der Gruppe A noch nicht gebaut sind. Gedacht ist der Audi 80 eigentlich in erster Linie als kostengünstige

Schweden-Rallye 1983. Als Teil einer starken Audi-Mannschaft (r.) gewinnen Mikkola / Hertz auf Quattro im hohen Norden. Viel mehr Beachtung wird Stig Blomqvist zuteil, der auf einem Audi 80 Quattro den 2. Platz belegt.

Quattro-Alternative für den Breitensport und die nationalen Meisterschaften der Gruppe A. Der Erfolg liegt im Quattro-Antrieb begründet, welchen der Audi 80 mit dem großen Bruder teilt, dem jedoch die Turboaufladung vorbehalten bleibt. Bei Audi Sport wird alles unternommen, den Audi 80 auch in seiner Klasse zum Maß aller Dinge zu machen, zahlreiche Fahrwerkskomponenten aus der Gruppe B werden für den Audi 80 homologiert. Dem Motor verhelfen Schmiedekolben der Firma Mahle, eine schärfere Nockenwelle sowie ein leichterer Kurbeltrieb und eine geänderte Einspritzanlage zu mehr Kraft.

In Portugal holt Audi erneut zum Gegenschlag aus, Platz 1 und 2 gehen dank Mikkola und Mouton auf das Audi-Konto, bei der Safari-Rallye wird man hinter dem Rallye-Rentner Opel Ascona 400 Zweiter und Dritter. Die Ernüchterung folgt auf den Fuß, die Allmacht deutscher Präzisionsarbeit und der Glaube an die technologische Überlegenheit erhalten einen Dämpfer. Die aufgerüsteten Quattro erweisen sich als unzuverlässig und während Fahrer und Verantwortliche mit der Technik ringen, stürmen die Lancia von Sieg zu Sieg. Dreifachsieg an den winkligen Abhängen von Korsika, Doppelsieg bei der Akropolis, wo Audi den 3. Platz belegt, und Sieg bei der Rallye Neuseeland.

Die Bilanz zur Halbzeit ist verheerend, wie die Fachpresse sport auto ausrechnet: von 16 eingesetzten Werks-Lancia fiel bei fünf absolvierten Rallyes nur ein Fahrzeug aus, bei Audi kamen bei sechs Läufen zehn von 17 Autos nicht ins Ziel. Vor allem Service und Organisation bemängeln die Beobachter. Pro Fahrzeug ist manchmal nur ein Mechaniker abgestellt, Werkzeug liegt nicht griffbereit und Teamchef Roland Gumpert – „Organisator, Techniker, Ingenieur, Mechaniker, Seelendoktor und Übervater in Personalunion“ –, der 1982 als beifahrender Mechaniker Hannu Mikkola bei der Elfenbeinküste-Rallye begleitete, liegt viel zu oft selbst unter einem Fahrzeug, anstatt Ordnung ins Chaos zu bringen.

Lancia liegt zur Mitte der Saison in Führung und Audi ist zum Siegen verdammt. In Argentinien melden sich die Ingolstädter eindrucksvoll zurück, das Podium ist voll mit Audi-Piloten. Es ist ein teurer Sieg, denn jeder in Argentinien startende Hersteller muss fünf Wagen an den Start bringen.

In Argentinien ist erstmals der Quattro A2 zugelassen, dessen geringfügig kleinerer Alu-Motor (2109 cm^3) das Handicap des hohen Gewichts egalisiert. Künftig darf auch ein Quattro nur noch 960 Kilogramm wiegen.

Links: Argentinien-Rallye 1983. In Argentinien ist erstmals der Audi Quattro A2 zugelassen. In Südamerika feiert Audi einen Vierfacherfolg und belegt Platz 1 bis 4.

Safari-Rallye 1983. Die Hitze Afrikas und die handgreifliche Begeisterung der Zuschauer wird zur Belastung von Mensch und Material. Michèle Mouton wird Dritte, auch aufgrund der Hilfe Roland Gumperts (u.l.).

RAC Rally 1983. Das Bild von Beifahrer Arne Hertz auf dem Heckspoiler geht um die Welt. Die Mühen werden belohnt, am Ende reicht es für Mikkola / Hertz zu einem 2. Platz hinter den Teamkollegen Blomqvist / Cederberg.

Die 1000-Seen-Rallye geht an Ingolstadt, Mikkola – der zum siebten Mal in Finnland siegt – und Blomqvist fahren auf die Ränge 1 und 2. In San Remo will man bei Audi den Sack zumachen, die Toskana ist Audi-Terrain, nur nicht dieses Mal. Markku Alén, Walter Röhrl, Attilio Bettega heißen die drei siegreichen Lancia-Fahrer, denen der Markentitel auch durch den 2. Platz Mikkolas an der Elfenbeinküste und den Audi-Doppelsieg bei der britischen RAC Rally nicht zu nehmen ist. Eine besondere Rolle kommt bei der RAC Mikkolas Beifahrer Arne Hertz zu: als sein Fahrer das linke Vorderrad verliert, muss Hertz auf dem Heckspoiler balancieren, um den Schwerpunkt zu verlagern. Ein 2. Platz ist Lohn der Wackelpartie und Hannu Mikkola wird Fahrerweltmeister. Das eigentliche Kunststück der Saison 1983 bleibt aber die so knappe Niederlage beim Kampf um die Meisterschaft der Marken, wo Lancia mit zwei Punkten Vorsprung den Gesamtsieg erringt. Die Schlappe war fast härter erkämpft als der Gewinn des Fahrertitels.

1984 – ALLRAD IST UNBESIEGBAR

1984 ist das Jahr des Quattro. Mit erdrückender Dominanz fährt das stärkste Audi-Team aller Zeiten seine Konkurrenz in den Staub, nie waren die Wagen besser und das Fahrer-Team stärker besetzt. Dem langen Quattro springt endlich der frisch homologierte Sport Quattro zur Seite. Kopflastig wie ein Vorschlaghammer, thermisch ein Problemfall, tückisch und nervös im Fahrverhalten, unbändig in der Motorkraft, gefährlich wie eine abgesägte Schrotflinte und ungefähr so hübsch. Gebaut, um endlich auch auf Asphalt zu gewinnen, aber trotz allem mehr als jedes andere Gruppe-B-Fahrzeug in der Serie verankert.

Längst hat Luft- und Raumfahrttechnik im Rallyesport Einzug gehalten. Im Falle eines Defekts können sich die Teams auf prompte Hilfe verlassen, ständig kreisen die Hubschrauber der Hersteller über den Wertungsprüfungen, stehen in Funkkontakt mit dem Beifahrer, beobachten das Geschehen und landen wenn nötig mit dem passenden Ersatzteil zur prompten Pannenhilfe. Per Computer werden dem Motormanagement auf die einzelnen Etappen maßgeschneiderte Programme überspielt, nur ab und an versprechen noch grobe Eingriffe Erfolg.

Unter rund zehn verschiedenen Reifenkombinationen können Fahrer und Techniker wählen und wenn rund 400 PS nicht reichen, wird bei Audi im absoluten Ernstfall der Luftfilter lahmgelegt und der Ladedruck auf 2,0 bar erhöht. „Kampf-PS" heißt das bei Audi. Anschlie-

Front gegen Heck. Die Saison 1984 entwickelt sich auch zum internen Duell zwischen Stig Blomqvist (l.) und Audi-Neuzugang Walter Röhrl.

ßend geht es so schnell voran, dass dem Piloten eine Kupplungs-Fernbedienung an die Hand gegeben wird – per Knopfdruck am Schaltknüppel aktiviert, übernimmt eine Hydraulik die Arbeit des linken Fußes und bedient das Kupplungspedal.

Zu den bewährten Kräften Mikkola/Hertz, Mouton/Pons und Blomqvist/Cederberg ist der Feind übergelaufen. Walter Röhrl und Christian Geistdörfer, die Vizeweltmeister des Vorjahres, sind endlich bei Audi gelandet. Schon für die erste WM-Saison hatte man versucht, den Langen aus Regensburg zu verpflichten. Gemeinsam mit Sport-Chef Walter Treser testete Röhrl im Wald und im Geheimen 1981 den Quattro, doch noch traute Walter Röhrl der Technik nicht und wechselte, mit einem komfortablen Fünfjahres-Vertrag in der Tasche, zu Mercedes-Benz, wo man kurz darauf das Rallye-Engagement überraschend einstellte. Das Tischtuch zwischen Audi und dem arbeitslosen Röhrl war zerschnitten und Walter Treser riet dem „bayrischen Weltmeister" doch sonst wo zu fahren, bei Audi würde es nimmer was werden.

Erst 1984 finden die enttäuschten Liebenden zueinander und mit der Zigarettenmarke HB ist ein potenter Sponsor an Bord. Im Audi-Team trifft Stig Blomqvist (37), der beste Frontantriebs-Rallyefahrer seiner Zeit, auf den besten Heckantriebs-Piloten Walter Röhrl (36). Wer beim Kampf auf vier angetriebenen Rädern gewinnen wird, ist noch offen, immerhin zeigt der durch unzählige Saab-Einsätze gestählte Blomqvist dem bayrischen Kollegen, was es heißt, mit Links zu bremsen. Der Audi Quattro zwingt seinen Fahrern eine neue Fahrweise auf. Ähnlich wie bei den klassischen Fronttrieblern Mini und Saab 99 lässt sich der Wagen nicht mit dem Gaspedal übersteuernd um die Kurve bringen. Hinzu kommt beim Audi noch die hochtourige Charakteristik des Turbomotors. Um das Heck des Quattro zum Ausschwenken zu bewegen, muss der Pilot mit dem linken

1984 stoßen Walter Röhrl und Copilot Christian Geistdörfer zu Audi.

Rallye Monte-Carlo 1984. Gleich der erste Einsatz der neuen Audi-Mannschaft wird zur eindrucksvollen Demonstration: Röhrl / Geistdörfer gewinnen die „Monte". Für den Mann aus Regensburg ist es das dritte Mal in Folge und das mit dem vierten Auto.

Fuß auf der Bremse bleiben und mit dem rechten auf dem Gaspedal Motordrehzahl, Ladedruck und Leistung hochhalten. Walter Röhrl ist überzeugt: „Das Ruder dieses Autos ist die Bremse." Das vertraute Steuer aus alten Zeiten, die Handbremse, fehlt völlig. Im Gegensatz zur Serien-Version des Audi Quattro besitzt die Rallye-Variante einen starren Durchtrieb, 400 PS sind dem Zwischendifferenzial nicht zuzumuten.

Der erste Einsatz bei der Rallye Köln-Ahrweiler endet für den Allrad-Anfänger Walter Röhrl mit einem kapitalen Abflug und erfreut dennoch die Techniker. Längere Federwege verordnet der Bayer seinem Arbeitsgerät, damit der Kontakt der Räder zum Untergrund immer gewährleistet und der Traktionsvorteil jederzeit abrufbar ist. Die Bodenfreiheit wird um 50 Millimeter erhöht und eine universelle Fahrwerksabstimmung entwickelt, die auf Asphalt wie Schnee und Schotter gleichermaßen schnell ist. Bleibt nur noch der Turbo, dessen nervös-digital ausgelegtes Temperament – viel Drehmoment und Leistung bei Drehzahlen um die 5000 Touren – den liebgewonnen Erfahrungen Röhrls aus seligen Opel-Sauger- und Lancia-Kompressor-Zeiten widerspricht. Es braucht eine Rosskur, um den Skeptiker zu überzeugen: der Audi-Versuch baut einen Dreiliter-Porsche-Motor in den Quattro. Es ist ein Test unter strengster Geheimhaltung, das Ergebnis ist eindeutig. Viel Dampf von unten, aber oben 130 PS zu wenig, sagt Walter Röhrl danach. Also doch Turbo-Üben, bis es klappt.

Anschließend ist alles wie immer: Röhrl gewinnt die Rallye Monte-Carlo. Mit dem dritten Auto zum dritten Mal in Folge. So ungefährdet ist der Sieg eines Audi Piloten bei der Monte, dass der Ladedruck der Turbolader reduziert werden kann und die Stimmung im Team sich den Witterungsbedingungen anpasst. Roland Gumpert hat den Kampf um den Sieg intern frei gegeben, am

Hunsrück-Rallye 1985. Im Vorjahr war Harald Demuth auf Audi Quattro noch Deutscher Rallyemeister geworden, 1985 läuft es bei der Hunsrück-Rallye nicht mehr so gut.

Ende ist Röhrl vorn, Mikkola und Blomqvist müssen sich hinten anstellen.

In diesem Moment ist der Audi Quattro auf seinem Zenith, kann er doch nur noch von Seinesgleichen geschlagen werden. Beim zweiten Lauf in Schweden startet Stig Blomqvist zur Siegesserie seines Lebens. Fünf Siege verbucht der Schwede in diesem Jahr auf seinem Konto, und bis er den WM-Titel in der Tasche hat, hält der Schwede an dem berechenbareren Audi Quattro A2 fest. Nach der Rallye Schweden gewinnt Blomqvist auch in Griechenland, Neuseeland, Argentinien und an der Elfenbeinküste. Gegner kennt Audi in dieser Saison, in welcher dem Autobauer als Erstem das Double aus Marken- und Fahrertitel gelingt, keine. Gekrönt wird das Jahr 1984 durch den Sieg Harald Demuths in der Deutschen Meisterschaft, die er bereits 1982 für sich entscheiden konnte.

Die Gefahr kommt aus einer ganz anderen Ecke: es sind die Zuschauer, die zum Problem werden. Die Welle der Hysterie um die Rallye-WM nähert sich ihrem Scheitelpunkt und die Kamerafahrten der Berichterstatter lassen den Zuschauern am Fernsehgerät den Atem stocken.

Was sie sehen sind Menschen, die sich allein, in Gruppen oder Massen den Fahrzeugen entgegenwerfen. Zuschauer auf der Piste, die für ein Foto oder eine gereckte Faust des Jubels Leib und Leben riskieren, während mehr als 400 PS starke Rallye-Autos wie Projektile auf sie zuschießen.

Es ist das Jahr, als der Wahnsinn beginnt, doch keiner kalkuliert ihn so kühl wie Peugeot. Das Grübeln über die finale Rallye-Waffe begann bei Peugeot bereits Ende 1981. Im Dezember gaben die Franzosen bekannt, künftig ganz groß in die Rallye-WM eingreifen zu wollen. Weg von den Arbeits-Siegen in Afrika mit der behäbigen 504-Limousine, hin zu den prestigeträchtigen Läufen in Europa mit speziell entwickeltem Wettbewerbsgerät. „Wir starten 1984, das Ziel ist der WM-Titel 1985", sagt einer, der gerade eben noch Rallye-Weltmeister war:

Schweden-Rallye 1984. Im Jahr 3 des Rallye-Engagements ist der Audi Quattro das Maß aller Dinge. Stig Blomqvist gewinnt erstmals in Schweden, wird am Ende mit fünf Gesamtsiegen Rallye-Weltmeister und Audi sichert sich den Markentitel.

Peugeot Sport-Chef Jean Todt, zuvor 15 Jahre lang als Beifahrer unterwegs und 1981 als Co von Guy Frequelin auf Talbot Sunbeam Lotus zum WM-Sieg gefahren. Aus dem Sitz des Copiloten bei der Peugeot-Tochter Talbot ist Todt in den Sportchef-Sessel der Mutter gewechselt.

In Korsika feiert der Rallye-Löwe 1984 sein Debüt. Einen Kompaktwagen mit 350 PS im turbogeladenen Hintern bringt Peugeot an den Start. Sechs Minuten liegen Fahrer Ari Vatanen und Terry Harryman im korsischen Kurvenlabyrinth bereits vorne, als ein brutaler Abflug mit Mehrfach-Überschlag das überlegene Team stoppt. Der Peugeot brennt aus, Vatanen bricht sich das Schulterblatt und die gefährliche Gruppe B bleckt erstmals die Zähne. „Er sieht nicht sehr schnell aus und fühlt sich sehr schnell an", sagt Vollgas-Finne und Peugeot-Pilot Ari Vatanen bemüht bedächtig.

In Finnland läuten Vatanen/Harryman und der 205 T16 endgültig die Neuzeit im Rallye-Sport ein. Wer wie Ari Vatanen Anfang der 70er auf Opel Ascona groß und 1981 auf Ford Escort RS Fahrer-Weltmeister geworden ist, der mag´s gern quer. Mit zwei Dritteln der Kraft an der Hinter- und einem Drittel an der Vorderachse peitscht Vatanen seinen Peugeot über die Schotterpisten und Sprungkuppen in Finnlands Wäldern, allen noch unausgegorenen Fahrwerks-Experimenten zum Trotz. „Wir haben hier zu wenig Erfahrung", sagt Jean Todt realistisch. „Ich muss mich mit dem neuen Auto erst richtig eingewöhnen", ergänzt Ari Vatanen vorsichtig.

Stig Blomqvist und Hannu Mikkola auf Audi Quattro kämpfen währenddessen mit dem Motor-Material, der eine klagt über Aussetzer, der andere über fehlendes Drehmoment bei niedrigen Drehzahlen. Nur Markku Alén kommt mit dem alten Lancia 037 noch hinterher, am Ende hat er zwei Minuten Rückstand auf Vatanen.

Der Sieg ist dem übermächtigen Quattro zwar nicht mehr zu nehmen, doch mit dem Auftauchen des Peugeot werden sich alle Beobachter schlagartig seines Alters bewusst. Ein Coupé mit vier Sitzplätzen, Kofferraum und langer Schnauze – egal ob kurz oder lang –, das ist es, was viele Teilnehmer und Fachleute mit einem Mal in ihm sehen. Im Vergleich zu seinen Gegnern ist der Gruppe B-Quattro hoffnungslos seriennah. „Die Rallye-Revolution überfährt ihre Kinder", notiert ein Experte. Und die Frage des Journalisten Norbert Haug, ob plastikummantelte Rohrrahmen-Gebilde wirklich das ideale Instrument seien, um mit 150 km/h an Bäumen vorbeizupreschen, wird kurz darauf bereits mit „Ja" beantwortet. Jean Todt: „Unser Auto verfügt über technische Lösungen, denen andere Hersteller in Zukunft folgen müssen, wenn sie gewinnen wollen."

1985 – ALLRAD HABEN ALLE

Die Drohung, die Peugeot-Sportchef Jean Todt im Vorjahr ausgesprochen hatte, erfüllen seine Fahrer schon zwölf Monate später. Bei der 1000-Seen-Rallye feiern die Franzosen ein Jahr nach der 205 T16-Premiere den Marken-Weltmeistertitel, der wegen Ansage und Dominanz fast doppelt zählt und den Timo Salonen noch mit dem Fahrertitel krönt. Salonen gewinnt auf seinem Peugeot 205 T16 Evolution 2 fünf Läufe, ohne dabei auf längeren

San Remo-Rallye 1984. Zum letzten Mal tritt Walter Röhrl in der Toskana mit einem Audi Quattro ohne viele Flügel und Spoiler an.

Etappen das Rauchen einzustellen! Keine Frage, der unauffällige, aber exzentrische und brutal effektive Finne passt in seine Zeit.

Die 1982 eingeführte Gruppe B taumelt schon jetzt ihrem Höhepunkt entgegen, trunken von der eigenen Maßlosigkeit und im Rausch der Technik. Extreme Fieberträume losgelassener Konstrukteure treten auf den Plan, MG Metro 6R4 und Lancia Delta S4 treiben die Entwicklung auf die Spitze. Zwischen 400 und 500 PS pendeln sich die PS-Zahlen ein. Bei Audi haben sie den Quattro Sport, obwohl so stark und gut wie nie, ist er den Konkurrenten kaum noch gewachsen. „Unser Ziel ist es, im Spitzensport zu bleiben. Wir haben uns langfristig dazu bekannt. Aber der Sport ist vielseitig, die Rallye nicht zwingend“, sagt Ferdinand Piëch im Frühjahr und nimmt vor seinem geistigen Auge schon die US-amerikanischen Rundstrecken ins Visier.

Die fahrerische Größe eines Walter Röhrl und Stig Blomqvist sowie der stärkste Motor im Feld halten die Ingolstädter noch in den Siegerlisten. Hoffnung schöpfen die Beteiligten erst als der Quattro S1 (respektive „Evolutionsstufe 2“) zum ersten Mal bei der Rallye Argentinien auftaucht.

Bei der San Remo-Rallye bohrt sich der Über-Audi auf immer ins akustische Gedächtnis der Zuschauer. 535 PS leistet der Fünfzylinder des S1, Aussehen und Klang erinnern mehr an ein Tier als an ein Auto. Der Ton macht die Musik und der Motor spielt die erste Geige. Mit bösem Zirpen, aggressiv auf dem Wastegate-Ventil pfeifend, springt die wahnwitzig verspoilerte S1-Version über die Kuppe wie eine der Monster-Spinnen in alten Tarantula-Filmen. Dann zwitschert er wieder, bei jedem Gangwechsel am Drehzahlbegrenzer drehend, wie ein Schwarm Wellensittiche durch die anmutigen Pinien-Alleen der Toskana.

Der S1 katapultiert sich in einer Sekunde und weniger als 6 Metern auf 40 km/h, von 0 auf 100 vergehen 2,6 Sekunden (!) und nach 10 Sekunden liegt Tempo 200 an. Selbst Walter Röhrl muss gestehen: „Im Prinzip bist Du bei diesem Auto mit dem Denken schon zu langsam.“ Und Hannu Mikkola ergänzt: „Stell Dir vor, Du stehst an einer roten Ampel und wartest auf Grün. Bei Gelb drehst Du auf 8500 hoch und bei Grün lässt Du die Kupplung los; dann geht es derart brutal vorwärts, dass Du denken könntest, eben sei Dir mit voller Wucht ein Fünftonner hinten rein gefahren – es ist gewaltig.“ Bei Testfahrten

Akropolis Rallye 1985. Ein ums andere Mal muss sich der Audi Quattro Sport S1 dem kompromisslosen Konkurrenten Peugeot 205 T16 geschlagen geben. In Griechenland werden Blomqvist / Cederberg Gesamtzweite.

in Weissach werden die Belastungen beim Bremsen und Beschleunigen im S1 gemessen: rund 1,7 g wirken jedes Mal auf die Insassen des S1, wenn dieser scharf gebremst oder voll beschleunigt wird.

Die Konkurrenz verlegt sich bei der Suche nach Leistung auf Wassereinspritzung, um die Ladeluft weiter zu kühlen, auch Audi experimentiert damit. Aber Kraft gibt es in Hülle und Fülle, was man bei Audi Sport sucht, sind Anpressdruck und Balance. Gigantische Spoiler an Front und Heck realisieren zeitweilig einen Anpressdruck von 500 Kilogramm und verbessern ebenso das Handling wie die in den Kofferraum verbannten Kühler und Pumpen. Selbst die Bremsen können bei Bedarf durch Wasseranspritzung gekühlt werden. Am Ende liegt die Gewichtsverteilung bei 52:48 (vorn : hinten), allerdings verursachen Rohre und Leitungen ein Mehrgewicht von fast 200 Kilo.

Verschiedene Differenzial-Kombinationen werden ausprobiert. Ein Viskose-Differenzial an der Vorderachse und ein Torsen-Mitteldifferenzial erweisen sich als Idealbesetzung. Dank des „Drehmoment-fühlenden" Schneckenhauses wird die Motorkraft nun verstärkt an die Hinterachse geleitet. Zum Ende der Saison hält ein halbautomatisches PDK (Porsche-Doppel-Kupplung)-Getriebe mit sechs Gängen, wie es die Stuttgarter in ihren Gruppe-C-Prototypen verwenden, Einzug in den Quattro.

Der Gang wird nur noch vorgewählt, erreicht der Motor seine maximale Leistung, schaltet das Getriebe nahezu ohne Zugkraftverlust oder Absinken des Ladedrucks automatisch hoch. „In den ersten drei Gängen kommst Du Dir vor wie in einem Aufzug, der durchsackt", sagt Christian Geistdörfer, der ohne Schaltpunkte beim Herunterbeten des Aufschriebs mehrmals aus dem Rhythmus kommt.

Nur 20 Stück der Evolutionsserie werden gebaut, am Ende der Saison geht einer der Väter dieser aus vielen Teilen bestehenden Ausgeburt, der zärtlich wie Frankenstein seine Schöpfung betrachtet haben mag: Roland Gumpert, langjähriger Teamchef und erster Ingenieur, muss von seinem Amt zurücktreten. Die Erfolglosigkeit der vergangenen Saison findet ihren Höhepunkt an der Elfenbeinküste, wo die Gerüchte nicht verstummen wollen, Audi habe Michèle Moutons maladen Wettbewerbswagen gegen ein gesünderes Trainingsfahrzeug getauscht. Dass bei Ausdauer-Rennen wie der Safari-Rallye und der Rallye Elfenbeinküste noch Fahrzeuge wie der Toyota Celica Turbo mit Heckantrieb und Starrachse gewinnen können, ist Makulatur. Der Gruppe B gehört die Welt. Noch.

1986 – ALLRAD AM ENDE

Zwei Katastrophen, unausweichlich in ihrer Entstehung, hebeln sie aus den Angeln. In Portugal rast Joaquim Santos mit seinem Ford RS200 in die Zuschauermassen, derer schon längst kein Organisator oder Weltverband mehr Herr werden kann. Kein Fahrfehler führt zu dem Unfall, sondern ein Ausweichmanöver Santos' – Zuschauer hatten auf der Piste gestanden, um ihrem Lokalmatador nahe zu sein. Drei Menschen sterben bei der Portugal-Rallye, eine Frau und zwei Kinder, 30 weitere Zuschauer werden verletzt. Den Fahrern ist es zuviel. Ein Streik der Hauptakteure beendet diesen dritten Lauf zur Rallye-WM 1986 und die FISA entscheidet, noch während die Rallye weiterläuft, die Gruppe B mit Ablauf der Saison zu verbannen. Den Rest des Jahres will man wie gehabt weiterfahren, noch glauben einige, die Bestie Gruppe B zähmen zu können.

Anfang Mai wird das Gegenteil auf schreckliche Art bewiesen. In Führung liegend kommen Henri Toivonen und Beifahrer Sergio Cresto bei der Korsika-Rallye von der Straße ab und sterben in ihrem explodierenden Lancia Delta S4. Audi nimmt bereits nach Portugal einen Abschied, den man innerlich in Ingolstadt längst vollzogen hat.

Nur zwei Podiumsplätze stehen deshalb am Ende der Saison zu Buche. Hannu Mikkola fährt mit dem Werks-Quattro S1 auf einen 3. Platz bei der Rallye Monte-Carlo und auf einem privat eingesetzten Sport Quattro werden Buffum/Wilson Dritte bei der Olympus-Rallye in den USA. Daheim in Ingolstadt steht ein Mittelmotor-Prototyp mit langem Radstand und kurzen Überhängen, eine Mischung aus einem Porsche 956 und einem Quattro S1, den die Abkehr von der Gruppe B ins Lager verbannt. Nur für den alten Quattro steht eine Großtat noch aus.

Geflügel-Schau: Kein anderer Audi Quattro ist so extrem auf Abtrieb getrimmt, wie der S1 mit dem Walter Röhrl 1987 beim „Race to the Clouds“ an den Start geht.

Flug-Schau: 600 PS leistet der Quattro-Bergrenner, ein Umluft-System hält den Turbolader ständig auf Druck, viermal wird Walter Röhrl am Berg in den 6. Gang schalten.

1987 – ALLRAD AM GIPFEL

„Irgendwann einmal, vielleicht in 20 Jahren, werden sie sich von diesem Auto erzählen. Und ich kann sagen: Toll, dass ich damals dabei war. Es war verrückt, aber oft ist gerade das Verrückte das Schönste im Leben." Walter Röhrl.

Der Gipfelsturm, „The Race to the Clouds". Pikes Peak in Colorado. Seit 1916 messen sich einmal pro Jahr Fahrer und Autos auf dem Weg in die Wolken, nach den 500 Meilen von Indianapolis dem zweitältesten Rennen des Landes. Damals brauchte der erste Bezwinger fast 21 Minuten, Touristen brauchen etwa eine halbe Stunde und unter 11 Minuten ist noch kein Rennfahrer je geblieben. 156 Kurven und Spitzkehren zählt die Strecke, verteilt auf 20 Kilometer. „Horseshoe Turn", „Engineers Corner", „Devils Playground" und „Bottomless Pit" sind die melodischen Bezeichnungen für einige der Haarsträubendsten von ihnen. Ein Golf mit zwei Turbomotoren gehört zu den Normalitäten im Feld, alles ist möglich.

1984 muss Michèle Mouton hier mit dem dramatischen PS-Verlust ihres Quattro frustriert zum Abstieg antreten und 1986 brennt der zweifache Indianapolis- und dreizehnfache Pikes Peak-Gewinner Bobby Unser mit einem Quattro S1 einen neuen Streckenrekord in den Staub des Berges. Weil die Audi-Absätze in den USA an Boden verlieren, gebärt die Marketing-Maschinerie für 1987 eine letzte, wahnwitzige Idee: mit einem ultimativen Quattro soll jetzt Großmeister Walter Röhrl zum Ende seiner Rallye-Karriere den heiligen Berg der US-amerikanischen Motorsport-Szene bezwingen. Für die nötige Motivation sorgen ein ordentliches Preisgeld und die Anwesenheit der Konkurrenz von Peugeot, die gleich mehrfach geflügelte 205 und Ari Vatanen auf den Gipfel schickt.

Walter Röhrls Fahrzeug ist auf das Wesentliche reduziert: Motorleistung und Abtrieb. 600 PS leistet das hochgezüchtete, 1000 Kilogramm leichte Fünfzylinder-Biest S1 dank des ingeniösen „Umluft-Systems", welches den Turbolader dauernd auf Druck und Tempo hält. Bei sich schließender Drosselklappe wird die Ladeluft in den Auspuff geleitet. Dort bilden Abgas und Frischluft ein explosives Gemisch, die bei der Verbrennung entstehenden Abgase donnern mit Wucht auf die Turbine, halten diese auf Drehzahl, so dass der Lader bei sich öffnender Drosselklappe sofort wieder Druck aufbauen kann. So speit der S1 Feuer und Donner, riesige Luftleitwerke – Flügel, Spoiler, Leisten, Trittbretter

– halten den Quattro am Boden. Die Bremsen sind abgespeckt, es geht ja nur bergauf.

Gemeinsam mit Ehefrau Monika fährt der Regensburger die 4302 Meter lange Strecke mehrfach im Mietwagen ab. Walter diktiert, Monika notiert. Für Röhrl wird

der Ritt auf der sandigen Lehmpiste zu einer „Fahrt ins Blaue mit 200" zu einem „Tanz auf einer Tischplatte". Walter Röhrl: „Wenn du weit nach außen kommst, fällst du einfach von der Kante, 500 Meter tief." Viermal schafft er es, den 6. Gang bis rund 200 km/h auszufahren. Mit sieben Sekunden gewinnt Walter Röhrl vor Ari Vatanen und nach 10.47:85 Minuten ist Audi mit Rekordzeit am Gipfel und der Ur-Quattro am Ende.

Die Rallye-Abteilung wird geschlossen, die neue Herausforderung liegt auf der Rundstrecke. Der letzte Rekord gebührt einer Mitwirkenden im Verborgenen: sieben Jahre hatte Ilse Schneider aus der Audi-Presseabteilung die Rallye-Ergebnisse auf ein Band gesprochen, teilweise mehrmals am Tag und auch am Wochenende. Abzuhören per Telefon unter der Ortswahl 89 36 36. Als Audi sich 1987 aus dem Rallyesport zurück zieht, waren ihre Ansagen 507.969 Mal gehört worden.

Pikes Peak 1987. Neben der Piste geht es hunderte Meter in die Tiefe. Auf dem Gipfel steht der neue Rekord: 10.47:58 Minuten brauchte der Audi Quattro bis zum Sieg in den Wolken.

Ergebnisse Rallye-WM

Akropolis-Rallye 1984

Rallye-WM 1981

Rallye Monte-Carlo (24.-30. Januar)	Ragnotti / Andrié Fréquelin / Todt Kleint / Wanger	Renault 5 Turbo Talbot Sunbeam Lotus Opel Ascona 400
Rallye Schweden (13.-15. Februar)	**Mikkola / Hertz** Vatanen / Richards Airikkala / Virtanen	**Audi Quattro** Ford Escort RS Ford Escort RS
Rallye Portugal (4.-7. März)	Alén / Kivimäki Toivonen / Gallagher Waldegaard / Thorszelius	Fiat 131 Abarth Talbot Sunbeam Lotus Toyota Celica

Safari Rallye (16.-20. April)	Mehta / Doughty Aaltonen / Drews Kirkland / Haworth	Datsun Violet GT Datsun Violet GT Datsun 160 J
Rallye Korsika (30. April-2. Mai)	Darniche / Mahé Fréquelin / Todt Pond / Grindrod	Lancia Stratos Talbot Sunbeam Lotus Datsun Violet GT
Rallye Akropolis (1.-4. Juni)	Vatanen / Richards Alén / Kivimäki Bettega / Perissinot	Ford Escort RS Fiat 131 Abarth Fiat 131 Abarth
Rallye Argentinien (18.-23. Juni)	Fréquelin / Todt Mehta / Mehta Recalde / del Buono	Talbot Sunbeam Lotus Datsun Violet GT Datsun 160 J
Brasilien Rallye (6.-8. August)	Vatanen / Richards Fréquelin / Todt de Vitta / Muzio	Ford Escort RS Talbot Sunbeam Lotus Ford Escort RS
1000-Seen-Rallye (28.-30. August)	Vatanen / Richards Alén / Kivimäki Mikkola / Hertz	Ford Escort RS Fiat 131 Abarth Audi Quattro
Rallye San Remo (5.-10. Oktober)	**Mouton / Pons** Toivonen / Gallagher Tony / Rudy	**Audi Quattro** Talbot Sunbeam Lotus Opel Ascona 400

Rallye Elfenbeinküste (26.-31. Oktober)	Salonen / Harjanne Eklund / Spjuth Mehta / Doughty	Datsun 160 Violet Toyota Celica Datsun Violet GT
Lombard RAC Rally (22.-25. November)	**Mikkola / Hertz** Vatanen / Richards Blomqvist / Cederberg	**Audi Quattro** Ford Escort RS Talbot Sunbeam Lotus

Fahrer-Weltmeister 1981

1. Ari Vatanen	96 Punkte
2. Guy Fréquelin	89 Punkte
3. Hannu Mikkola	62 Punkte

Marken-Weltmeister 1981

1. Talbot	117 Punkte
2. Datsun	113 Punkte
3. Ford	90 Punkte

Rallye-WM 1982

Rallye Monte-Carlo (16.-22. Januar)	Röhrl / Geistdörfer **Mikkola / Hertz** Thérier / Vial	Opel Ascona 400 **Audi Quattro** Porsche 911
Rallye Schweden (12.-14. Februar)	**Blomqvist / Cederberg** Vatanen / Harryman Röhrl / Geistdörfer	**Audi Quattro** Ford Escort Opel Ascona 400
Rallye Portugal (3.-6. März)	**Mouton / Pons** Eklund / Spjuth **Wittmann / Diekmann**	**Audi Quattro** Toyota Celica **Audi Quattro**
Safari Rallye (8.-12. April)	Mehta / Doughty Röhrl / Geistdörfer Kirkland / Levitan	Nissan Violet GT Opel Ascona 400 Datsun Silvia
Rallye Korsika (6.-8. Mai)	Cagnotti / Andrié Andruet / „Biche" Béguin / Lenne	Renault 5 Turbo Ferrari 308 GTB Porsche 911
Rallye Akropolis (31. Mai-1. Juni)	**Mouton / Pons** Röhrl / Geistdörfer Toivonen / Gallagher	**Audi Quattro** Opel Ascona 400 Opel Ascona 400
Rallye Neuseeland (26.-29. Juni)	Waldegaard / Thorszelius Eklund / Spjuth Röhrl / Geistdörfer	Toyota Celica Toyota Celica Opel Ascona 400
Brasilien Rallye (11.-14. August)	**Mouton / Pons** Röhrl / Geistdörfer de Vitta / Muzio	**Audi Quattro** Opel Ascona 400 Ford Escort RS

1000-Seen-Rallye (27.-29. August)	**Mikkola / Hertz** **Blomqvist / Cederberg** Airikkala / Piironen	**Audi Quattro** **Audi Quattro** Mitsubishi Lancer Turbo
Rallye San Remo (3.-8. Oktober)	**Blomqvist / Cederberg** **Mikkola / Hertz** Röhrl / Geistdörfer	**Audi Quattro** **Audi Quattro** Opel Ascona 400
Rallye Elfenbeinküste (27. Oktober-1. Nov.)	Röhrl / Geistdörfer Eklund / Spjuth Waldegaard / Thorszelius	Opel Ascona 400 Toyota Celica Toyota Celica
RAC Rally (21.-25. November)	**Mikkola / Hertz** **Mouton / Pons** Toivonen / Gallagher	**Audi Quattro** **Audi Quattro** Opel Ascona 400

Fahrer-Weltmeister 1982

1. Walter Röhrl	109 Punkte
2. Michèle Mouton	97 Punkte
3. Hannu Mikola	70 Punkte

Marken-Weltmeister 1982

1. Audi	116 Punkte
2. Opel	104 Punkte
3. Datsun	57 Punkte

Rallye-WM 1983

Rallye Monte-Carlo (22.-29. Januar)	Röhrl / Geistdörfer Alén / Kivimäki **Blomqvist / Cederberg**	Lancia Rally 037 Lancia Rally 037 **Audi Quattro**
Rallye Schweden (11.-13. Februar)	**Mikkola / Hertz** **Blomqvist / Cederberg** **Lampi / Kuukkala**	**Audi Quattro** **Audi 80 Quattro** **Audi Quattro**
Rallye Portugal (2.-5. März)	**Mikkola / Hertz** **Mouton / Pons** Röhrl / Geistdörfer	**Audi Quattro** **Audi Quattro** Lancia Rally 037
Safari Rallye (30. April-4. Mai)	Vatanen / Harryman **Mikkola / Hertz** **Mouton / Pons**	Opel Ascona 400 **Audi Quattro** **Audi Quattro**
Rallye Korsika (5.-7. Mai)	Alén / Kivimäki Röhrl / Geistdörfer Vudafieri / Pirollo	Lancia Rally 037 Lancia Rally 037 Lancia Rally 037
Rallye Akropolis (30. Mai-2. Juni)	Röhrl / Geistdörfer Alén / Kivimäki **Blomqvist / Cederberg**	Lancia Rally 037 Lancia Rally 037 **Audi Quattro**

Korsika-Rallye 1983

Rallye Neuseeland (25.-28. Juni)	Röhrl / Geistdörfer Salonen / Harjanne Bettega / Perissinot	Lancia Rally 037 Nissan 240 RS Lancia Rallye 037
Rallye Argentinien (2.-6. August)	**Mikkola / Hertz** **Blomqvist / Cederberg** **Mouton / Pons**	**Audi Quattro** **Audi Quattro** **Audi Quattro**
1000-Seen-Rallye (26.-28. August)	**Mikkola / Hertz** **Blomqvist / Cederberg** Alén / Kivimäki	**Audi Quattro** **Audi Quattro** Lancia Rally 037
Rallye San Remo (2.-8. Oktober)	Alén / Kivimäki Röhrl / Geistdörfer Bettega / Perissinot	Lancia Rally 037 Lancia Rally 037 Lancia Rally 037
Rallye Elfenbeinküste (25.-30. Oktober)	Waldegaard / Thorszelius **Mikkola / Hertz** Eklund / Spjuth	Toyota Celica Turbo **Audi Quattro** Toyota Celica Turbo

RAC Rally (19.-23. November)	**Blomqvist / Cederberg** **Mikkola / Hertz** McRae / Grindrod	**Audi Quattro** **Audi Quattro** Opel Ascona 400

Fahrer-Weltmeister 1983

1. Hannu Mikkola	125 Punkte
2. Walter Röhrl	102 Punkte
3. Markku Alén	100 Punkte

Marken-Weltmeister 1983

1. Lancia	118 Punkte
2. Audi	116 Punkte
3. Opel	87 Punkte

Safari-Rallye 1984

Rallye-WM 1984

Rallye Monte-Carlo	**Röhrl / Geistdörfer**	**Audi Quattro**
(21.-27. Januar)	**Mikkola / Hertz**	**Audi Quattro**
	Blomqvist / Cederberg	**Audi Quattro**
Rallye Schweden	**Blomqvist / Cederberg**	**Audi Quattro**
(10.-12. Februar)	**Mouton / Pons**	**Audi Quattro**
	Eklund / Whittock	**Audi Quattro**
Rallye Portugal	**Mikkola / Hertz**	**Audi Quattro**
(6.-11. März)	Alén / Kivimäki	Lancia Rally 037
	Bettega / Perissinot	Lancia Rally 037
Safari Rallye	Waldegaard / Thorszelius	Toyota Celica Turbo
(19.-23. April)	Aaltonen / Drews	Opel Manta 400
	Mikkola / Hertz	**Audi Quattro**
Rallye Korsika	Alén / Kivimäki	Lancia Rally 037
(3.-5. Mai)	Biasion / Siviero	Lancia Rally 037
	Ragnotti / Thimonier	Renault 5 Turbo
Rallye Akropolis	**Blomqvist / Cederberg**	**Audi Quattro**
(26.-31. Mai)	**Mikkola / Hertz**	**Audi Quattro**
	Alén / Kivimäki	Lancia Rally 037
Rallye Neuseeland	**Blomqvist / Cederberg**	**Audi Quattro**
(23.-26. Juni)	Alén / Kivimäki	Lancia Rally 037
	Mikkola / Hertz	**Audi Quattro**

Safari-Rallye 1984

Rallye	Fahrer	Fahrzeug
Rallye Argentinien	**Blomqvist / Cederberg**	**Audi Quattro**
(27. Juli-1. August)	**Mikkola / Hertz**	**Audi Quattro**
	Recalde / del Buono	**Audi Quattro**
1000-Seen-Rallye	Vatanen / Harryman	Peugeot 205 T16
(26.-28. August)	Alén / Kivimäki	Lancia Rally 037
	Toivonen / Piironen	Lancia Rally 037
Rallye San Remo	Vatanen / Harryman	Peugeot 205 T16
(30. September-5. Okt.)	Bettega / Perissinot	Lancia Rally 037
	Biasion / Siviero	Lancia Rally 037
Rallye Elfenbeinküste	**Blomqvist / Cederberg**	**Audi Quattro**
(31. Oktober-4. Nov.)	**Mikkola / Hertz**	**Audi Quattro**
	Mehta / Combes	Nissan 240 RS
RAC Rally	Vatanen / Harryman	Peugeot 205 T16
(25.-29. November)	**Mikkola / Hertz**	**Audi Quattro**
	Eklund / Whittock	Toyota Celica Turbo

Fahrer-Weltmeister 1984

1. Stig Blomqvist — 125 Punkte
2. Hannu Mikkola — 104 Punkte
3. Markku Alén — 90 Punkte

Marken-Weltmeister 1984

1. Audi — 120 Punkte
2. Lancia — 108 Punkte
3. Peugeot — 74 Punkte

Akropolis-Rallye 1984

Rallye-WM 1985

Rallye Monte-Carlo (26. Januar-1. Februar)	Vatanen / Harryman	Peugeot 205 T16
	Röhrl / Geistdörfer	**Audi Quattro Sport**
	Salonen / Harjanne	Peugeot 205 T16
Rallye Schweden (15.-17. Februar)	Vatanen / Harryman	Peugeot 205 T16
	Blomqvist / Cederberg	**Audi Quattro Sport**
	Salonen / Harjanne	Peugeot 205 T16
Rallye Portugal (6.-9. März)	Salonen / Harjanne	Peugeot 205 T16
	Biasion / Siviero	Lancia Rally 037
	Röhrl / Geistdörfer	**Audi Quattro Sport**
Safari Rallye (4.-8. April)	Kankkunen / Gallagher	Toyota Celica Turbo
	Waldegaard / Thorszelius	Toyota Celica Turbo
	Kirkland / Levitan	Nissan 240 RS

Rallye Korsika (2.-4. Mai)	Ragnotti / Thimonier Saby / Fauchille Béguin / Lenne	Renault 5 Maxi Turbo Peugeot 205 T16 Porsche 911 SC RS
Rallye Akropolis (27.-30. Mai)	Salonen / Harjanne **Blomqvist / Cederberg** Carlsson / Melander	Peugeot 205 T16 **Audi Quattro Sport** Mazda RX-7
Rallye Neuseeland (29. Juni-2. Juli)	Salonen / Harjanne Vatanen / Harryman **Röhrl / Geistdörfer**	Peugeot 205 T16 Peugeot 205 T16 **Audi Quattro Sport**
Rallye Argentinien (30. Juli-3. August)	Salonen / Harjanne **Wiedner / Zehetner** Reutemann / Fauchille	Peugeot 205 T16 **Audi Quattro** Peugeot 205 T16
1000-Seen-Rallye (23.-25. August)	Salonen / Harjanne **Blomqvist / Cederberg** Alén / Kivimäki	Peugeot 205 T16 **Audi Quattro Sport S1** Lancia Rally 037
Rallye San Remo (29. September-4. Okt.)	**Röhrl / Geistdörfer** Salonen / Harjanne Toivonen / Piironen	**Audi Quattro Sport S1** Peugeot 205 T16 Lancia Rally 037

San Remo-Rallye 1985

Rallye Elfenbeinküste (30. Oktober-3. Nov.)	Kankkunen / Gallagher Waldegaard / Thorszelius Ambrosine / Le Saux	Toyota Celica Turbo Toyota Celica Turbo Nissan 240 RS
RAC Rally (24.-28. November)	Toivonen / Wilson Alén / Kivimäki Pond / Arthur	Lancia Delta S4 Lancia Delta S4 MG Metro 6R4

Fahrer-Weltmeister 1985

1. Timo Salonen	127 Punkte
2. Stig Blomqvist	75 Punkte
3. Walter Röhrl	59 Punkte

Marken-Weltmeister 1985

1. Peugeot	142 Punkte
2. Audi	126 Punkte
3. Lancia	70 Punkte

Rallye-WM 1986

Rallye Monte-Carlo (18.-24. Januar)	Toivonen / Cresto Salonen / Harjanne **Mikkola / Hertz**	Lancia Delta S4 Peugeot 205 T16 **Audi Quattro Sport S1**
Rallye Schweden (14.-16. Februar)	Kankkunen / Piironen Alén / Kivimäki Grundel / Melander	Peugeot 205 T16 E2 Lancia Delta S4 Ford RS200
Rallye Portugal (5.-8. März)	Moutinho / Fortes Bica / Junior Del Zoppo / Roggia	Renault 5 Turbo Lancia Rally 037 Fiat Uno Turbo
Safari Rallye (29. März-2. April)	Waldegaard / Gallagher Thorp / Thorszelius Alén / Kivimäki	Toyota Celica Turbo Toyota Celica Turbo Lancia Rally 037
Rallye Korsika (1.-3. Mai)	Saby / Fauchille Chatriot / Périn Loubet / Andrié	Peugeot 205 T16 E2 Renault 5 Maxi Turbo Alfa Romeo GTV 6
Rallye Akropolis (2.-4. Juni)	Kankkunen / Piironen Biasion / Siviero Saby / Fauchille	Peugeot 205 T16 E2 Lancia Delta S4 Peugeot 205 T16 E2
Rallye Neuseeland (5.-8. Juli)	Kankkunen / Piironen Alén / Kivimäki Biasion / Siviero	Peugeot 205 T16 E2 Lancia Delta S4 Lancia Delta S4
Rallye Argentinien (6.-9. August)	Biasion / Siviero Alén / Kivimäki Blomqvist / Berglund	Lancia Delta S4 Lancia Delta S4 Peugeot 205 T16 E2

1000-Seen-Rallye (5.-7. September)	Salonen / Harjanne Kankkunen / Piironen Alén / Kivimäki	Peugeot 205 T16 E2 Peugeot 205 T16 E2 Lancia Delta S4
Rallye Elfenbeinküste (24.-27. September)	Waldegaard / Gallagher Thorp / Thorszelius Weber / Ranger	Toyota Celica Turbo Toyota Celica Turbo Toyota Celica Turbo
Rallye San Remo (13.-17. Oktober)	Alén / Kivimäki Cerrato / Cerri Biasion / Siviero	Lancia Delta S4 Lancia Delta S4 Lancia Delta S4
RAC Rally (16.-19. November)	Salonen / Harjanne Alén / Kivimäki Kankkunen / Piironen	Peugeot 205 T16 E2 Lancia Delta S4 Peugeot 205 T16 E2
Olympus Rallye (USA) (4.-7. Dezember)	Alén / Kivimäki Kankkunen / Piironen **Buffum / Wilson**	Lancia Delta S4 Peugeot 205 T16 E2 **Audi Quattro Sport**

Fahrer-Weltmeister 1986

1. Juha Kankkunen	118 Punkte
2. Markku Alén	104 Punkte
3. Timo Salonen	63 Punkte

Marken-Weltmeister 1986

1. Peugeot	137 Punkte
2. Lancia	122 Punkte
3. Volkswagen	65 Punkte

Produktionszahlen

Produktionszahlen Audi quattro / Sport quattro (1980–91)

	quattro	Sport quattro
1980	292	
1981	1956	
1982	1935	
1983	1455	
1984	1567	101
1985	1530	107
1986	774	4
1987	435	
1988	610	
1989	462	
1990	413	
1991	23	

Quelle: Audi AG

Lieferbare Ausstattungen und Farben Jahrgang 1981

Audi Quattro. Seine Sitzbezüge und Farben.

Sitzbezüge, Zebra-Streifen-Velours.

Negro GE

Außenlackierungen.

Venusrot G3

Heliosblaumetallic W5

Saturnmetallic Y3

Diamantsilbermetallic Z4

Audi Quattro. Seine entscheidenden Daten.

	Audi Quattro
Motor-Bauart:	Fünfzylinder-Reihenmotor
Gemischaufbereitung:	Einspritzanlage mit Abgas-Turboaufladung und Ladeluftkühlung
Hubraum:	2,2 Liter (2144 cm^3)
Leistung:	147 kW (200 PS nach DIN) bei 5500/min.
Größtes Drehmoment:	285 Nm bei 3500/min.
Elektrische Anlage:	12 V/63-Ah-Batterie, Drehstromgenerator 90 A max. Vollelektronische Transistorzündung mit Ladelufttemperatur- und Kennfeldsteuerung.
Getriebe:	Vollsynchronisiertes Fünfgang-Schaltgetriebe mit integriertem Vorderachsdifferential. Zusätzlich mit sperrbarem Zwischendifferential zum Ausgleich zwischen Vorder- und Hinterachsantrieb. Das sperrbare Hinterachsdifferential wird über eine Kardanwelle angetrieben.
Hochleistungsfahrwerk:	Federung: vorn und hinten durch Federbeine mit Schraubenfedern und integrierten Teleskopstoßdämpfern. Vorn und hinten Querstabilisatoren. Radführung: Einzelradaufhängung vorn und hinten durch Federbeine und untere Dreiecks-Querlenker, dabei vorn mit spurstabilisierendem Lenkrollradius. Bremsanlage: Zweikreis-Bremsanlage mit Bremskreisaufteilung vorn und hinten. Scheibenbremsen vorn und hinten, dabei vorn belüftet. Hydraulischer Bremskraftverstärker und druckabhängiger Bremskraftregler.
Lenkung:	Hydraulisches Servo-Lenksystem, Sicherheitslenksäule.
Räder/Reifen:	Leichtmetall-Räder 6 J x 15/Reifen 205/60 VR 15
Höchstgeschwindigkeit:	Über 220 km/h
Beschleunigung bei halber Nutzlast:	0-80 km/h: 4,9 Sekunden 0-100 km/h: 7,1 Sekunden
Kraftstoffverbrauch nach DIN:	Kraftstoffverbrauch, gemessen nach DIN 70030 v. 7/78 (der die ECE-Empfehlung A 70 zugrunde liegt). Bei Messung des Stadtzyklus wird üblicher Stadtfahrbetrieb simuliert. Die Messung mit 90 km/h und 120 km/h erfolgt bei konstanter Prüfgeschwindigkeit. Je nach Fahrweise, Straßen- und Verkehrsverhältnissen, Umwelteinflüssen und Fahrzeugzustand werden sich in der Praxis Werte ergeben, die von den in dieser Norm ermittelten Werten abweichen. - bei Stadtzyklus: 15,7 Liter 100/km (Superbenzin) - bei 90 km/h: 7,9 Liter/100 km - bei 120 km/h: 10,4 Liter/100 km
Abmessungen:	Radstand 2524 mm, Spurweite vorn/hinten 1421/1458 mm, größte äußere Länge/Breite/Höhe 4404/1723/1344 mm, kleinste Bodenfreiheit 135 mm, Wendekreisdurchmesser ca. 11,3 m.
Gewichte:	Leergewicht 1300 kg, zul. Gesamtgewicht 1760 kg, zul. Achslast vorn/hinten 980/950 kg **Hinweis:** Durch Mehrausstattungen kann sich das Leergewicht des Fahrzeuges erhöhen, wodurch die mögliche Nutzlast entsprechend verringert wird.
Zul. Anhängelasten, gebremst/ungebremst:	1400/680 kg **Hinweis:** Mit zunehmender Höhe verringert sich zwangsläufig die Motorleistung. Ab 1000 m über Meereshöhe und je weitere 1000 m sind jeweils 10% von dem Gespanngewicht (zul. Anhängelast und zul. Gesamtgewicht des Zugfahrzeuges) abzuziehen.
Gepäckrauminhalt:	Nach üblicher Messung mit Kugeln von 50 mm Durchmesser 390 Liter.

Wichtige Ausstattungsdetails:

Außenausstattung
- 2türige Ausführung
- Bronzegetönte Rundum-Verglasung, dabei Windschutzscheibe in Verbundglas mit grünem Colorstreifen am oberen Rand
- Flexible Front- und Heckschürzen bis zu den Radausschnitten herumgezogen
- Voluminöse, mit Kunststoff ummantelte Stoßfänger, in Front- und Heckschürze integriert
- Flexibler Frontspoiler, an Kunststoffschürze angeformt
- Heckspoiler auf Gepäckraumklappe
- Doppel-Halogen-Rechteckscheinwerfer
- Scheinwerfer-Reinigungsanlage
- Halogen-Nebelscheinwerfer, in Stoßfänger integriert
- Nebelschlußleuchte in Heckleuchtband integriert
- Rückfahrleuchten
- Außenspiegel auf Fahrer- und Beifahrerseite elektrisch beheizbar und einstellbar
- Seitliche Markierungsleuchten
- Leichtmetall-Räder
- Zierleisten am Fenster und an der Regenrinne matt schwarz
- Zwei Zierstreifen, umlaufend um Fahrzeug in Höhe Stoßfänger und Fahrzeugunterkante
- Rotes Leuchtband zwischen den Heckleuchten

Innenausstattung
- Luxuriöse Stoff-Sitzbezüge
- Sportsitze vorn, hintere Sitzbank mit eingeformten Sitzplätzen
- Fahrersitz höhenverstellbar
- Kopfstützen vorn und hinten
- Sicherheitsgurte für alle fünf Sitzplätze
- Luxuriöse Fußraumauskleidung
- Luxuriöse Dachverkleidung mit Stoffeinlagen
- Tür- und Seitenverkleidungen mit Stoffeinlagen und Ablage
- Vierspeichen-Sportlenkrad, lederbezogen
- Schalthebelknopf, lederbezogen
- Schalthebelstulpe, Leder
- Handbremshebelverkleidung
- Mittelkonsole
- Armaturentafel mit reichhaltiger Instrumentierung u.a. Drehzahlmesser, Zeituhr und Ladedruckanzeige
- Blendschutz an Instrumententräger
- Kombiniertes Belüftungs- und Heizungssystem mit 3stufigem Heiz-/Frischluftgebläse

Sonstige Ausstattungsdetails
- Servolenkung
- Sperrbares Zwischendifferential und Hinterachsdifferential
- Vollverkleideter Gepäckraum
- Separate Gepäckraumleuchte
- Doppeltonhorn-Anlage
- Unterbodenschutz
- Hohlraumversiegelung
- Edelstahl-Auspuffanlage mit Doppel-Endrohr
- Platzsparendes Reserverad

Mehrausstattungen gegen Aufpreis
- Lederausstattung
- Elektrisch beheizbare Vordersitze
- Zentralverriegelung für Türen und Gepäckraum
- Geschwindigkeitsregelanlage
- Heckscheibenwischer mit Waschanlage
- Wärmeschutzverglasung rundum grün
- Leichtmetall-Räder 7 J x 15
- Ausstelldach
- Elektrische Fensterheber
- Make-up-Spiegel, beleuchtet
- komplette Stereo-Radioanlagen mit Cassettenbetrieb und elektronischer Heckantenne

Wenn Sie weitere spezielle Ausstattungswünsche haben – Ihr V.A.G Partner berät Sie gern.

Die Angaben über Lieferumfang, Aussehen, Leistungen, Maße und Gewicht, Kraftstoffverbrauch und Betriebskosten der Fahrzeuge entsprechen den zum Zeitpunkt der Drucklegung vorhandenen Kenntnissen. Sie können sich bis zum Fahrzeugkauf ändern. Ihr V.A.G Partner wird Sie gern über etwaige Änderungen informieren.

Technische Daten und Ausstattung.

	Audi Quattro
Motor-Bauart	Fünfzylinder-Reihenmotor
Gemischaufbereitung	Mechanische Einspritzanlage Abgas-Turboaufladung und Ladeluftkühlung
Hubraum	2,2 Liter (2144 cm³)
Leistung	147 kW (200 PS) nach DIN bei 5500/min
Größtes Drehmoment	285 Nm bei 3500/min
Elektrische Anlage	12 V/63-Ah-Batterie, Drehstromgenerator 90 A max., vollelektronische Transistorzündung mit Ladelufttemperatur- und Kennfeldsteuerung
Getriebe	Vollsynchronisiertes Fünfgang-Schaltgetriebe mit integriertem Vorderachsdifferential. Zusätzlich mit sperrbarem Zwischendifferential zum Ausgleich zwischen Vorder- und Hinterachsantrieb. Das sperrbare Hinterachsdifferential wird über eine Kardanwelle angetrieben.
Hochleistungsfahrwerk	Federung: vorn und hinten durch Federbeine mit Schraubenfedern und integrierten Teleskopstoßdämpfern. Querstabilisator vorn. Radführung: Einzelradaufhängung vorn und hinten durch Federbeine und untere Dreiecks-Querlenker. Spurstabilisierender Lenkrollradius an der Vorderachse. Bremsanlage: Zweikreis-Bremsanlage mit Bremskreisaufteilung vorn und hinten. Scheibenbremsen vorn und hinten, vorn belüftet. Hydraulischer Bremskraftverstärker und druckabhängiger Bremskraftregler.
Lenkung	Servolenkung, Sicherheitslenksäule mit Ausklinkelement
Räder/Reifen	Leichtmetall-Räder 6 J x 15/Reifen 205/60 VR 15
Höchstgeschwindigkeit	Über 220 km/h
Beschleunigung bei halber Nutzlast	0–80 km/h: 4,7 Sekunden 0–100 km/h: 7,1 Sekunden
Kraftstoffverbrauch nach DIN	Kraftstoffverbrauch, gemessen nach DIN 70030, Teil 1, v. 7/78. Bei Messung des Stadtzyklus wird üblicher Stadtfahrbetrieb simuliert. Die Messung mit 90 km/h und 120 km/h erfolgt bei konstanter Prüfgeschwindigkeit. **Hinweis:** Je nach Fahrweise, Straßen- und Verkehrsverhältnissen, Umwelteinflüssen und Fahrzeugzustand können sich in der Praxis Verbrauchswerte ergeben, die von den in dieser Norm ermittelten Werten abweichen. – bei 90 km/h: 7,7 Liter/100 km – bei 120 km/h: 9,9 Liter/100 km – bei Stadtzyklus: 15,4 Liter/100 km (Superbenzin)
Abmessungen	Radstand 2524 mm, Spurweite vorn/hinten 1421/1457 mm, größte äußere Länge/Breite/Höhe 4349/1723/1345 mm, kleinste Bodenfreiheit 135 mm, Wendekreisdurchmesser ca. 11,3 m Komfortmaß 1898 mm x Ellbogenbreite 1378 mm = Sitzraumfläche 2,62 m²
Gewichte	Leergewicht 1300 kg, zul. Gesamtgewicht 1760 kg, zul. Achslast vorn/hinten 980/950 kg **Hinweis:** Durch Mehrausstattungen kann sich das Leergewicht des Fahrzeuges erhöhen, wodurch die mögliche Nutzlast entsprechend verringert wird.
Zul. Anhängelasten, gebremst/ungebremst	1400/560 kg **Hinweis:** Mit zunehmender Höhe verringert sich zwangsläufig die Motorleistung. Ab 1000 m über Meereshöhe und je weitere 1000 m sind jeweils 10% von dem Gespanngewicht (zul. Anhängelast und zul. Gesamtgewicht des Zugfahrzeuges) abzuziehen.
Gepäckrauminhalt	Nach üblicher Messung mit Kugeln von 50 mm Durchmesser 383 Liter VDA-Quadermessung 330 Liter

14

Außenausstattung
Metallic-Lackierung
Verbundglas-Windschutzscheibe mit grünem Colorstreifen
Großer integrierter Frontspoiler
In Front- und Heckschürze integrierter kunststoffummantelter Stoßfänger
Leichtmetallräder
Doppelter umlaufender Dekorstreifen
Blanke Zierleiste ober- und unterhalb des Kühlergrills
Schwarze Regenrinnenzierleisten
Schwarze Tür- und Seitenfenster-Rahmen
Zierblende zwischen den Heckleuchten
Heckspoiler
Luftleitschaufel auf dem Scheibenwischerarm der Fahrerseite
Seitliche Zusatzblinkleuchte
Rotes Leuchtband mit Schriftzug „Coupé“ zwischen den Heckleuchten

Innenausstattung
Stoffsitzbezüge in Quattro-Velours
Lederbezogenes 4-Speichen-Sportlenkrad
Sportsitze vorn
Liegesitzeinrichtung für Fahrer und Beifahrer
Höhenverstellbarer Fahrersitz
Verstellbare Rahmenkopfstützen für Vordersitze
Ausgeformte Rücksitzbank mit im Kopfraumbereich angeformter Rücksitzlehne
Dreipunkt-Automatic-Sicherheitsgurte für Vordersitze
2 Dreipunkt-Automatic-Sicherheitsgurte und 1 statischer Beckengurt für Rücksitzplätze
Vordersitzlehnenverriegelung
Formteilhimmel mit Stoffeinlagen
Abblendbarer Sicherheitsinnenspiegel
Klapp- und schwenkbare Sonnenblenden mit beleuchtetem Make-up-Spiegel auf der Beifahrerseite
Ablagefach auf Fahrerseite
Abschließbarer Ablagekasten auf der Beifahrerseite mit Beleuchtung
In den hinteren Armlehnen integrierte Ablagen
Mittelkonsole
Türablagekästen
1 Ascher vorn mit Leuchtkennzeichnung,
1 Ascher hinten rechts
Beifahrerhaltegriff
Haltegriffe hinten mit Kleiderhaken
Türarmlehnen mit integriertem Griffbügel
Tür- und Seitenverkleidungen mit Stoffeinlage und Zierleiste oben und unten
Verkleidung der Tür- und Fensterbrüstungen
Verkleidung aller Dachpfosten
Fußraumauskleidung mit Trittschutz auf der Fahrerseite
Gepäckraumauskleidung
Schwarze Schutzleiste für Türeinstieg

Funktionsausstattung
Halogen-Hauptscheinwerfer
Integrierte Halogen-Nebelscheinwerfer
2 Rückfahrleuchten
Nebelschlußleuchte
Beheizbare Heckscheibe
Zweistufenschaltung und Tipp-Wisch-Kontakt für Scheibenwischer
Elektrische Scheibenwaschanlage
Scheibenwischer-Intervallschaltung und Wasch-Wisch-Automatic
Scheinwerfer-Reinigungsanlage
Abschließbarer Tankdeckel
Kombiniertes Belüftungs- und Heizungssystem mit 3stufigem Gebläse, Fußraumausströmern und einstellbaren Ausströmern in der Armaturentafel
Defrosterdüsen für die Windschutzscheibe und die Seitenscheiben
Zwangsentlüftung
Elektronisches Kombiinstrument mit
Tachometer, Kilometerzähler, Tageskilometerzähler, Zeituhr, Drehzahlmesser, Kraftstoffvorratsanzeige, Temperaturanzeige für Kühlflüssigkeit
Kontrolleuchten für Generator, Öldruck, Blinkleuchten, Fernlicht, Ladedruckanzeige, angezogene Handbremse und Bremsflüssigkeitsstand
Bordcomputer mit Abfragemöglichkeit der Uhrzeit, Fahrzeit, Durchschnittsgeschwindigkeit, Durchschnittskraftstoffverbrauch, Momentanverbrauch, Reichweite
Check-System mit akustischem Hinweis zur Überwachung von Betriebszuständen
Warnblinkanlage
Parklichtschaltung
Regelbare Instrumentenbeleuchtung
Leuchtkennzeichnung der Schalter sowie der Heizungs- und Frischluftbetätigung
Zigarettenanzünder in Mittelkonsole mit Leuchtkennzeichnung
1 Innenleuchte mit Kontaktschalter an Fahrer- und Beifahrertür
Separate Gepäckraumbeleuchtung
Elektrisch einstell- und beheizbarer Außenspiegel auf Fahrer- und Beifahrerseite
Servolenkung
Doppeltonhorn
Dauerschutzkonservierung für Unterboden und Radhäuser
Hohlraumkonservierung
Sperrbares Zwischen- und Hinterachsdifferential
Edelstahl-Auspuffanlage mit Doppelendrohr
Schalthebelknopf und -stulpe in Leder
Platzsparendes Reserverad

Extras gegen Mehrpreis
Elektrisch beheizbare Vordersitze
Zentralverriegelung für Türen
Geschwindigkeitsregelanlage
Heckscheiben-Wasch- und Wischanlage
Grüne Wärmeschutzverglasung
Leichtmetall-Räder 7 J x 15
Herausnehmbares Ausstelldach
Elektrische Fensterheber
Komplette Stereo-Radioanlagen mit Cassettenbetrieb und elektronischer Heckantenne
Leder-Innenausstattung (Sitze, Tür- und Seitenverkleidungen)
Klimaanlage (in Verbindung mit Wärmeschutzverglasung)

Wenn Sie weitere spezielle Ausstattungswünsche haben – Ihr V.A.G Partner berät Sie gern.

Wichtiger Hinweis:
Der technische Fortschritt ermöglicht es, den bisherigen Grund-Service bei 1000 km entfallen zu lassen. Erst nach 6 Monaten oder spätestens 7500 km ist ein Grund-Service fällig, wobei nur Öl und Material berechnet werden.
Darüber hinaus entfällt der Zwischenservice bei 22500 km, 37500 km usw.

Sitzbezüge und Farben.

Serienmäßiger Sitzbezug, Quattro-Velours.
Negro GE

Leder-Sitzbezüge gegen Mehrpreis.
Negro TK
Sierra TN

Im Druck können die Farbtöne nicht so genau wiedergegeben werden wie im Original. Das gilt für die Lackierung wie für die Polsterung. Die Original-Lack- und Stoffmuster hat Ihr V.A.G Partner.

Serienmäßige Außenlackierungen.
Marsrot G6
Alpinweiß P1
Zermattsilber metallic L1
Montegoschwarz metallic L3
Amazonasblau metallic L6
Portorosé metallic L8

15

Lieferbare Ausstattungen und Farben Jahrgang 1982

Lieferbare Ausstattungen und Farben Jahrgang 1983

Technische Daten und Ausstattung.

Motor	Vorn angeordneter 5-Zylinder-Reihenmotor. 6fach gelagerte Kurbelwelle. Leichtmetall-Zylinderkopf. Ventilsteuerung über Zahnriemen durch obenliegende Nockenwelle und Tassenstößel. Ölkühler. Flüssigkeitskühlung als geschlossenes Überdrucksystem mit Pumpe, Kühler, Ausgleichbehälter und elektrisch angetriebenem, thermostatisch geregeltem Kühlventilator. Mechanisch gesteuerte Kraftstoff-Einspritzanlage. Abgas-Turbolader mit Ladeluftkühlung. Elektronisch gesteuerte Leerlaufstabilisierung. Vollelektronische Transistorzündung mit Ladelufttemperatur- und Kennfeldsteuerung (VEZ). Longlife-Zündkerzen.	**Lenkung**	Servolenkung. Sicherheitslenksäule mit Ausklinkelement.
		Räder/Reifen	4 Leichtmetallräder 8 J x 15. Stahlgürtelreifen 215/50 VR 15, platzsparendes Notrad 4 J x 15
		Aufbau	Selbsttragende Ganzstahlkarosserie mit Verformungszonen vorn und hinten.
		Höchstgeschwindigkeit	222 km/h
		Beschleunigung bei halber Nutzlast	0– 80 km/h: 4,7 Sekunden 0–100 km/h: 7,1 Sekunden
Hubraum	2,2 Liter (2144 cm³), Verdichtung 7,0	**Kraftstoffverbrauch** nach DIN 70030 Teil 1 von 7/78 Superbenzin mind. 98 ROZ	bei 90 km/h: 7,7 Liter/100 km bei 120 km/h: 9,9 Liter/100 km im Stadtzyklus: 15,4 Liter/100 km **Hinweis:** Je nach Fahrweise, Straßen- und Verkehrsverhältnissen, Umwelteinflüssen und Fahrzeugzustand können sich in der Praxis Verbrauchswerte ergeben, die von den nach dieser Norm ermittelten Werten abweichen.
Leistung	147 kW (200 PS) nach DIN bei 5500/min		
Max. Drehmoment	285 Nm bei 3500 min		
Elektrische Anlage	12-Volt-System mit Drehstromgenerator 90 A und wartungsarmer Batterie 300 A (63 Ah). Zentralelektrik.		
Kraftübertragung	Permanenter Allradantrieb über Einscheiben-Trockenkupplung mit hydraulischer Betätigung, vollsynchronisiertes Fünfgang-Schaltgetriebe, sperrbares Zwischendifferential (zum Ausgleich zwischen Vorder- und Hinterachsantrieb) auf integriertes Vorderachsdifferential und über Kardanwelle auf sperrbares Hinterachsdifferential.	**Abmessungen**	Radstand 2524 mm, Spurweite vorn/hinten 1461/1494 mm, Länge/Breite/Höhe 4404/1723/1344 mm, Bodenfreiheit 115 mm, Wendekreis ca. 11,3 m, Komfortmaß/Ellenbogenbreite 1870/1378 mm, Sitzraumfläche 2,57 m²
Hochleistungs-Fahrwerk	Federung: vorn und hinten durch Federbeine mit Schraubenfedern und Teleskopstoßdämpfern – alle Elemente in Federbeinen kombiniert. Stabilisator vorn und hinten. Radführung: vorn und hinten durch Federbeine und untere Dreiecksquerlenker. Bremsanlage: Zweikreis-Bremsanlage mit Bremskreisaufteilung vorn und hinten. Scheibenbremsen vorn und hinten, vorn innenbelüftet. Bremskraftverstärker. Bremskraftregler. Anti-Blockier-System (ABS).	**Gewichte**	Leergewicht 1300 kg, zul. Gesamtgewicht 1760 kg, zul. Achslasten vorn/hinten 980/950 kg, Dachlast 75 kg **Hinweis:** Durch Extras kann sich das Leergewicht des Fahrzeuges erhöhen, wodurch die mögliche Nutzlast entsprechend verringert wird.
		Zulässige Anhängelasten	1500 kg gebremst bei 12% Steigung, 600 kg ungebremst
		Kraftstoffbehältervolumen	90 Liter
		Gepäckraumvolumen	390 Liter nach Kugelmessung, 330 Liter nach VDA-Quadermessung

Außenausstattung
Verbundglas-Windschutzscheibe mit grünem Colorstreifen
In Front- und Heckschürze integrierte Stoßfänger
Front- und Heckspoiler
4 Leichtmetallräder
Edelstahl-Abgasanlage mit Doppelendrohr
Schwarz getöntes Leuchtband und Heckleuchten

Innenausstattung
Stoffsitzbezüge in Eton-Flanell
Gepolsterte Armaturentafel
4-Speichen-Sicherheitslenkrad mit lederbezogenem Lenkradkranz
Abblendbarer Sicherheitsinnenspiegel
Klapp- und schwenkbare Sonnenblenden mit beleuchtetem Make-up-Spiegel auf der Beifahrerseite
Ablagefach auf der Fahrerseite
Ablagefächer in den hinteren Seitenverkleidungen
Abschließbarer Ablagekasten auf der Beifahrerseite
1 Ascher vorn, 1 Ascher hinten rechts
Liegesitzeinrichtung für Fahrer und Beifahrer
Sportsitze vorn
Höheneinstellbarer Fahrersitz
Einstellbare Rahmenkopfstützen für die Vordersitze
Dreipunkt-Automatic-Sicherheitsgurte für die Vordersitze
2 Dreipunkt-Automatic-Sicherheitsgurte und 1 statischer Beckengurt für die Rücksitzplätze
Türablagekästen
Ausgeformte Rücksitzbank mit im Kopfraumbereich angeformter Rücksitzlehne

Funktionsausstattung
Halogen-Hauptscheinwerfer mit integriertem Fernlicht-Zusatzstrahler
Servolenkung
Anti-Blockier-System (ABS)
Halogen-Nebelscheinwerfer
2 Rückfahrleuchten
Nebelschlußleuchte
Elektrische Scheibenwaschanlage
Scheibenwischanlage mit Zweistufenschaltung, Tipp-Wisch-Kontakt, Intervallschaltung und Wasch-/Wisch-Automatic
Heckscheiben-Wischanlage mit Wasch-Wisch-Automatic
Beheizbare Heckscheibe mit „quattro"-Schriftzug im Heizdraht
Elektrisch beheiz- und einstellbarer Außenspiegel
2 Gasdruckfedern für die Gepäckraumklappe
Scheinwerfer-Reinigungsanlage
Elektronisches Anzeige-Display
Bordcomputer mit Abfragemöglichkeit der Uhrzeit, Fahrzeit, Durchschnittsgeschwindigkeit, Durchschnittsverbrauch, Momentanverbrauch, Reichweite
Auto-Check-System mit folgenden akustischen Ansagen:
Bremssystem defekt, Sicherheitsgurt anlegen, Licht ausschalten, Handbremse lösen, Batteriespannung prüfen, Bremsbeläge prüfen, Waschwasser nachfüllen, Bremslicht prüfen, Kühlwasser zu heiß, Bremsflüssigkeit prüfen, bitte tanken, Fahrlicht prüfen, Bremslicht defekt, Kühlsystem prüfen, Ölstand prüfen
Warnsummer für eingeschaltetes Licht und/oder Radio
Voltmeter und Öltemperaturanzeige in der Mittelkonsole
2stufiger Drehschalter und Anzeige-Symbolik für Differentialsperren in der Mittelkonsole
Zigarettenanzünder in der Mittelkonsole
Stereo-Cassetten-Radioanlage mit elektronisch verstärkender Automatic-Antenne
Kombiniertes Belüftungs- und Heizungssystem mit 3stufigem Gebläse
Dauerschutzkonservierung für Unterboden und Radhäuser
Hohlraumkonservierung

Interessante Extras gegen Mehrpreis
Klimaanlage (in Verbindung mit Wärmeschutzverglasung)
Herausnehmbares Ausstelldach
Grüne Wärmeschutzverglasung
Zentralverriegelung
Elektrisch beheizbare Vordersitze
Geschwindigkeitsregelanlage
Elektrisch betätigte Türfensterheber
Lederinnenausstattung
Lederinnenausstattung aus dem sonstigen Audi Ausstattungsangebot
Ledersitze (Farbe nach Kundenwunsch)

Über weitere Möglichkeiten, das Automobil Ihrer Wahl individuell auszustatten, informiert Sie gern Ihr V.A.G Partner.

Wichtiger Hinweis:
Der technische Fortschritt ermöglicht es, den Wartungsumfang erheblich zu reduzieren.
Ein V.A.G Inspektions-Service erfolgt alle 12 Monate einschließlich Ölwechsel-Service und ASU-Service (Abgas-Sonderuntersuchung). Nur alle 30.000 km fallen noch einige Zusatzarbeiten an. Ein hiervon abweichender Ölwechsel-Service ist erforderlich, wenn die jährliche Fahrleistung wesentlich mehr als 15.000 km beträgt.

Defrosterdüsen für die Windschutzscheibe und die Seitenscheiben
Elektronisches Kombiinstrument mit:
Tachometer, Kilometerzähler, Tageskilometerzähler, Drehzahlmesser, Kraftstoffvorratsanzeige, Temperaturanzeige für Kühlflüssigkeit, Ladedruckanzeige
Kontrolleuchten für Generator, Öldruck, Blinkleuchten, Fernlicht, Warnblinkanlage, Nebelschlußleuchte, Checksystem, Heckscheibenheizung
Bordcomputer mit Abfragemöglichkeit der Uhrzeit, Fahrzeit, Durchschnittsgeschwindigkeit, Durchschnittskraftstoffverbrauch, Momentanverbrauch, Reichweite
Check-System mit folgenden akustischen Ansagen:
Bremssystem defekt, Sicherheitsgurt anlegen, Licht ausschalten, Handbremse lösen, Batteriespannung prüfen, Bremsbeläge prüfen, Waschwasser nachfüllen, Bremslicht prüfen, Kühlwasser zu heiß, Bremsflüssigkeit prüfen, bitte tanken, Fahrlicht prüfen, Bremslicht defekt, Kühlsystem prüfen, Ölstand prüfen
Parklichtschaltung
Regelbare Instrumentenbeleuchtung
Leuchtkennzeichnung der Schalter sowie der Heizungs- und Frischluftbetätigung
Zigarettenanzünder in der Mittelkonsole mit Leuchtkennzeichnung
1 Innenleuchte mit Kontaktschaltern an den Türen
Radioeinbauvorbereitung mit 4 Lautsprechern und elektronisch verstärkter Automatic-Antenne
Separate Gepäckraumbeleuchtung
Elektrisch einstell- und beheizbarer Außenspiegel auf Fahrer- und Beifahrerseite
Servolenkung
Doppelton-Fanfare
Dauerschutzkonservierung für Unterboden und Radhäuser
Hohlraumkonservierung
Edelstahl-Auspuffanlage mit Doppelendrohr

Interessante Extras gegen Mehrpreis
Elektrisch beheizbare Vordersitze
Zentralverriegelung für Türen
Geschwindigkeitsregelanlage
Heckscheiben-Wasch- und Wischanlage
Grüne Wärmeschutzverglasung
4 Leichtmetall-Räder 7 J x 15
Herausnehmbares Ausstelldach
Elektrische Fensterheber
Stereo-Radiogeräte mit Cassettenbetrieb
Leder-Innenausstattung (Sitze, Tür- und Seitenverkleidungen)
Klimaanlage (in Verbindung mit Wärmeschutzverglasung)

Über weitere Möglichkeiten, das Automobil Ihrer Wahl individuell auszustatten, unterrichtet Sie gern Ihr V.A.G Partner.

Wichtiger Hinweis:
Der technische Fortschritt ermöglicht es, den bisherigen Grund-Service entfallen zu lassen. Als erster Service ist ein Zwischenservice nach 7.500 km oder spätestens 6 Monaten fällig. Der Regelservice findet alle 15.000 km oder spätestens 1 Jahr nach Auslieferung bzw. nach dem letzten Regelservice statt. Ein Zwischenservice ist bei 22.500 km, 37.500 km usw. fällig.

Sitzbezüge und Farben.

Serienmäßiger Sitzbezug, Eton-Flanell.
Brasil BY

Im Druck können die Farbtöne nicht so genau wiedergegeben werden wie im Original. Das gilt für die Lackierung wie für die Polsterung. Die Original-Lack- und Stoffmuster hat Ihr V.A.G Partner.

Leder-Sitzbezüge gegen Mehrpreis.
Brasil VJ
Sierrabeige VM

Serienmäßige Außenlackierungen.
Tornadorot G2
Alpinweiß P1
Zermattsilber metallic L1
Montegoschwarz metallic L3
Zobelbraun metallic L4
Amazonasblau metallic L6
Oceanicblau metallic L7
Portorosé metallic L8

15

Technische Daten und Ausstattung.

Motor	Vorn angeordneter 5-Zylinder-Reihenmotor. 6fach gelagerte Kurbelwelle, Leichtmetall-Zylinderkopf, Ventilsteuerung über Zahnriemen durch obenliegende Nockenwelle und Tassenstoßel. Flüssigkeitskuhlung als geschlossenes Überdrucksystem mit Pumpe, Kühler, Ausgleichbehälter und elektrisch angetriebenem, thermostatisch geregeltem Kuhlventilator. Mechanisch gesteuerte Kraftstoff-Einspritzanlage. Ölkühler. Abgas-Turboaufladung (max. Ladedruck 0,85 bar bei 3500/min) und Ladeluftkühlung. Elektronisch gesteuerte Leerlaufstabilisierung. Dynamische Öldruckkontrolle.
Hubraum	2,2 Liter (2144 cm³). Verdichtung 7,0
Leistung	147 kW (200 PS) nach DIN bei 5500/min
Max. Drehmoment	285 Nm bei 3500 min
Elektrische Anlage	Wartungsarme 12 V/300 A(63 Ah)-Batterie, Drehstromgenerator 90 A, vollelektronische Transistorzündung mit Ladelufttemperatur- und Kennfeldsteuerung
Kraftübertragung	Permanenter Allradantrieb uber Einscheiben-Trockenkupplung mit hydraulischer Betätigung vollsynchronisiertes Fünfgang-Schaltgetriebe, sperrbares Zwischendifferential (zum Ausgleich zwischen Vorder- und Hinterachsantrieb) auf integriertes Vorderachsdifferential und uber Kardanwelle auf sperrbares Hinterachsdifferential.
Hochleistungs-Fahrwerk	Federung: vorn und hinten durch Federbeine mit Schraubenfedern und integrierten Teleskopstoßdämpfern, vorn Querstabilisator. Radführung: Einzelradaufhängung vorn und hinten durch Federbeine und Dreiecksquerlenker. Bremsanlage: Zweikreis-Bremsanlage mit Bremskreisaufteilung vorn und hinten. Scheibenbremsen vorn und hinten, vorn innenbelüftet. Hydraulischer Bremskraftverstärker und druckabhängiger Bremskraftregler.

Lenkung	Wartungsfreie Zahnstangenlenkung mit hydraulischer Servounterstützung. Sicherheitslenksaule mit Ausklinkelement.
Räder/Reifen	4 Leichtmetallräder 8 J x 15, Stahlgürtelreifen 215/50 VR 15, platzsparendes Notrad 4 J x 15
Aufbau	Selbsttragende Ganzstahlkarosserie mit Verformungszonen vorn und hinten.
Höchstgeschwindigkeit	222 km/h
Beschleunigung bei halber Nutzlast	0– 80 km/h: 4,7 Sekunden 0–100 km/h: 7,1 Sekunden
Kraftstoffverbrauch nach DIN 70030 Teil 1 von 7/78 Superbenzin mind. 98 ROZ	bei 90 km/h: 7,7 Liter/100 km bei 120 km/h: 9,9 Liter/100 km im Stadtzyklus: 15,4 Liter/100 km **Hinweis:** Je nach Fahrweise, Straßen- und Verkehrsverhältnissen, Umwelteinflüssen und Fahrzeugzustand können sich in der Praxis Verbrauchswerte ergeben, die von den nach dieser Norm ermittelten Werten abweichen.
Abmessungen	Radstand 2524 mm, Spurweite vorn/hinten 1461/1494 mm, größte äußere Länge/Breite/Höhe 4404/1723/1344 mm, kleinste Bodenfreiheit 115 mm, Komfortmaß x Ellenbogenbreite = Sitzraumfläche 1898 x 1378 mm = 2,62 m² Wendekreisdurchmesser ca. 11,3 m
Gewichte	Leergewicht 1300 kg, zul. Gesamtgewicht 1760 kg, zul. Achslasten vorn/hinten 980/950 kg Dachlast 75 kg **Hinweis:** Durch Extras kann sich das Leergewicht des Fahrzeuges erhohen, wodurch die mögliche Nutzlast entsprechend verringert wird.
Kraftstoffbehältervolumen	90 Liter
Gepäckraumvolumen	Nach üblicher Messung mit Kugeln von 50 mm Durchmesser: 383 Liter, Messung nach VDA-Methode mit Quadern von 200 x 100 x 50 mm Kantenlänge: 330 Liter.

Interessante Ausstattungsdetails
Außenausstattung
Verbundglas-Windschutzscheibe mit grünem Colorstreifen
Großer integrierter Frontspoiler
In Front- und Heckschürze integrierte kunststoffummantelte Stoßfänger
Großer Heckspoiler
Edelstahl-Abgasanlage mit Doppelendrohr

Innenausstattung
Lederbezogenes 4-Speichen-Sicherheitslenkrad
Schalthebelknopf und Manschette in Leder
Sportsitze vorn
Liegesitzeinrichtung für Fahrer und Beifahrer
Höheneinstellbarer Fahrersitz
Einstellbare Rahmenkopfstützen für Vordersitze
Dreipunkt-Automatic-Sicherheitsgurte für Vordersitze
2 Dreipunkt-Automatic-Sicherheitsgurte und 1 statischer Beckengurt für Rucksitzplätze
2 Sonnenblenden mit beleuchtetem Make-up-Spiegel auf der Beifahrerseite
Ablagefach auf der Fahrerseite
Abschließbarer Ablagekasten mit Beleuchtung auf der Beifahrerseite
Türablagekästen
1 Ascher vorn, 1 Ascher hinten rechts
Tür- und Seitenverkleidungen mit Stoffeinlage

Funktionsausstattung
Halogen-Hauptscheinwerfer
Halogen-Nebelscheinwerfer
2 Rückfahrleuchten
Beheizbare Heckscheibe
Elektrisch einstellbarer und beheizbarer Außenspiegel auf der Fahrer- und Beifahrerseite
Elektrische Scheibenwaschanlage mit Zweistufenschaltung, Tipp-Wisch-Kontakt, Intervallschaltung und Wasch-Wisch-Automatic
Scheinwerfer-Reinigungsanlage
Elektronisches Anzeige-Display
Bordcomputer mit Abfragemöglichkeit der Uhrzeit, Fahrzeit, Durchschnittsgeschwindigkeit, Durchschnittskraftstoffverbrauch, Momentanverbrauch, Reichweite
Checksystem mit folgenden akustischen Ansagen:
Bremssystem defekt, Sicherheitsgurt anlegen, Licht ausschalten, Handbremse lösen, Batteriespannung prüfen, Bremsbeläge prüfen, Waschwasser nachfüllen, Bremslicht prüfen, Kühlwasser zu heiß, Bremsflüssigkeit prüfen, bitte tanken, Fahrlicht prüfen, Bremslicht defekt, Kühlsystem prüfen, Ölstand prufen
Zweistufiger Zugschalter mit Kontrolleuchten für zugeschaltete Differentialsperren in der Mittelkonsole
Radioeinbauvorbereitung mit 4 Lautsprechern und elektronisch verstärkter Automatic-Antenne
Separate Gepäckraumbeleuchtung
Servolenkung
Dauerschutzkonservierung für Unterboden und Radhäuser
Hohlraumkonservierung
Radhausschalen in den vorderen Kotflügeln

Interessante Extras gegen Mehrpreis
Elektrisch beheizbare Vordersitze
Zentralverriegelung für Türen
Geschwindigkeitsregelanlage
Heckscheiben-Wasch- und Wischanlage
Grüne Wärmeschutzverglasung
Herausnehmbares Ausstelldach
Elektrische Fensterheber
Stereo-Radioanlage mit Cassettenbetrieb
Leder-Innenausstattung (Sitzmittelbahn und Seitenwangen sowie Einlage für Tür- und Seitenverkleidungen aus echtem Leder)
Leder-Innenausstattung (wie oben, jedoch aus dem sonstigen Audi Angebot)
Ledersitze (Farbe nach Kundenwunsch)
Klimaanlage (in Verbindung mit Wärmeschutzverglasung)
Anti-Blockiersystem (ABS)

Über weitere Möglichkeiten, das Automobil Ihrer Wahl individuell auszustatten, unterrichtet Sie gern Ihr V.A.G Partner.

Wichtiger Hinweis:
Der technische Fortschritt ermöglicht es, den bisherigen Grundservice entfallen zu lassen. Als erster Service ist ein Zwischenservice nach 7.500 km oder spätestens 6 Monaten fällig. Der Regelservice findet alle 15.000 km oder spätestens 1 Jahr nach Auslieferung bzw. nach dem letzten Regelservice statt. Ein Zwischenservice ist bei 22.500 km, 37.500 km usw. fällig.

Sitzbezüge und Farben.

Stoffsitzbezug, Eton-Flanell.
Brasil BY

Leder-Sitzbezüge gegen Mehrpreis.
Brasil VJ
Sierrabeige VM

Im Druck können die Farbtöne nicht so genau wiedergegeben werden wie im Original. Das gilt für die Lackierung wie für die Polsterung. Die Original-Lack- und Stoffmuster hat Ihr V.A.G Partner.

Serienmäßige Außenlackierungen.
Tornadorot G2
Alpinweiß P1
Zermattsilber metallic L1
Montegoschwarz metallic L3
Zobelbraun metallic L4
Amazonasblau metallic L6
Oceanicblau metallic L7
Lhasa metallic W1

Serienmäßige Stoffausstattung
Ledersitze – Farbe nach Kundenwunsch

15

Lieferbare Ausstattungen und Farben Jahrgang 1984

Lieferbare Ausstattungen und Farben Jahrgang 1985

Technische Daten und Ausstattung.

Motor	Vorn angeordneter 5-Zylinder-Reihenmotor. 6fach gelagerte Kurbelwelle. Leichtmetall-Zylinderkopf. Ventilsteuerung über Zahnriemen durch obenliegende Nockenwelle (OHC) und Tassenstößel. Ölkühler. Flüssigkeitskühlung als geschlossenes Überdrucksystem mit Pumpe, Kühler, Ausgleichbehälter und elektrisch angetriebenem, thermostatisch geregeltem Kühlventilator. Mechanisch gesteuerte Kraftstoff-Einspritzanlage. Abgas-Turbolader mit Ladeluftkühlung. Elektronisch gesteuerte Leerlaufstabilisierung. Vollelektronische Transistorzündung mit Ladelufttemperatur- und Kennfeldsteuerung (VEZ). Longlife-Zündkerzen
Hubraum	2,2 Liter (2144 cm³), Verdichtung 7,0
Leistung	147 kW (200 PS) nach DIN bei 5500/min
Max. Drehmoment	285 Nm bei 3500 min
Elektrische Anlage	12-Volt-System mit Drehstromgenerator 90 A und wartungsarmer Batterie 300 A (63 Ah). Zentralelektrik
Kraftübertragung	Permanenter Allradantrieb über Einscheiben-Trockenkupplung mit hydraulischer Betätigung, vollsynchronisiertes Fünfgang-Schaltgetriebe, sperrbares Zwischendifferential (zum Ausgleich zwischen Vorder- und Hinterachsantrieb) auf integriertes Vorderachsdifferential und über Kardanwelle auf sperrbares Hinterachsdifferential
Hochleistungs-Fahrwerk	Federung: vorn und hinten durch Federbeine mit Schraubenfedern und Teleskopstoßdämpfern – alle Elemente in Federbeinen kombiniert. Stabilisator vorn. Radführung: vorn und hinten durch Federbeine und untere Dreiecksquerlenker. Bremsanlage: Zweikreis-Bremsanlage mit Bremskreisaufteilung vorn und hinten. Scheibenbremsen vorn und hinten, vorn innenbelüftet. Hydraulischer Bremskraftverstärker. Bremskraftregler. Anti-Blockier-System (ABS)
Lenkung	Servolenkung. Sicherheitslenksäule mit Ausklinkelement
Räder/Reifen	4 Leichtmetallräder 8 J x 15, Stahlgürtelreifen 215/50 VR 15, platzsparendes Notrad 4 J x 15
Aufbau	Selbsttragende Ganzstahlkarosserie mit Verformungszone vorn und hinten
Höchstgeschwindigkeit[1]	222 km/h
Beschleunigung bei halber Nutzlast	0– 80 km/h: 4,7 Sekunden 0–100 km/h: 7,1 Sekunden
Kraftstoffverbrauch nach DIN 70030 Teil 1 von 7/78 Superbenzin mind. 98 ROZ	bei 90 km/h: 7,7 Liter/100 km bei 120 km/h: 9,9 Liter/100 km im Stadtzyklus: 15,4 Liter/100 km **Hinweis:** Je nach Fahrweise, Straßen- und Verkehrsverhältnissen, Umwelteinflüssen und Fahrzeugzustand können sich in der Praxis Verbrauchswerte ergeben, die von den nach dieser Norm ermittelten Werten abweichen
Abmessungen	Radstand 2524 mm, Spurweite vorn/hinten 1461/1494 mm, Länge/Breite/Höhe 4404/1723/1344 mm, Bodenfreiheit 115 mm, Wendekreis ca. 11,3 m, Komfortmaß/Ellenbogenbreite 1870/1378 mm, Sitzraumfläche 2,57 m²
Gewichte[1]	Leergewicht 1300 kg, zul. Gesamtgewicht 1760 kg, zul. Achslasten vorn/hinten 980/950 kg, Dachlast 75 kg
Zulässige Anhängelasten	1500 kg gebremst bei 12 % Steigung, 600 kg ungebremst
Kraftstoffbehältervolumen	90 Liter
Gepäckraumvolumen	390 Liter nach Kugelmessung, 330 Liter nach VDA-Quadermessung

[1] Durch Sonderausstattungen können sich das Leergewicht und der Luftwiderstandsbeiwert des Fahrzeuges erhöhen, wodurch die mögliche Nutzlast bzw. Höchstgeschwindigkeit entsprechend verringert werden.

Außenausstattung
Verbundglas-Windschutzscheibe mit grünem Colorstreifen
In Front- und Heckschürze integrierte Stoßfänger in Wagenfarbe
4 Leichtmetallräder
Radhausverbreiterungen
Großer Heckspoiler in Wagenfarbe
Schwarz getöntes Leuchtband
Schwarz getönte Heckleuchten

Innenausstattung
Stoffsitzbezüge in Eton-Flanell
Gepolsterte Armaturentafel
4-Speichen-Sicherheitslenkrad mit lederbezogenem Lenkradkranz
Abblendbarer Sicherheitsinnenspiegel
Formteilhimmel
Klapp- und schwenkbare Sonnenblenden mit beleuchtetem Make-up-Spiegel auf der Beifahrerseite
Ablagefach auf der Fahrerseite
Ablagefächer in den hinteren Seitenverkleidungen
Abschließbarer Ablagekasten auf der Beifahrerseite mit Beleuchtung
1 Ascher vorn, 1 Ascher hinten
Liegesitzeinrichtung für Fahrer und Beifahrer
Sportsitzgarnitur vorn
Höheneinstellbarer Fahrersitz
Einstellbare Rahmenkopfstützen vorn
Dreipunkt-Automatic-Sicherheitsgurte für die Vordersitze
2 Dreipunkt-Automatic-Sicherheitsgurte und 1 statischer Beckengurt für die Rücksitzplätze
Große Durchladekasten
Ausgeformte Rücksitzbank mit im Kopfraum angeformter Rücksitzlehne

Funktionsausstattung
Anti-Blockier-System (ABS)
Halogen-Hauptscheinwerfer mit integriertem Fernlicht-Zusatzstrahler
Servolenkung
Halogen-Nebelscheinwerfer
2 Rückfahrleuchten
Nebelschlußleuchte
Elektrische Scheibenwaschanlage
Scheibenwischanlage mit Zweistufenschaltung, Tipp-Wisch-Kontakt, Intervallschaltung und Wasch-/Wisch-Automatic
Heckscheiben-Wischanlage mit Wasch-Wisch-Automatic und Intervallschaltung
Beheizbare Heckscheibe mit „quattro"-Schriftzug im Heizdraht
Elektrisch beheiz- und einstellbare Außenspiegel
2 Gasdruckfedern für die Gepäckraumklappe
Scheinwerfer-Reinigungsanlage
Elektronisches Anzeige-Display
Bordcomputer mit Abfragemöglichkeit der Uhrzeit, Fahrzeit, Durchschnittsgeschwindigkeit, Durchschnittsverbrauch, Momentanverbrauch, Reichweite
Auto-Check-System mit folgenden akustischen Ansagen:
Bremssystem defekt, Sicherheitsgurt anlegen, Licht ausschalten, Handbremse lösen, Batteriespannung prüfen, Bremsbeläge prüfen, Waschwasser nachfüllen, Bremslicht prüfen, Kühlwasser zu heiß, Bremsflüssigkeit prüfen, bitte tanken, Fahrlicht prüfen, Bremslicht defekt, Kühlsystem prüfen, Ölstand prüfen
Warnsummer für nicht ausgeschaltetes Licht und/oder Radio
Voltmeter und Öltemperaturanzeige in der Mittelkonsole
Zigarettenanzünder in der Mittelkonsole
Stereo-Cassetten-Radioanlage mit elektronisch verstärkter Automatic-Antenne
Kombiniertes Belüftungs- und Heizungssystem mit 3stufigem Gebläse
Dauerschutzkonservierung für Unterboden und Radhauser
Hohlraumkonservierung
Edelstahl-Abgasanlage mit Doppelendrohr

Interessante Sonderausstattungen gegen Mehrpreis
Klimaanlage (in Verbindung mit Wärmeschutzverglasung)
Herausnehmbares Ausstelldach
Grüne Wärmeschutzverglasung
Zentralverriegelung
Elektrisch beheizbare Vordersitze
Geschwindigkeitsregelanlage
Elektrisch betätigte Türfensterheber
Lederinnenausstattung (Sitzbezüge und Einlagen für Tür- und Seitenverkleidungen aus Leder)
Lederinnenausstattung (Farbe aus dem Audi Ausstattungsangebot)
Lederinnenausstattung (Farbe nach Kundenwunsch)

Wenn Sie die Ausstattung Ihres Audi quattro nach Ihren individuellen Wünschen erweitern möchten, wenden Sie sich bitte an Ihren V.A.G Partner. Er informiert Sie gern über die entsprechenden Kombinationsmöglichkeiten und das komplette Angebot an Sonderausstattungen.

Wichtiger Hinweis:
Der V.A.G Inspektions-Service erfolgt alle 12 Monate einschließlich Ölwechsel-Service und ASU-Service (Abgas-Sonderuntersuchung). Nur alle 30.000 km fallen noch einige Zusatzarbeiten an. Ein hiervon abweichender Ölwechsel-Service ist erforderlich alle 15.000 km, wenn die jährliche Fahrleistung wesentlich mehr als 15.000 km beträgt.

Farben und Sitzbezüge.

Im Druck können die Farbtöne nicht so genau wiedergegeben werden wie im Original. Das gilt für die Lackierung wie für die Polsterung. Die Original-Lack- und Sitzbezugmuster hat Ihr V.A.G Partner.

Serienmäßige Außenlackierungen.

Tornadorot G2	Alpinweiß P1	Zermattsilber metallic L1	Amazonasblau metallic L6
Oceanicblau metallic L7	Steingrau metallic U8	Lhasa metallic W1	Tizianrot metallic W4
Graphit metallic W9			

Stoffsitzbezug, Eton-Flanell.

Graphit ZN

Lederausstattung gegen Mehrpreis.

Platin TW | Graphit YN

Serienmäßige Stoffausstattung

Lederausstattung – Farbe nach Kundenwunsch

Technische Daten und Ausstattung.

Motor	Vorn angeordneter 5-Zylinder-Reihenmotor, 6fach gelagerte Kurbelwelle. Leichtmetall-Zylinderkopf. Ventilsteuerung über Zahnriemen durch obenliegende Nockenwelle (OHC) und Tassenstößel. Ölkühler. Flüssigkeitskühlung als geschlossenes Überdrucksystem mit Pumpe, Kühler, Ausgleichbehälter und elektrisch angetriebenem, thermostatisch geregeltem Kühlventilator. Mechanisch gesteuerte Kraftstoff-Einspritzanlage. Abgas-Turbolader mit Ladeluftkühlung. Elektronisch gesteuerte Leerlaufstabilisierung. Vollelektronische Transistorzündung mit Ladelufttemperatur- und Kennfeldsteuerung (VEZ). Longlife-Zündkerzen
Hubraum	2,2 Liter (2144 cm³), Verdichtung 7,0
Leistung	147 kW (200 PS) nach DIN bei 5500/min
Max. Drehmoment	285 Nm bei 3500 min
Elektrische Anlage	12-Volt-System mit Drehstromgenerator 90 A und wartungsarmer Batterie 300 A (63 Ah). Zentralelektrik
Kraftübertragung	Permanenter Allradantrieb über Einscheiben-Trockenkupplung mit hydraulischer Betätigung, vollsynchronisiertes Fünfgang-Schaltgetriebe, sperrbares Zwischendifferential (zum Ausgleich zwischen Vorder- und Hinterachsantrieb) auf integriertes Vorderachsdifferential und über Kardanwelle auf sperrbares Hinterachsdifferential
Hochleistungs-Fahrwerk	Federung: vorn und hinten durch Federbeine mit Schraubenfedern und Teleskopstoßdämpfern – alle Elemente in Federbeinen kombiniert. Stabilisator vorn. Radführung: vorn und hinten durch Federbeine und untere Dreiecksquerlenker. Bremsanlage: Zweikreis-Bremsanlage mit Bremskreisaufteilung vorn und hinten. Scheibenbremsen vorn und hinten, vorn innenbelüftet. Bremskraftverstärker. Bremskraftregler. Anti-Blockier-System (ABS).
Lenkung	Servolenkung. Sicherheitslenksäule mit Ausklinkelement
Räder/Reifen	4 Leichtmetallräder 8 J x 15, Stahlgürtelreifen 215/50 VR 15, platzsparendes Notrad 4 J x 15
Aufbau	Selbsttragende Ganzstahlkarosserie mit Verformungszonen vorn und hinten
Höchstgeschwindigkeit*	222 km/h
Beschleunigung bei halber Nutzlast	0–80 km/h: 4,7 Sekunden 0–100 km/h: 7,1 Sekunden
Kraftstoffverbrauch nach DIN 70030 Teil 1 von 7/78 Superbenzin mind. 98 ROZ	bei 90 km/h: 7,7 Liter/100 km bei 120 km/h: 9,9 Liter/100 km im Stadtzyklus: 15,4 Liter/100 km **Hinweis:** Je nach Fahrweise, Straßen- und Verkehrsverhältnissen, Umwelteinflüssen und Fahrzeugzustand können sich in der Praxis Verbrauchswerte ergeben, die von den nach dieser Norm ermittelten Werten abweichen.
Abmessungen	Radstand 2524 mm, Spurweite vorn/hinten 1461/1494 mm, Länge/Breite/Höhe 4404/1723/1344 mm, Bodenfreiheit 115 mm, Wendekreis ca. 11,3 m, Komfortmaß/Ellenbogenbreite 1870/1378 mm, Sitzraumfläche 2,57 m²
Gewichte*	Leergewicht 1300 kg, zul. Gesamtgewicht 1760 kg, zul. Achslasten vorn/hinten 980/950 kg, Dachlast 75 kg
Zulässige Anhängelasten	1500 kg gebremst bei 12% Steigung, 600 kg ungebremst
Kraftstoffbehältervolumen	90 Liter
Gepäckraumvolumen	390 Liter nach Kugelmessung, 330 Liter nach VDA-Quadermessung

***Hinweis:** Durch Extras können sich das Leergewicht und der Luftwiderstandsbeiwert des Fahrzeuges erhöhen, wodurch die mögliche Nutzlast bzw. Höchstgeschwindigkeit entsprechend verringert werden.

Außenausstattung
Verbundglas-Windschutzscheibe mit grünem Colorstreifen
In Front- und Heckschürze integrierte Stoßfänger
Front- und Heckspoiler
4 Leichtmetallräder
Schwarz getöntes Leuchtband und Heckleuchten

Innenausstattung
Stoffsitzbezüge in Eton-Flanell
Gepolsterte Armaturentafel
4-Speichen-Sicherheitslenkrad mit lederbezogenem Lenkradkranz
Abblendbarer Sicherheitsinnenspiegel
Klapp- und schwenkbare Sonnenblenden mit beleuchtetem Make-up-Spiegel auf der Beifahrerseite
Ablagefach auf der Fahrerseite
Ablagefächer in den hinteren Seitenverkleidungen
Abschließbarer Ablagekasten auf der Beifahrerseite mit Beleuchtung
1 Ascher vorn, 1 Ascher hinten rechts
Liegesitzeinrichtung für Fahrer und Beifahrer
Sportsitze vorn
Höheneinstellbarer Fahrersitz
Einstellbare Rahmenkopfstützen für die Vordersitze
Dreipunkt-Automatic-Sicherheitsgurte für die Vordersitze
2 Dreipunkt-Automatic-Sicherheitsgurte und 1 statischer Beckengurt für die Rücksitzplätze
Große Turablagekästen
Ausgeformte Rücksitzbank mit im Kopfraumbereich angeformter Rücksitzlehne

Funktionsausstattung
Halogen-Hauptscheinwerfer mit integriertem Fernlicht-Zusatzstrahler
Servolenkung
Anti-Blockier-System (ABS)
Halogen-Nebelscheinwerfer
2 Rückfahrleuchten
Nebelschlußleuchte
Elektrische Scheibenwaschanlage
Scheibenwischanlage mit Zweistufenschaltung, Tipp-Wisch-Kontakt, Intervallschaltung und Wasch-/Wisch-Automatic
Heckscheiben-Wischanlage mit Wasch-Wisch-Automatic und Intervallschaltung
Beheizbare Heckscheibe mit „quattro"-Schriftzug im Heizdraht
Elektrisch beheiz- und einstellbarer Außenspiegel
2 Gasdruckfedern für die Gepäckraumklappe
Scheinwerfer-Reinigungsanlage
Elektronisches Anzeige-Display
Bordcomputer mit Abfragemöglichkeit der Uhrzeit, Fahrzeit, Durchschnittsgeschwindigkeit, Durchschnittsverbrauch, Momentanverbrauch, Reichweite
Auto-Check-System mit folgenden akustischen Ansagen:
Bremssystem defekt, Sicherheitsgurt anlegen, Licht ausschalten, Handbremse lösen, Batteriespannung prüfen, Bremsbeläge prüfen, Waschwasser nachfüllen, Bremslicht prüfen, Kühlwasser zu heiß, Bremsflüssigkeit prüfen, bitte tanken, Fahrlicht prüfen, Bremslicht defekt, Kühlsystem prüfen, Ölstand prüfen
Warnsummer für eingeschaltetes Licht und/oder Radio
Voltmeter und Öltemperaturanzeige in der Mittelkonsole
Zigarettenanzünder in der Mittelkonsole
Stereo-Cassetten-Radioanlage mit elektronisch verstärkter Automatic-Antenne
Kombiniertes Belüftungs- und Heizungssystem mit 3stufigem Gebläse
Dauerschutzkonservierung für Unterboden und Radhäuser
Hohlraumkonservierung
Edelstahl-Abgasanlage mit Doppelendrohr

Interessante Extras gegen Mehrpreis
Klimaanlage (in Verbindung mit Wärmeschutzverglasung)
Herausnehmbares Ausstelldach
Grüne Wärmeschutzverglasung
Zentralverriegelung
Elektrisch beheizbare Vordersitze
Geschwindigkeitsregelanlage
Elektrisch betätigte Türfensterheber
Lederinnenausstattung (Sitzbezüge und Einlagen für Tür- und Seitenverkleidungen aus Leder)
Lederinnenausstattung (Farbe aus dem Audi Ausstattungsangebot)
Lederinnenausstattung (Farbe nach Kundenwunsch)

Wenn Sie die Ausstattung Ihres Audi quattro nach Ihren individuellen Wünschen erweitern möchten, wenden Sie sich bitte an Ihren V.A.G Partner. Er informiert Sie gern über die entsprechenden Kombinationsmöglichkeiten und das komplette Angebot an Extras.

Wichtiger Hinweis:
Der technische Fortschritt ermöglicht es, den Wartungsumfang erheblich zu reduzieren.
Ein V.A.G Inspektions-Service erfolgt alle 12 Monate einschließlich Ölwechsel-Service und ASU-Service (Abgas-Sonderuntersuchung). Nur alle 30.000 km fallen noch einige Zusatzarbeiten an. Ein hiervon abweichender Ölwechsel-Service ist erforderlich, wenn die jährliche Fahrleistung wesentlich mehr als 15.000 km beträgt.

Farben und Sitzbezüge.

Im Druck können die Farbtöne nicht so genau wiedergegeben werden wie im Original. Das gilt für die Lackierung wie für die Polsterung. Die Original-Lack- und Sitzbezugmuster hat Ihr V.A.G Partner.

Serienmäßige Außenlackierungen.

Tornadorot G2
Alpinweiß P1
Zermattsilber metallic L1
Satinschwarz metallic Q1
Nautic metallic Q2
Lago metallic Q6
Nilgrün metallic Q7
Steingrau metallic U8

Stoffsitzbezug, Eton-Flanell.

Graphit ZN

Lederausstattung gegen Mehrpreis.

Platin TW
Graphit YN

Tizianrot metallic W4

Lackierung gegen Mehrpreis.

Perlmutt-Effekt* 9019

*Leichtmetallräder in Wagenfarbe

Lederinnenausstattung – Farbe nach Kundenwunsch 15

Lieferbare Ausstattungen und Farben Jahrgang 1986

Lieferbare Ausstattungen und Farben Jahrgang 1987

Farben und Sitzbezüge.

Im Druck können die Farbtöne nicht so genau wiedergegeben werden wie im Original. Das gilt für die Lackierung wie für die Polsterung. Die Original-Lack- und Sitzbezugmuster hat Ihr V. A. G Partner.

Audi Quattro. Seine entscheidenden Daten.

	Audi Quattro
Motor-Bauart:	Fünfzylinder-Reihenmotor
Gemischaufbereitung:	Einspritzanlage mit Abgas-Turboaufladung und Ladeluftkühlung
Hubraum:	2,2 Liter (2144 cm³)
Leistung:	147 kW (200 PS nach DIN) bei 5500/min.
Größtes Drehmoment:	285 Nm bei 3500/min.
Elektrische Anlage:	12 V/63-Ah-Batterie, Drehstromgenerator 90 A max. Vollelektronische Transistorzündung mit Ladelufttemperatur- und Kennfeldsteuerung.
Getriebe:	Vollsynchronisiertes Fünfgang-Schaltgetriebe mit integriertem Vorderachsdifferential. Zusätzlich mit sperrbarem Zwischendifferential zum Ausgleich zwischen Vorder- und Hinterachsantrieb. Das sperrbare Hinterachsdifferential wird über eine Kardanwelle angetrieben.
Hochleistungsfahrwerk:	Federung: vorn und hinten durch Federbeine mit Schraubenfedern und integrierten Teleskopstoßdämpfern. Vorn und hinten Querstabilisatoren. Radführung: Einzelradaufhängung vorn und hinten durch Federbeine und untere Dreiecks-Querlenker, dabei vorn mit spurstabilisierendem Lenkrollradius. Bremsanlage: Zweikreis-Bremsanlage mit Bremskreisaufteilung vorn und hinten. Scheibenbremsen vorn und hinten, dabei vorn belüftet. Hydraulischer Bremskraftverstärker und druckabhängiger Bremskraftregler.
Lenkung:	Hydraulisches Servo-Lenksystem, Sicherheitslenksäule.
Räder/Reifen:	Leichtmetall-Räder 6 J x 15/Reifen 205/60 VR 15
Höchstgeschwindigkeit:	Über 220 km/h
Beschleunigung bei halber Nutzlast:	0-80 km/h: 4,9 Sekunden 0-100 km/h: 7,1 Sekunden
Kraftstoffverbrauch nach DIN:	Kraftstoffverbrauch, gemessen nach DIN 70030 v. 7/78 (der die ECE-Empfehlung A 70 zugrunde liegt). Bei Messung des Stadtzyklus wird üblicher Stadtfahrbetrieb simuliert. Die Messung mit 90 km/h und 120 km/h erfolgt bei konstanter Prüfgeschwindigkeit. Je nach Fahrweise, Straßen- und Verkehrsverhältnissen, Umwelteinflüssen und Fahrzeugzustand werden sich in der Praxis Werte ergeben, die von den in dieser Norm ermittelten Werten abweichen. - bei Stadtzyklus: 15,7 Liter 100/km (Superbenzin) - bei 90 km/h: 7,9 Liter/100 km - bei 120 km/h: 10,4 Liter/100 km
Abmessungen:	Radstand 2524 mm, Spurweite vorn/hinten 1421/1458 mm, größte äußere Länge/Breite/Höhe 4404/1723/1344 mm, kleinste Bodenfreiheit 135 mm, Wendekreisdurchmesser ca. 11,3 m.
Gewichte:	Leergewicht 1290 kg, zul. Gesamtgewicht 1760 kg, zul. Achslast vorn/hinten 980/950 kg. **Hinweis:** Durch Mehrausstattungen kann sich das Leergewicht des Fahrzeuges erhöhen, wodurch die mögliche Nutzlast entsprechend verringert wird.
Zul. Anhängelasten, gebremst/ungebremst:	1400/680 kg **Hinweis:** Mit zunehmender Höhe verringert sich zwangsläufig die Motorleistung. Ab 1000 m über Meereshöhe und je weitere 1000 m sind jeweils 10% von dem Gespanngewicht (zul. Anhängelast und zul. Gesamtgewicht des Zugfahrzeuges) abzuziehen.
Gepäckrauminhalt:	Nach üblicher Messung mit Kugeln von 50 mm Durchmesser 390 Liter.

Wichtige Ausstattungsdetails:

Außenausstattung
- 2türige Ausführung
- Windschutzscheibe in Verbundglas mit grünem Colorstreifen am oberen Rand
- Flexible Front- und Heckschürzen bis zu den Radausschnitten herumgezogen
- Voluminöse, mit Kunststoff ummantelte Stoßfänger, in Front- und Heckschürze integriert
- Flexibler Frontspoiler, an Kunststoffschürze angeformt
- Heckspoiler auf Gepäckraumklappe
- Doppel-Halogen-Rechteckscheinwerfer
- Scheinwerfer-Reinigungsanlage
- Halogen-Nebelscheinwerfer, in Stoßfänger integriert
- Nebelschlußleuchte in Heckleuchtband integriert
- Rückfahrleuchten
- Außenspiegel auf Fahrer- und Beifahrerseite elektrisch beheizbar und einstellbar
- Seitliche Markierungsleuchten
- Leichtmetall-Räder
- Zierleisten am Fenster und an der Regenrinne matt schwarz
- Zwei Zierstreifen, umlaufend um Fahrzeug in Höhe Stoßfänger und Fahrzeugunterkante
- Rotes Leuchtband zwischen den Heckleuchten

Innenausstattung
- Luxuriöse Stoff-Sitzbezüge
- Sportsitze vorn, hintere Sitzbank mit eingeformten Sitzplätzen
- Fahrersitz höhenverstellbar
- Kopfstützen vorn und hinten
- Sicherheitsgurte für alle fünf Sitzplätze
- Luxuriöse Fußraumauskleidung
- Luxuriöse Dachverkleidung mit Stoffeinlagen
- Tür- und Seitenverkleidungen mit Stoffeinlagen und Ablage
- Vierspeichen-Sportlenkrad, lederbezogen
- Schalthebelknopf, lederbezogen
- Schalthebelstulpe, Leder
- Handbremshebelverkleidung
- Mittelkonsole
- Armaturentafel mit reichhaltiger Instrumentierung: u. a. Drehzahlmesser, Zeituhr und Ladedruckanzeige
- Blendschutz an Instrumententräger
- Kombiniertes Belüftungs- und Heizungssystem mit 3stufigem Heiz-/Frischluftgebläse

Sonstige Ausstattungsdetails
- Servolenkung
- Sperrbares Zwischendifferential und Hinterachsdifferential
- Vollverkleideter Gepäckraum
- Separate Gepäckraumleuchte
- Doppeltonhorn-Anlage
- Unterbodenschutz
- Hohlraumversiegelung
- Edelstahl-Auspuffanlage mit Doppel-Endrohr
- Platzsparendes Reserverad

Mehrausstattungen gegen Aufpreis
- Elektrisch beheizbare Vordersitze
- Zentralverriegelung für Türen und Gepäckraum
- Geschwindigkeitsregelanlage
- Heckscheibenwischer mit Waschanlage
- Wärmeschutzverglasung rundum grün
- Leichtmetall-Räder 7 J x 15
- Ausstelldach
- Elektrische Fensterheber
- Make-up-Spiegel, beleuchtet
- komplette Stereo-Radioanlagen mit Cassettenbetrieb und elektronischer Heckantenne

Wenn Sie weitere spezielle Ausstattungswünsche haben - Ihr V.A.G Partner berät Sie gern.

Die Angaben über Lieferumfang, Aussehen, Leistungen, Maße und Gewicht, Kraftstoffverbrauch und Betriebskosten der Fahrzeuge entsprechen den zum Zeitpunkt der Drucklegung vorhandenen Kenntnissen. Sie können sich bis zum Fahrzeugkauf ändern. Ihr V.A.G Partner wird Sie gern über etwaige Änderungen informieren.

Technische Daten und Ausstattung.

Motor	Vorn angeordneter 5-Zylinder-Reihenmotor. 6fach gelagerte Kurbelwelle. Leichtmetall-Zylinderkopf. Ventilsteuerung über Zahnriemen durch obenliegende Nockenwelle (OHC) und Tassenstößel mit wartungsfreiem, hydraulischem Ventilspielausgleich (Hydrostößel). Ölkühler. Flüssigkeitskühlung als geschlossenes Überdrucksystem mit Pumpe, Kühler, Ausgleichbehälter und elektrisch angetriebenem, thermostatisch geregeltem Kühlventilator. Mechanisch gesteuerte Kraftstoff-Einspritzanlage mit luftumfaßten Einspritzventilen, Warmlaufregler, Leerlauffüllungsregelung und Beschleunigungsanreicherung. Flüssigkeitsgekühlter Abgas-Turbolader mit Ladeluftkühlung. Vollelektronische Zündanlage mit Kennfeldsteuerung und Klopfregelung. Longlife-Zündkerzen
Hubraum	2,2 Liter (2226 cm³), Verdichtung 8,6
Leistung	147 kW (200 PS) nach DIN bei 5800/min
Max. Drehmoment	270 Nm bei 3000 min
Elektrische Anlage	12-Volt-System mit Drehstromgenerator 90 A und wartungsarmer Batterie 300 A (63 Ah) Zentralelektrik
Kraftübertragung	Permanenter Allradantrieb über Einscheiben-Trockenkupplung mit hydraulischer Betätigung, vollsynchronisiertes Fünfgang-Schaltgetriebe, selbsttätig sperrendes Torsen-Zwischendifferential (zum Ausgleich zwischen Vorder- und Hinterachsantrieb) auf integriertes Vorderachsdifferential und über Kardanwelle auf sperrbares Hinterachsdifferential
Hochleistungs-Fahrwerk	Federung: vorn und hinten durch Federbeine mit Schraubenfedern und Teleskopstoßdämpfern – alle Elemente in Federbeinen kombiniert. Stabilisator vorn Radführung: vorn und hinten durch Federbeine und untere Dreiecksquerlenker Bremsanlage: Zweikreis-Bremsanlage mit Bremskreisaufteilung vorn und hinten. Scheibenbremsen vorn und hinten, vorn innenbelüftet. Hydraulischer Bremskraftverstärker. Bremskraftregler. Anti-Blockier-System (ABS)
Lenkung	Servolenkung mit Zentralhydraulik. Sicherheitslenksäule mit Ausklinkelement
Räder/Reifen	4 Leichtmetallräder 8 J x 15, Stahlgürtelreifen 215/50 VR 15, platzsparendes Notrad 4 J x 15
Aufbau	Selbsttragende Ganzstahlkarosserie mit Verformungszone vorn und hinten.
Höchstgeschwindigkeit[1]	222 km/h
Beschleunigung bei halber Nutzlast	0– 80 km/h: 4,5 Sekunden 0–100 km/h: 6,7 Sekunden
Kraftstoffverbrauch nach DIN 70030 Teil 1 von 7/78 Superbenzin mind. 98 ROZ	bei 90 km/h: 7,6 Liter/100 km bei 120 km/h: 9,7 Liter/100 km im Stadtzyklus: 13,4 Liter/100 km **Hinweis:** Je nach Fahrweise, Straßen- und Verkehrsverhältnissen, Umwelteinflüssen und Fahrzeugzustand können sich in der Praxis Verbrauchswerte ergeben, die von den nach dieser Norm ermittelten Werten abweichen.
Abmessungen	Radstand 2524 mm, Spurweite vorn/hinten 1461/1494 mm, Länge/Breite/Höhe 4404/1723/1344 mm, Bodenfreiheit 115 mm, Wendekreis ca. 11,3 m, Komfortmaß/Ellenbogenbreite 1870/1378 mm, Sitzraumfläche 2,57 m²
Gewichte[1]	Leergewicht 1300 kg, zul. Gesamtgewicht 1760 kg, zul. Achslasten vorn/hinten 980/950 kg, Dachlast 75 kg
Zulässige Anhängelasten	1500 kg gebremst bei 12% Steigung, 600 kg ungebremst
Kraftstoffbehältervolumen	90 Liter
Gepäckraumvolumen	390 Liter nach Kugelmessung, 330 Liter nach VDA-Quadermessung

[1] Durch Sonderausstattungen können sich das Leergewicht und der Luftwiderstandsbeiwert des Fahrzeuges erhöhen, wodurch die mögliche Nutzlast bzw. Höchstgeschwindigkeit entsprechend verringert werden.

Außenausstattung
Verbundglas-Windschutzscheibe mit grünem Colorstreifen
In Front- und Heckschürze integrierte Stoßfänger in Wagenfarbe
4 Leichtmetallräder
Radhausverbreiterungen
Großer Heckspoiler in Wagenfarbe
Schwarz getöntes Leuchtband
Schwarz getönte Heckleuchten

Innenausstattung
Stoffsitzbezüge in Eton-Flanell
Gepolsterte Armaturentafel
4-Speichen-Sicherheitslenkrad mit lederbezogenem Lenkradkranz
Abblendbarer Sicherheitsinnenspiegel
Formteilhimmel
Klapp- und schwenkbare Sonnenblenden mit beleuchtetem Make-up-Spiegel auf der Beifahrerseite
Ablagefach auf der Fahrerseite
Ablagefächer in den hinteren Seitenverkleidungen
Abschließbarer Ablagekasten auf der Beifahrerseite mit Beleuchtung
1 Ascher vorn, 1 Ascher hinten
Liegesitzeinrichtung für Fahrer und Beifahrer
Sportsitzgarnitur vorn
Höheneinstellbarer Fahrer- und Beifahrersitz
Einstellbare Rahmenkopfstützen vorn
Dreipunkt-Automatic-Sicherheitsgurte für die Vordersitze
2 Dreipunkt-Automatic-Sicherheitsgurte und 1 statischer Beckengurt für die Rücksitzplätze
Große Türablagekästen
Ausgeformte Rücksitzbank mit im Kopfraum angeformter Rücksitzlehne

Funktionsausstattung
Anti-Blockier-System (ABS)
Halogen-Hauptscheinwerfer mit integriertem Fernlicht-Zusatzstrahler
Servolenkung
Halogen-Nebelscheinwerfer
2 Rückfahrleuchten
Nebelschlußleuchte
Elektrische Scheibenwaschanlage
Scheibenwischanlage mit Zweistufenschaltung, Tipp-Wisch-Kontakt, Intervallschaltung und Wasch-/Wisch-Automatic
Heckscheiben-Wischanlage mit Wasch-Wisch-Automatic und Intervallschaltung
Beheizbare Heckscheibe mit „quattro"-Schriftzug im Heizdraht
Elektrisch beheiz- und einstellbare Außenspiegel
2 Gasdruckfedern für die Gepäckraumklappe
Scheinwerfer-Reinigungsanlage
Elektronisches Anzeige-Display mit: Tachometer, Kilometerzähler, Tageskilometerzähler, Drehzahlmesser, Kühlmitteltemperaturanzeige, Kraftstoffvorratsanzeige und Digital-Zeituhr
Bordcomputer mit Abfragemöglichkeit der Fahrzeit, Durchschnittsgeschwindigkeit, Durchschnittsverbrauch, Reichweite
Kontrolleuchten für Generator, Öldruck, Blinkleuchten, Fernlicht, Warnblinkanlage, Heckscheibenheizung, Nebelscheinwerfer, Nebelschlußleuchte, Motorelektronik, Anti-Blockier-System, Brems- und Hydraulikanlage
Voltmeter und Öltemperaturanzeige in der Mittelkonsole
Regelbare Instrumentenbeleuchtung
Leuchtkennzeichnung der Schalter für die Heiz- und Frischluftbetätigung
Warnsummer für nicht ausgeschaltetes Licht und/oder Radio
Zigarettenanzünder in der Mittelkonsole
1 Innenleuchte mit Kontaktschalter an den Türen
Separate Gepäckraumbeleuchtung
Stereo-Cassetten-Radioanlage mit elektronisch verstärkter Kurzstab-Automatic-Antenne
Kombiniertes Belüftungs- und Heizungssystem mit 3stufigem Gebläse, Fußraumausströmern und einstellbaren Ausströmern in der Armaturentafel
Defrosterdüsen für die Windschutzscheibe und die Seitenscheiben
Abschließbarer Deckel für Kraftstoffbehälter
Dauerschutzkonservierung für Unterboden und Radhäuser
Hohlraumkonservierung
Edelstahl-Abgasanlage mit Doppelendrohr

Interessante Sonderausstattungen gegen Mehrpreis
Klimaanlage (in Verbindung mit Wärmeschutzverglasung)
Herausnehmbares Ausstelldach
Grüne Wärmeschutzverglasung
Zentralverriegelung
Elektrisch beheizbare Vordersitze
Geschwindigkeitsregelanlage
Elektrisch betätigte Türfensterheber
Lederinnenausstattung (Sitzbezüge und Einlagen für Tür- und Seitenverkleidungen aus Leder)
Lederinnenausstattung (Farbe aus dem Audi Ausstattungsangebot)
Lederinnenausstattung (Farbe nach Kundenwunsch)

Wenn Sie die Ausstattung Ihres Audi quattro nach Ihren individuellen Wünschen erweitern möchten, wenden Sie sich bitte an Ihren V.A.G Partner. Er informiert Sie gern über die entsprechenden Kombinationsmöglichkeiten und das komplette Angebot an Sonderausstattungen.

Farben und Sitzbezüge.

Im Druck können die Farbtöne nicht so genau wiedergegeben werden wie im Original. Das gilt für die Lackierung wie für die Polsterung. Die Original-Lack- und Sitzbezugmuster hat Ihr V.A.G Partner.

Serienmäßige Außenlackierungen.

Tornadorot G2
Alpinweiß P1
Zermattsilber metallic L1
Satinschwarz metallic Q1
Nautic metallic Q2
Lago metallic Q6
Steingrau metallic U8

Stoffsitzbezug, Eton-Flanell.

Graphit ZN

Lederausstattung als Sonderausstattung.

Graphit YN
Platin TW

Lackierung als Sonderausstattung.

Perlmutt-Effekt* 9019

*Leichtmetallräder in Wagenfarbe

15

Lieferbare Ausstattungen und Farben Jahrgang 1988

Technische Daten

DKW Munga (1954–68)		
Motor	Zweitakt-Dreizylinder	
Zylinder	3	
Bohrung x Hub	71 x 76 mm (ab 1958: 74 x 76 mm)	
Hubraum	896 cm^3 (ab 1958: 974 cm^3)	
Leistung	38 PS bei 4200/min (ab 1958: 44 PS bei 4500/min)	
Drehmoment	71 Nm bei 3000/min (ab 1958: 78 Nm bei U/min)	
Verdichtung	1:6,5 (ab 1958: 1:7,25)	
Gemischaufbereitung	Doppel-Fallstrom-Geländevergaser Zenith 32 NDIX	
Ventile	ohne	
Kurbelwellenlager	4	
Kühlung	9,5 Liter	
Schmierung	Zweitakt-Gemisch 1:40	
Batterie	2 x 12 V 45 Ah	
Lichtmaschine	24 V 600 W	
Kraftübertragung	Allradantrieb (Hinterradantrieb bis 1955 abschaltbar)	
Kupplung	Einscheiben, trocken	
Getriebe	Viergang-Schaltgetriebe + Vorgelege	
Übersetzungen	I.	3,818
	II.	2,411
	III.	1,478
	IV.	0,915
Vorgelege		1,604
Antriebsübersetzung		6,333
Fahrwerk	Kastenprofilrahmen, Ganzstahl-Karosserie	
Vorderachse	Querlenker unten, 1 Querfeder oben	
Hinterachse	Querlenker unten, 1 Querfeder oben	
Lenkung	Zahnstangenlenkung (15,5:1)	
Bremse	Hydraulisch, Trommel vorne und hinten Durchmesser: 230 mm	
Daten und Zahlen		
Radstand	2000 mm	
Spur vorne/hinten	1206 / 1206 mm	
Länge x Breite x Höhe	3450 x 1500 x 1335 mm	
Felgen/Reifen	5 x 16 / 6,00 - 16	
Wagengewicht	1245 kg	
Zuläss. Gesamtgewicht	1620 kg	
Höchstgeschwindigkeit	95 km/h	
Verbrauch/100 km	13 Liter Straße / Gelände 17 Liter	
Tankinhalt	45 Liter	

VW Iltis (1979–82)

Motor	Reihenvierzylinder
Zylinder	4
Bohrung x Hub	79,5 x 86,4 mm
Hubraum	1714 cm³
Leistung	75 PS bei 5500/min
Drehmoment	132 Nm bei 2800/min
Verdichtung	8,2:1
Gemischaufbereitung	Gelände-Fallstromvergaser Solex 1 B 1
Ventile	ohc
Kurbelwellenlager	5
Kühlung	8 Liter
Schmierung	4 Liter Öl
Batterie	2 x 12 V 45 Ah
Lichtmaschine	Drehstrom 24 V 55 Ah
Kraftübertragung	Allradantrieb (Vorderradantrieb zuschaltbar)
Kupplung	Einscheiben, trocken
Getriebe	Fünfgang-Schaltgetriebe (Viergang + Geländegang)
Übersetzungen	I. 3,909
	II. 2,277
	III. 1,458
	IV. 1,086
Geländegang	7,603
Antriebsübersetzung	5,286
Fahrwerk	Kastenprofilrahmen, Ganzstahl-Karosserie
Vorderachse	Querlenker unten, 1 Querfeder oben
Hinterachse	Querlenker unten, 1 Querfeder oben
Lenkung	Zahnstangenlenkung (20:1)
Bremse	Zweikreis-Hydraulik mit Servo, Trommeln vorne und hinten Durchmesser: 280 mm
Daten und Zahlen	
Radstand	2017 mm
Spur vorne/hinten	1230 / 1260 mm
Länge x Breite x Höhe	3887 x 1520 x 1837 mm
Felgen/Reifen	5,5 x 16 / 6,50 R 16
Wagengewicht	1550 kg
Zuläss. Gesamtgewicht	2050 kg
Höchstgeschwindigkeit	130 km/h
0 - 100 km/h	22 sec
Verbrauch/100 km	14 Liter Straße / Gelände 18 Liter
Tankinhalt	85 Liter

Audi Quattro (1980–87)

Motor	Reihenfünfzylinder	
Zylinder	5	
Bohrung x Hub	79,5 x 86,4 mm	
Hubraum	2144 cm^3	
Leistung	200 PS bei 5500/min	
Drehmoment	285 Nm bei 3500/min	
Verdichtung	7,0:1	
Gemischaufbereitung	Mechanische Einspritzung Bosch K-Jetronic Abgasturbolader KKK Typ 26 mit Ladeluftkühler	
Ventile	ohc	
Kurbelwellenlager	6	
Kühlung	9,3 Liter Wasser	
Schmierung	4,5 Liter Öl	
Batterie	12 V 63 Ah	
Lichtmaschine	Drehstrom 90 A	
Kraftübertragung	Allradantrieb mit manuell zu sperrendem Zwischen- und Hinterachsdifferenzial	
Kupplung	Einscheiben, trocken	
Getriebe	Fünfgang-Schaltgetriebe	
Übersetzungen	I.	3,6
	II.	2,125
	III.	1,36 (ab 9/1983 1,458)
	IV.	0,967 (ab 9/1983 1,071)
	V.	0,778
Antriebsübersetzung		3,889 (USA: 4,111)
Fahrwerk	Selbsttragende Karosserie, Einzelradaufhängung rundum	
Vorderachse	McPherson-Federbeine, Querlenker, Schraubenfedern, Stabilisator	
Hinterachse	McPherson-Federbeine, Querlenker, Schraubenfedern, Stabilisator	
Lenkung	Zahnstangenlenkung mit Servo	
Bremse	Zweikreis-Hydraulik mit Servo, innenbelüftete Scheiben vorne Durchmesser: 280 / unbelüftet hinten 245 mm	
Daten und Zahlen		
Radstand	2524 mm	
Spur vorne/hinten	1418 / 1451 mm	
Länge x Breite x Höhe	4404 x 1723 x 1344 mm	
Felgen/Reifen	6 x 15 / 205/60 VR 15	
Wagengewicht	1335 kg	
Zuläss. Gesamtgewicht	1760 kg	
Höchstgeschwindigkeit	222 km/h	
Beschl. 0 - 100 km/h	7,5 sec	
Verbrauch/100 km	15 l	
Tankinhalt	90 l	

Audi Quattro (1987–89)		
Motor	Reihenfünfzylinder	
Zylinder	5	
Bohrung x Hub	81 x 86,4 mm	
Hubraum	2226 cm^3	
Leistung	200 PS bei 5800/min	
Drehmoment	270 Nm bei 3000/min	
Verdichtung	8,6:1	
Gemischaufbereitung	Mechanische Einspritzung Bosch K-Jetronic Abgasturbolader KKK Typ 26 mit Ladeluftkühler	
Ventile	ohc	
Kurbelwellenlager	6	
Kühlung	9,3 Liter Wasser	
Schmierung	4,5 Liter Öl	
Batterie	12 V 63 Ah	
Lichtmaschine	Drehstrom 90 A	
Kraftübertragung	Allradantrieb mit selbstsperrendem Torsen-Zwischendifferenzial manuell sperrbares Hinterachsdifferenzial	
Kupplung	Einscheiben, trocken	
Getriebe	Fünfgang-Schaltgetriebe	
Übersetzungen	I.	3,6
	II.	2,125
	III.	1,458
	IV.	1,071
	V.	0,779
Antriebsübersetzung		3,889
Fahrwerk	Selbsttragende Karosserie, Einzelradaufhängung rundum	
Vorderachse	McPherson-Federbeine, Querlenker, Schraubenfedern, Stabilisator	
Hinterachse	McPherson-Federbeine, Querlenker, Schraubenfedern	
Lenkung	Zahnstangenlenkung mit Servo	
Bremse	Zweikreis-Hydraulik mit Servo, innenbelüftete Scheiben vorne / hinten Durchmesser: 276 / 245 mm	
Daten und Zahlen		
Radstand	2524 mm	
Spur vorne/hinten	1416 / 1494 mm	
Länge x Breite x Höhe	4404 x 1725 x 1344 mm	
Felgen/Reifen	8 x 15 / 215/50 VR 15	
Wagengewicht	1350 kg	
Zuläss. Gesamtgewicht	1760 kg	
Höchstgeschwindigkeit	222 km/h	
Beschl. 0 - 100 km/h	7 sec	
Verbrauch/100 km	15 l	
Tankinhalt	90 l	

Audi Quattro Sport (1984–86)

Motor	Reihenfünfzylinder
Zylinder	5
Bohrung x Hub	79,3 x 86,4 mm
Hubraum	2133 cm^3
Leistung	306 PS bei 6700/min
Drehmoment	350 Nm bei 3700/min
Verdichtung	8,0:1
Gemischaufbereitung	Elektronische Einspritzung Bosch LH-Tronic Abgasturbolader KKK K27 mit Ladeluftkühler
Ventile	dohc; 4 Ventile je Zylinder
Kurbelwellenlager	6
Kühlung	
Schmierung	
Batterie	12 V / 63 Ah
Lichtmaschine	Drehstrom 90 A
Kraftübertragung	Allradantrieb mit pneumatisch sperrbarem Zwischen- und Hinterachsdifferenzial
Kupplung	Einscheiben, trocken
Getriebe	Fünfgang-Schaltgetriebe
Übersetzungen	I. 3,5 II. 2,083 III. 1,368 IV. 0,962 V. 0,759
Antriebsübersetzung	3,875
Fahrwerk	Selbsttragende Karosserie, Einzelradaufhängung rundum
Vorderachse	McPherson-Federbeine, Querlenker, Schraubenfedern, Stabilisator
Hinterachse	McPherson-Federbeine, Querlenker, Schraubenfedern
Lenkung	Zahnstangenlenkung mit Servo
Bremse	Zweikreis-Hydraulik mit Servo, innenbelüftete Scheiben vorne / hinten
Daten und Zahlen	
Radstand	2224 mm
Spur vorne/hinten	1516 x 1492 mm
Länge x Breite x Höhe	4160 x 1780 x 1340 mm
Felgen/Reifen	9 x 15 / 235/45 VR 15
Wagengewicht	1290 kg
Zuläss. Gesamtgewicht	1650 kg
Höchstgeschwindigkeit	250 km/h
Beschl. 0 - 100 km/h	4,9 sec
Verbrauch/100 km	
Tankinhalt	90 l

Audi Quattro 20V (1989–91)	
Motor	Reihenfünfzylinder 2 Dreiwegekatalysatoren mit Lambda-Sonde
Zylinder	5
Bohrung x Hub	81 x 86,4 mm
Hubraum	2226 cm^3
Leistung	220 PS bei 5900/min
Drehmoment	303 Nm bei 1950/min
Verdichtung	9,3:1
Gemischaufbereitung	Vollelektronische Einspritzung Bosch Motronic Abgasturbolader KKK Typ 26 mit Ladeluftkühler
Ventile	dohc, Hydrostößel, 4 Ventile je Zylinder
Kurbelwellenlager	6
Kühlung	9,3 Liter Wasser
Schmierung	4,5 Liter Öl
Batterie	12 V 63 Ah
Lichtmaschine	Drehstrom 90 A
Kraftübertragung	Allradantrieb mit selbstsperrendem Torsen-Zwischendifferenzial manuell sperrbares Hinterachsdifferenzial
Kupplung	Einscheiben, trocken
Getriebe	Fünfgang-Schaltgetriebe
Übersetzungen	I. 3,6 II. 2,125 III. 1,36 IV. 0,967 V. 0,778
Antriebsübersetzung	3,889
Fahrwerk	Selbsttragende Karosserie, Einzelradaufhängung rundum
Vorderachse	McPherson-Federbeine, Querlenker, Schraubenfedern, Stabilisator
Hinterachse	McPherson-Federbeine, Querlenker, Schraubenfedern,
Lenkung	Zahnstangenlenkung mit Servo
Bremse	Zweikreis-Hydraulik mit Servo, innenbelüftete Scheiben vorne / hinten Durchmesser: 276 / 245 mm
Daten und Zahlen	
Radstand	2524 mm
Spur vorne/hinten	1416 / 1494 mm
Länge x Breite x Höhe	4404 x 1725 x 1344 mm
Felgen/Reifen	8 x 15 / 215/50 VR 15
Wagengewicht	1380 kg
Zuläss. Gesamtgewicht	1840 kg
Höchstgeschwindigkeit	232 km/h
Beschl. 0 - 100 km/h	7 sec
Verbrauch/100 km	15 l
Tankinhalt	90 l

Audi 80 Quattro (1982–84)

Motor	Reihenfünfzylinder
Zylinder	5
Bohrung x Hub	79,5 x 86,4 mm
Hubraum	2144 cm^3
Leistung	136 PS bei 5900/min
Drehmoment	176 Nm bei 4500/min
Verdichtung	9,3:1
Gemischaufbereitung	Mechanische Einspritzung Bosch K-Jetronic
Zündanlage	Bosch Transistor
Ventile	ohc
Kurbelwellenlager	6
Kühlung	8 Liter Wasser
Schmierung	3,5 Liter Öl
Batterie	12 V 50 / 63 Ah
Lichtmaschine	Drehstrom 65 A
Kraftübertragung	Allradantrieb mit manuell sperrbarem Zwischen- und Hinterachs-differenzial
Kupplung	Einscheiben, trocken
Getriebe	Fünfgang-Schaltgetriebe
Übersetzungen	I. 3,6
	II. 2,125
	III. 1,458
	IV. 1,071
	V. 0,829
Antriebsübersetzung	4,111
Fahrwerk	Selbsttragende Karosserie, Einzelradaufhängung rundum
Vorderachse	McPherson-Federbeine, Querlenker, Schraubenfedern, Stabilisator
Hinterachse	McPherson-Federbeine, Querlenker, Schraubenfedern, Stabilisator
Lenkung	Zahnstangenlenkung mit Servo
Bremse	Zweikreis-Hydraulik mit Servo, innenbelüftete Scheiben vorne / Scheiben hinten; Durchmesser: vorn 276 / hinten 245 mm
Daten und Zahlen	
Radstand	2525 mm
Spur vorne/hinten	1403 / 1407 mm
Länge x Breite x Höhe	4383 x 1682 x 1376 mm
Felgen/Reifen	5,5 x 14 / 175/70 HR 14
Wagengewicht	1190 kg (2t) / 1200 (4t)
Zuläss. Gesamtgewicht	1650 kg
Höchstgeschwindigkeit	195 km/h
Beschl. 0 - 100 km/h	9,5 sec
Verbrauch/100 km	13 l
Tankinhalt	70 l

Audi 80 Quattro (1983–84)		
Motor	Reihenfünfzylinder	
Zylinder	5	
Bohrung x Hub	81 x 77,4 mm	
Hubraum	1944 cm³	
Leistung	115 PS bei 5400/min	
Drehmoment	161 Nm bei 3200/min	
Verdichtung	10,0:1	
Gemischaufbereitung	Mechanische Einspritzung Bosch K-Jetronic	
Zündanlage	Bosch Transistor	
Ventile	ohc	
Kurbelwellenlager	6	
Kühlung	8 Liter Öl	
Schmierung	3,5 Liter Wasser	
Batterie	12 V 50 / 63 Ah	
Lichtmaschine	Drehstrom 65 A	
Kraftübertragung	Allradantrieb mit manuell sperrbarem Zwischen- und Hinterachs-differenzial	
Kupplung	Einscheiben, trocken	
Getriebe	Fünfgang-Schaltgetriebe	
Übersetzungen	I.	3,6
	II.	2,125
	III.	1,458
	IV.	1,071
	V.	0,829
Antriebsübersetzung		4,111
Fahrwerk	Selbsttragende Karosserie, Einzelradaufhängung rundum	
Vorderachse	McPherson-Federbeine, Querlenker, Schraubenfedern, Stabilisator	
Hinterachse	McPherson-Federbeine, Querlenker, Schraubenfedern, Stabilisator	
Lenkung	Zahnstangenlenkung (auf Wunsch mit Servo)	
Bremse	Zweikreis-Hydraulik mit Servo, innenbelüftete Scheiben vorne / Scheiben hinten; Durchmesser: vorn 276 / hinten 245 mm	
Daten und Zahlen		
Radstand	2525 mm	
Spur vorne/hinten	1403 / 1407 mm	
Länge x Breite x Höhe	4383 x 1682 x 1376 mm	
Felgen/Reifen	5,5 x 14 / 175/70 HR 14	
Wagengewicht	1190 kg (2t) / 1200 (4t)	
Zuläss. Gesamtgewicht	1650 kg	
Höchstgeschwindigkeit	184 km/h	
Beschl. 0 - 100 km/h	10 sec	
Verbrauch/100 km	12,5 l	
Tankinhalt	70 l	

Audi 80 Quattro (1984–86)

Motor	Reihenvierzylinder
Zylinder	4
Bohrung x Hub	81 x 86,4 mm
Hubraum	1781 cm^3
Leistung	112 PS bei 5800/min
Drehmoment	157 Nm bei 3500/min
Verdichtung	10,0:1
Gemischaufbereitung	Mechanische Einspritzung, Bosch K-Jetronic
Zündanlage	elektronische Zündung
Ventile	ohc
Kurbelwellenlager	5
Kühlung	6,5 Liter Wasser
Schmierung	3,5 Liter Öl
Batterie	12 V 50 / 63 Ah
Lichtmaschine	Drehstrom 55 A
Kraftübertragung	Allradantrieb mit manuell sperrbarem Zwischen- und Hinterachsdifferenzial
Kupplung	Einscheiben, trocken
Getriebe	Fünfgang-Schaltgetriebe
Übersetzungen	I. 3,6
	II. 2,125
	III. 1,458
	IV. 1,071
	V. 0,778
Antriebsübersetzung	4,556
Fahrwerk	Selbsttragende Karosserie, Einzelradaufhängung rundum
Vorderachse	McPherson-Federbeine, Querlenker, Schraubenfedern, Stabilisator
Hinterachse	McPherson-Federbeine, Querlenker, Schraubenfedern
Lenkung	Zahnstangenlenkung (Servo auf Wunsch)
Bremse	Zweikreis-Hydraulik mit Servo, innenbelüftete Scheiben vorne / Scheiben hinten; Durchmesser: vorn 276 / hinten 245 mm
Daten und Zahlen	
Radstand	2525 mm
Spur vorne/hinten	1403 / 1407 mm
Länge x Breite x Höhe	4406 x 1682 x 1376 mm
Felgen/Reifen	5,5 x 14 / 175/70 HR 14
Wagengewicht	1170 kg (2t) / 1180 kg (4t)
Zuläss. Gesamtgewicht	1580 kg
Höchstgeschwindigkeit	185 km/h
Beschl. 0 - 100 km/h	10,5 sec
Verbrauch/100 km	12,5 l
Tankinhalt	70 l

Audi 90 Quattro (1984–86)	
Motor	Reihenfünfzylinder
Zylinder	5
Bohrung x Hub	81 x 86,4 mm
Hubraum	2226 cm^3
Leistung	136 PS bei 5700/min
Drehmoment	186 Nm bei 3500/min
Verdichtung	10,0:1
Gemischaufbereitung	elektr. Einspritzung Bosch KE-Jetronic
Zündanlage	elektronische Zündung
Ventile	ohc
Kurbelwellenlager	6
Kühlung	8 Liter Wasser
Schmierung	4,5 Liter Öl
Batterie	12 V 50 / 63 Ah
Lichtmaschine	Drehstrom 90 A
Kraftübertragung	Allradantrieb mit sperrbarem Zwischen- und Hinterachsdifferenzial
Kupplung	Einscheiben, trocken
Getriebe	Fünfgang-Schaltgetriebe
Übersetzungen	I. 3,6
	II. 2,125
	III. 1,458
	IV. 1,071
	V. 0,778
Antriebsübersetzung	4,111
Fahrwerk	Selbsttragende Karosserie, Einzelradaufhängung rundum
Vorderachse	McPherson-Federbeine, Querlenker, Schraubenfedern, Stabilisator
Hinterachse	McPherson-Federbeine, Querlenker, Schraubenfedern,
Lenkung	Zahnstangenlenkung mit Servo
Bremse	Zweikreis-Hydraulik mit Servo, innenbelüftete Scheiben vorne / Scheiben hinten; Durchmesser: vorn 276 / hinten 245mm
Daten und Zahlen	
Radstand	2525 mm
Spur vorne/hinten	1403 / 1424 mm
Länge x Breite x Höhe	4465 x 1682 x 1376 mm
Felgen/Reifen	5,5 x 14 / 175/70 HR 14
Wagengewicht	1245 kg
Zuläss. Gesamtgewicht	1660 kg
Höchstgeschwindigkeit	195 km/h
Beschl. 0 - 100 km/h	9,5 sec
Verbrauch/100 km	13 l
Tankinhalt	70 l

Audi 100 Quattro 2,1 l (1982–84)

Motor	Reihenfünfzylinder
Zylinder	5
Bohrung x Hub	79,5 x 86,4 mm
Hubraum	2144 cm^3
Leistung	136 PS bei 5700/min
Drehmoment	176 Nm bei 5700/min
Verdichtung	9,3:1
Gemischaufbereitung	Mechanische Einspritzung Bosch K-Jetronic
Ventile	ohc
Kurbelwellenlager	6
Kühlung	8,1 Liter Wasser
Schmierung	4,5 Liter Öl
Batterie	12 V 63 Ah
Lichtmaschine	Drehstrom 90 A
Kraftübertragung	Allradantrieb mit sperrbarem Zwischen- und Hinterachsdifferenzial
Kupplung	Einscheiben, trocken
Getriebe	Fünfgang-Schaltgetriebe
Übersetzungen	I. 3,6
	II. 2,125
	III. 1,458
	IV. 1,071
	V. 0,829
Antriebsübersetzung	3,889
Fahrwerk	Selbsttragende Karosserie, Einzelradaufhängung rundum
Vorderachse	McPherson-Federbeine, Querlenker, Schraubenfedern, Stabilisator
Hinterachse	Längslenker, Schraubenfedern, Teleskopdämpfer
Lenkung	Zahnstangenlenkung mit Servo
Bremse	Zweikreis-Hydraulik mit Servo, innenbelüftete Scheiben vorne / Scheiben hinten
Daten und Zahlen	
Radstand	2687 mm
Spur vorne/hinten	1468 / 1467 mm
Länge x Breite x Höhe	4792 x 1814 x 1422 mm
Felgen/Reifen	5,5 x 14 / 185/70 HR 14
Wagengewicht	1210 kg
Zuläss. Gesamtgewicht	1710 kg
Höchstgeschwindigkeit	200 km/h
Beschl. 0 - 100 km/h	11,5 sec
Verbrauch/100 km	11,5 l
Tankinhalt	80 l

Audi 100 Quattro 1,8 l (1983–89)

Motor	Reihenvierzylinder		
Zylinder	4		
Bohrung x Hub	81 x 86,4 mm		
Hubraum	1781 cm³		
Leistung	90 PS bei 5200/min		
Drehmoment	145 Nm bei 3300/min		
Verdichtung	10,0:1		
Gemischaufbereitung	Fallstrom-Registervergaser Pierburg		
Ventile	ohc		
Kurbelwellenlager	5		
Kühlung	7 Liter Wasser		
Schmierung	3 Liter Öl		
Batterie	12 V 40 Ah		
Lichtmaschine	Drehstrom 65 Ah		
Kraftübertragung	Allradantrieb mit sperrbarem Zwischen- und Hinterachsdifferenzial		
Kupplung	Einscheiben, trocken		
Getriebe	Fünfgang-Schaltgetriebe		
Übersetzungen	I.	3,455	3,6
	II.	1,789	2,125
	III.	1,065	1,458
	IV.	0,703	1,071
	V.		0,778
Antriebsübersetzung		4,111	4,111
Fahrwerk	Selbsttragende Karosserie, Einzelradaufhängung rundum		
Vorderachse	McPherson-Federbeine, Querlenker, Schraubenfedern, Stabilisator		
Hinterachse	Längslenker, Schraubenfedern, Teleskopdämpfer		
Lenkung	Zahnstangenlenkung (auf Wunsch mit Servo)		
Bremse	Zweikreis-Hydraulik mit Servo, innenbelüftete Scheiben vorne / Trommeln hinten, Durchmesser vorn: 257 mm		
Daten und Zahlen			
Radstand	2687 mm		
Spur vorne/hinten	1468 / 1467 mm		
Länge x Breite x Höhe	4792 x 1814 x 1422 mm		
Felgen/Reifen	5,5 x 14 / 185/70 SR 14		
Wagengewicht	1140 kg		
Zuläss. Gesamtgewicht	1640 kg		
Höchstgeschwindigkeit	176 km/h		
Beschl. 0 - 100 km/h	12,9 sec		
Verbrauch/100 km	10 l		
Tankinhalt	80 l		

Audi 100 Quattro 2,2 l (1984–86)

Motor	Reihenfünfzylinder, Dreiwegekatalysator mit Lambdasonde
Zylinder	5
Bohrung x Hub	81 x 86,4 mm
Hubraum	2226 cm^3
Leistung	138 PS bei 5700/min
Drehmoment	184 Nm bei 3500/min
Verdichtung	10,0:1
Gemischaufbereitung	Mechanische Einspritzung Bosch K-Jetronic
Ventile	ohc
Kurbelwellenlager	6
Kühlung	8,1 Liter Wasser
Schmierung	4,5 Liter Öl
Batterie	12 V 63 Ah
Lichtmaschine	Drehstrom 90 A
Kraftübertragung	Allradantrieb mit sperrbarem Zwischen- und Hinterachsdifferenzial
Kupplung	Einscheiben, trocken
Getriebe	Fünfgang-Schaltgetriebe
Übersetzungen	I. 3,6
	II. 2,125
	III. 1,458
	IV. 1,071
	V. 0,857
Antriebsübersetzung	3,889
Fahrwerk	Selbsttragende Karosserie, Einzelradaufhängung rundum
Vorderachse	McPherson-Federbeine, Querlenker, Schraubenfedern, Stabilisator
Hinterachse	Längslenker, Schraubenfedern, Teleskopdämpfer
Lenkung	Zahnstangenlenkung mit Servo
Bremse	Zweikreis-Hydraulik mit Servo, innenbelüftete Scheiben vorne / Scheiben hinten
Daten und Zahlen	
Radstand	2687 mm
Spur vorne/hinten	1468 / 1467 mm
Länge x Breite x Höhe	4792 x 1814 x 1422 mm
Felgen/Reifen	5,5 x 14 (185/70 HR 14)
Wagengewicht	1205 kg
Zuläss. Gesamtgewicht	1800 kg
Höchstgeschwindigkeit	197 km/h
Beschl. 0 - 100 km/h	10,5 sec
Verbrauch/100 km	11,5 l
Tankinhalt	80 l

Audi 100 Quattro 2 l (1984–87)		
Motor	Reihenfünfzylinder	
Zylinder	5	
Bohrung x Hub	81 x 77,4	
Hubraum	1994 cm³	
Leistung	115 PS bei 5200/min	
Drehmoment	167 Nm bei 3300/min	
Verdichtung	10,0:1	
Gemischaufbereitung	Mechanische Einspritzung Bosch K-Jetronic	
Ventile	ohc	
Kurbelwellenlager	6	
Kühlung	8,1 Liter Wasser	
Schmierung	4,5 Liter Öl	
Batterie	12 V 63 Ah	
Lichtmaschine	Drehstrom 90 A	
Kraftübertragung	Allradantrieb mit sperrbarem Zwischen- und Hinterachsdifferenzial	
Kupplung	Einscheiben, trocken	
Getriebe	Fünfgang-Schaltgetriebe	
Übersetzungen	I.	3,6
	II.	2,125
	III.	1,458
	IV.	1,071
	V.	0,857
Antriebsübersetzung		3,889
Fahrwerk	Selbsttragende Karosserie, Einzelradaufhängung rundum	
Vorderachse	McPherson-Federbeine, Querlenker, Schraubenfedern, Stabilisator	
Hinterachse	Längslenker, Schraubenfedern, Teleskopdämpfer	
Lenkung	Zahnstangenlenkung mit Servo	
Bremse	Zweikreis-Hydraulik mit Servo, innenbelüftete Scheiben vorne / Scheiben hinten	
Daten und Zahlen		
Radstand	2687 mm	
Spur vorne/hinten	1468 / 1467 mm	
Länge x Breite x Höhe	4792 x 1814 x 1422 mm	
Felgen/Reifen	5,5 x 14 / 185/70 HR 14	
Wagengewicht	1250 kg	
Zuläss. Gesamtgewicht	1800 kg	
Höchstgeschwindigkeit	190 km/h	
Beschl. 0 - 100 km/h	11 sec	
Verbrauch/100 km	11,5 l	
Tankinhalt	80 l	

Audi 100 Quattro Turbo (1986–90)			
Motor	Reihenfünfzylinder, Dreiwegekatalysator mit Lambdasonde		
Zylinder	5		
Bohrung x Hub	81 x 86,4 mm		
Hubraum	2226 cm^3		
Leistung	165 PS bei 5500/min		
Drehmoment	240 Nm bei 3000/min		
Verdichtung	7,8:1		
Gemischaufbereitung	Mechanische Einspritzung Bosch K-Jetronic Abgasturbolader KKK Typ 26 mit Ladeluftkühler		
Ventile	ohc		
Kurbelwellenlager	6		
Kühlung	8,1 Liter Wasser		
Schmierung	4,5 Liter Öl		
Batterie	12 V 63 Ah		
Lichtmaschine	Drehstrom 90 A		
Kraftübertragung	Allradantrieb mit sperrbarem Zwischen- und Hinterachsdifferenzial		
Kupplung	Einscheiben, trocken		
Getriebe	Fünfgang-Schaltgetriebe (ab 1988 auch 3-Gang-Automatik)		
Übersetzungen	I.	3,6	2,714
	II.	2,125	1,5
	III.	1,458	1
	IV.	1,071	
	V.	0,778	
Antriebsübersetzung		3,889	3,083
Fahrwerk	Selbsttragende Karosserie, Einzelradaufhängung rundum		
Vorderachse	McPherson-Federbeine, Querlenker, Schraubenfedern, Stabilisator		
Hinterachse	Längslenker, Schraubenfedern, Teleskopdämpfer		
Lenkung	Zahnstangenlenkung mit Servo		
Bremse	Zweikreis-Hydraulik mit Servo, innenbelüftete Scheiben vorne / Scheiben hinten		
Daten und Zahlen			
Radstand	2687 mm		
Spur vorne/hinten	1468 / 1467 mm		
Länge x Breite x Höhe	4792 x 1814 x 1422 mm		
Felgen/Reifen	6 J x 15 (205/60 VR 15)		
Wagengewicht	1300 kg		
Zuläss. Gesamtgewicht	1850 kg		
Höchstgeschwindigkeit	219 km/h		
Beschl. 0 - 100 km/h	8,8 sec		
Verbrauch/100 km	14,2 l		
Tankinhalt	80 l		

Audi Coupé Quattro (1984–87)

Motor	Reihenfünfzylinder
Zylinder	5
Bohrung x Hub	81 x 86,4 mm
Hubraum	2226 cm^3
Leistung	136 PS bei 5700/min
Drehmoment	182 Nm bei 3500/min
Verdichtung	10,0:1
Gemischaufbereitung	Mechanische Einspritzung Bosch K-Jetronic
Ventile	ohc
Kurbelwellenlager	6
Kühlung	8,1 Liter Wasser
Schmierung	4,5 Liter Öl
Batterie	12 V 63 Ah
Lichtmaschine	Drehstrom 90 A
Kraftübertragung	Allradantrieb mit manuell zu sperrendem Zwischen- und Hinterachsdifferenzial
Kupplung	Einscheiben, trocken
Getriebe	Fünfgang-Schaltgetriebe
Übersetzungen	I. 3,6
	II. 2,125
	III. 1,458
	IV. 1,071
	V. 0,778
Antriebsübersetzung	4,111
Fahrwerk	Selbsttragende Karosserie, Einzelradaufhängung rundum
Vorderachse	McPherson-Federbeine, Querlenker, Schraubenfedern, Stabilisator
Hinterachse	McPherson-Federbeine, Querlenker, Schraubenfedern, Stabilisator
Lenkung	Zahnstangenlenkung mit Servo
Bremse	Zweikreis-Hydraulik mit Servo, innenbelüftete Scheiben vorne / hinten Durchmesser: 276 / 245 mm
Daten und Zahlen	
Radstand	2524 mm
Spur vorne/hinten	1403 / 1424 mm
Länge x Breite x Höhe	4421 x 1682 x 1376 mm
Felgen/Reifen	6 J x 14 / 175/70 HR 14
Wagengewicht	1240 kg
Zuläss. Gesamtgewicht	1660 kg
Höchstgeschwindigkeit	200 km/h
Beschl. 0 - 100 km/h	9,5 sec
Verbrauch/100 km	13 l
Tankinhalt	70 l

Audi 200 Quattro Turbo (1983–85)

Motor	Reihenfünfzylinder
Zylinder	5
Bohrung x Hub	79,5 x 86,4 mm
Hubraum	2144 cm^3
Leistung	182 PS bei 5700/min
Drehmoment	252 Nm bei 3600/min
Verdichtung	8,8:1
Gemischaufbereitung	Mechanische Einspritzung Bosch K-Jetronic Abgasturbolader KKK Typ 26 mit Ladeluftkühler
Ventile	ohc
Kurbelwellenlager	6
Kühlung	8,1 Liter Wasser
Schmierung	4,5 Liter Öl
Batterie	12 V 63 Ah
Lichtmaschine	Drehstrom 90 A
Kraftübertragung	Allradantrieb mit sperrbarem Zwischen- und Hinterachsdifferenzial
Kupplung	Einscheiben, trocken
Getriebe	Fünfgang-Schaltgetriebe
Übersetzungen	I. 3,6 II. 2,125 III. 1,36 IV. 0,967 V. 0,778
Antriebsübersetzung	3,889
Fahrwerk	Selbsttragende Karosserie, Einzelradaufhängung rundum
Vorderachse	McPherson-Federbeine, Querlenker, Schraubenfedern, Stabilisator
Hinterachse	Längslenker, Schraubenfedern, Teleskopdämpfer
Lenkung	Zahnstangenlenkung mit Servo
Bremse	Zweikreis-Hydraulik mit Servo, innenbelüftete Scheiben vorne / Scheiben hinten
Daten und Zahlen	
Radstand	2687 mm
Spur vorne/hinten	1468 / 1469 mm
Länge x Breite x Höhe	4807 x 1814 x 1422 mm
Felgen/Reifen	6 J x 15 / 205/60 VR 15
Wagengewicht	1330 kg
Zuläss. Gesamtgewicht	1790 kg
Höchstgeschwindigkeit	230 km/h
Beschl. 0 - 100 km/h	8,5 sec
Verbrauch/100 km	13 l
Tankinhalt	80 l

Audi 200 Quattro 2,2 l (1985–91)

Motor	Reihenfünfzylinder		
Zylinder	5		
Bohrung x Hub	81 x 86,4 mm		
Hubraum	2226 cm³		
Leistung	165 PS bei 5500/min		
Drehmoment	235 Nm bei 3000/min		
Verdichtung	7,8:1		
Gemischaufbereitung	Elektronische Einspritzung Bosch Motronic Abgasturbolader KKK Typ 26 mit Ladeluftkühler		
Ventile	ohc		
Kurbelwellenlager	6		
Kühlung	8,1 Liter Wasser		
Schmierung	4,5 Liter Öl		
Batterie	12 V 63 Ah		
Lichtmaschine	Drehstrom 90 A		
Kraftübertragung	Allradantrieb mit selbstsperrendem Torsen-Zwischendifferenzial manuell sperrbares Hinterachsdifferenzial		
Kupplung	Einscheiben, trocken		
Getriebe	Fünfgang-Schaltgetriebe		(3-Gang-Automatik)
Übersetzungen	I.	3,6	2,714
	II.	2,125	1,5
	III.	1,36	1
	IV.	0,967	
	V.	0,778	
Antriebsübersetzung		4,111	3,25
Fahrwerk	Selbsttragende Karosserie, Einzelradaufhängung rundum		
Vorderachse	McPherson-Federbeine, Querlenker, Schraubenfedern, Stabilisator		
Hinterachse	Längslenker, Schraubenfedern, Teleskopdämpfer		
Lenkung	Zahnstangenlenkung mit Servo		
Bremse	Zweikreis-Hydraulik mit Servo, innenbelüftete Scheiben vorne / Scheiben hinten		
Daten und Zahlen			
Radstand	2695 mm		
Spur vorne/hinten	1468 x 1469 mm		
Länge x Breite x Höhe	4807 x 1814 x 1422 mm		
Felgen/Reifen	6 J x 15 (205/60 VR 15)		
Wagengewicht	1340 kg		
Zuläss. Gesamtgewicht	1850 kg		
Höchstgeschwindigkeit	214 km/h		
Beschl. 0 - 100 km/h	9 sec		
Verbrauch/100 km	14,5 l		
Tankinhalt	80 l		

Audi 200 Quattro 20V (1989–91)

Motor	Reihenfünfzylinder
Zylinder	5
Bohrung x Hub	81 x 86,4 mm
Hubraum	2226 cm^3
Leistung	220 PS bei 5700/min
Drehmoment	303 Nm bei 1950/min
Verdichtung	9,3:1
Gemischaufbereitung	Elektronische Einspritzung Bosch Motronic Abgasturbolader KKK Typ 26 mit Ladeluftkühler
Ventile	dohc; 4 Ventile je Zylinder
Kurbelwellenlager	6
Kühlung	8,1 Liter Wasser
Schmierung	4,5 Liter Öl
Batterie	12 V 63 Ah
Lichtmaschine	Drehstrom 90 A
Kraftübertragung	Allradantrieb mit selbstsperrendem Torsen-Zwischendifferenzial manuell sperrbares Hinterachsdifferenzial
Kupplung	Einscheiben, trocken
Getriebe	Fünfgang-Schaltgetriebe
Übersetzungen	I. 3,6 II. 2,125 III. 1,36 IV. 0,967 V. 0,73
Antriebsübersetzung	4,111
Fahrwerk	Selbsttragende Karosserie, Einzelradaufhängung rundum
Vorderachse	McPherson-Federbeine, Querlenker, Schraubenfedern, Stabilisator
Hinterachse	Längslenker, Schraubenfedern, Teleskopdämpfer
Lenkung	Zahnstangenlenkung mit Servo
Bremse	Zweikreis-Hydraulik mit Servo, innenbelüftete Scheiben vorne / Scheiben hinten
Daten und Zahlen	
Radstand	2695 mm
Spur vorne/hinten	1514 / 1511 mm
Länge x Breite x Höhe	4913 x 1814 x 1422 mm
Felgen/Reifen	7,5 x 15 / 215/60 ZR 15
Wagengewicht	1600 kg
Zuläss. Gesamtgewicht	2070 kg
Höchstgeschwindigkeit	242 km/h
Beschl. 0 - 100 km/h	8 sec
Verbrauch/100 km	14 l
Tankinhalt	80 l

Audi 80 Quattro Gr. A (1983)		
Motor	Reihenfünfzylinder	
Zylinder	5	
Bohrung x Hub	79,5 x 86,4 mm	
Hubraum	2144 cm³	
Leistung	185 - 190 PS bei 7500/min	
Drehmoment		
Verdichtung	10,5:1	
Gemischaufbereitung	Mechanische Einspritzung Bosch K-Jetronic	
Zündanlage	Bosch Transistor	
Ventile	ohc	
Kurbelwellenlager	6	
Kühlung		
Schmierung		
Batterie	12 V 50/63 Ah	
Lichtmaschine		
Kraftübertragung	Allradantrieb mit manuell sperrbarem Zwischen- und Hinterachsdifferenzial	
Kupplung	Einscheiben, trocken	
Getriebe	Fünfgang-Schaltgetriebe	
Übersetzungen	I.	3
	II.	2
	III.	1,5
	IV.	1,217
	V.	1,04
Antriebsübersetzung		4,111 / 4,875 / 4,571
Fahrwerk	Selbsttragende Karosserie, Einzelradaufhängung rundum	
Vorderachse	McPherson-Federbeine, verstärkte Querlenker, Schraubenfedern, Stabilisator, verstärkstes Dämpfergehäuse, einstellb. Dämpfer	
Hinterachse	McPherson-Federbeine, verstärkte Querlenker, Schraubenfedern, Stabilisator, verstärktes Dämpfergehäuse, einstellb. Dämpfer	
Lenkung	Zahnstangenlenkung	
Bremse	Zweikreis-Hydraulik mit Servo, innenbelüftete Scheiben vorne / hinten Durchmesser: 280 - 304 mm vorne, 239 mm hinten	
Daten und Zahlen		
Radstand	2525 mm	
Spur vorne/hinten		
Länge x Breite	4392 x 1692 mm	
Felgen/Reifen		
Wagengewicht		
Zuläss. Gesamtgewicht		
Höchstgeschwindigkeit		
Beschl. 0 - 100 km/h		
Verbrauch/100 km	28 - 40 l	
Tankinhalt		

Quattro Gruppe 4 (1981)		
Motor	Reihenfünfzylinder	
Zylinder	5	
Bohrung x Hub	79,5 x 86,4 mm	
Hubraum	2144 cm^3	
Leistung	320 PS bei 6500/min	
Drehmoment	412 Nm bei 3250/min	
Verdichtung	6,3:1	
Gemischaufbereitung	Mechanische Einspritzung Pierburg Abgasturbolader KKK	
Ventile	ohc	
Kurbelwellenlager	6	
Kühlung		
Schmierung	Öl / Trockensumpf	
Batterie	12 V 63 Ah	
Lichtmaschine		
Kraftübertragung	Allradantrieb mit 75%-Sperrdifferenzial hinten, zentrales sperrbares Differenzial	
Kupplung	Einscheiben, trocken	
Getriebe	Fünfgang-Schaltgetriebe	
Übersetzungen	I.	3
	II.	2
	III.	1,5
	IV.	1,217
	V.	1,04
Antriebsübersetzung		4,110 / 4,550 / 4,870
Fahrwerk	Selbsttragende Karosserie, Einzelradaufhängung rundum	
Vorderachse	McPherson-Federbeine, verstärkte Querlenker, Schraubenfedern, Stabilisator	
Hinterachse	McPherson-Federbeine, verstärkte Querlenker, Schraubenfedern, Stabilisator	
Lenkung	Zahnstangenlenkung mit Servo	
Bremse	Zweikreis-Hydraulik mit Servo, innenbelüftete Scheiben vorne / hinten Durchmesser: vorne und hinten 280 mm	
Daten und Zahlen		
Radstand	2524 mm	
Spur vorne/hinten	1465 / 1502 mm	
Länge x Breite x Höhe	4404 x 1733 x 1344 mm	
Felgen/Reifen	6 x 15 / 205/60 VR 15	
Wagengewicht	1190 - 1240 kg	
Zuläss. Gesamtgewicht		
Höchstgeschwindigkeit	173 - 253 km/h	
Beschl. 0 - 100 km/h	4,9 - 5,2 sec	
Verbrauch/100 km	47 l	
Tankinhalt	120 l	

Quattro Gruppe B A1 (1983)		
Motor	Reihenfünfzylinder	
Zylinder	5	
Bohrung x Hub	79,5 x 86,4 mm	
Hubraum	2144 cm^3	
Leistung	340 PS bei 6000/min	
Drehmoment	414 Nm bei 3600	
Verdichtung	6,3:1	
Gemischaufbereitung	Mechanische Einspritzung Pierburg-Bosch Abgasturbolader KKK K26 / K27	
Ventile	ohc	
Kurbelwellenlager	6	
Kühlung		
Schmierung	Öl / Trockensumpf	
Batterie	12 V 63 Ah	
Lichtmaschine		
Kraftübertragung	Allradantrieb mit Teilsperrdifferenzial hinten, mechanische Differenzialsperre Mitte	
Kupplung	Einscheiben, trocken	
Getriebe	Fünfgang-Schaltgetriebe	
Übersetzungen	I.	3
	II.	2
	III.	1,5
	IV.	1,217
	V.	1,04
Antriebsübersetzung		4,110 / 4,571 / 4,625
Fahrwerk	Selbsttragende Karosserie, Einzelradaufhängung rundum	
Vorderachse	McPherson-Federbeine, untere Querlenker zusätzlich durch Strebe geführt, Schraubenfedern	
Hinterachse	McPherson-Federbeine, untere Querlenker zusätzlich durch Strebe geführt, Schraubenfedern	
Lenkung	Zahnstangenlenkung mit Servo	
Bremse	Zweikreis-Hydraulik mit Servo, innenbelüftete Scheiben vorne / hinten Durchmesser: vorne 280 / hinten 245 mm	
Daten und Zahlen		
Radstand	2524 mm	
Spur vorne/hinten		
Länge x Breite x Höhe	4404 x 1733 x 1344 mm	
Felgen/Reifen	6J / 7J / 10 J x 15	
Wagengewicht	1130 - 1140 kg	
Zuläss. Gesamtgewicht		
Höchstgeschwindigkeit	Schotter-Rallye: 185 km/h	
Beschl. 0 - 100 km/h	4,5 sec	
Verbrauch/100 km		
Tankinhalt	120 l	

Quattro Gruppe B A2 (1983)		
Motor	Reihenfünfzylinder	
Zylinder	5	
Bohrung x Hub	79,5 x 86,4 mm	
Hubraum	2144 cm³	
Leistung	360 - 400 PS bei 7000/min	
Drehmoment	450 - 491 Nm bei 4000/min	
Verdichtung	6,5:1	
Gemischaufbereitung	Elektronische Einspritzung Bosch Abgasturbolader KKK K26 / K27	
Ventile	ohc	
Kurbelwellenlager	6	
Kühlung		
Schmierung	Öl / Trockensumpf	
Batterie	12 V 63 Ah	
Lichtmaschine		
Kraftübertragung	Allradantrieb mit Teilsperrdifferenzial hinten	
Kupplung	Einscheiben, trocken	
Getriebe	Fünfgang-Schaltgetriebe	
Übersetzungen	I.	3
	II.	2
	III.	1,5
	IV.	10174
	V.	0,962
Antriebsübersetzung		4,375 / 4,286 / 4,571 / 4,857
Fahrwerk	Selbsttragende Karosserie, Einzelradaufhängung rundum	
Vorderachse	McPherson-Federbeine, Querlenker, Schraubenfedern	
Hinterachse	McPherson-Federbeine, Querlenker, Schraubenfedern	
Lenkung	Zahnstangenlenkung mit Servo	
Bremse	Zweikreis-Hydraulik mit Servo, innenbelüftete Scheiben vorne / hinten Durchmesser: vorne 280 / hinten 245 mm	
Daten und Zahlen		
Radstand	2524 mm	
Spur vorne/hinten		
Länge x Breite x Höhe		
Felgen/Reifen	6J / 7J / 11J x 15	
Wagengewicht	1000 kg	
Zuläss. Gesamtgewicht		
Höchstgeschwindigkeit	Schotter-Rallye: 185 km/h	
Beschl. 0 - 100 km/h		
Verbrauch/100 km	35 - 47 l	
Tankinhalt		

Audi Quattro Sport S1 / E2 (1985/86)		
Motor	Reihenfünfzylinder	
Zylinder	5	
Bohrung x Hub	79,5 x 85 mm	
Hubraum	2110 cm³	
Leistung	450 - 500 PS bei 7500/min	
Drehmoment	480 Nm bei 5500/min	
Verdichtung	7,5:1	
Gemischaufbereitung	Elektronische Einspritzung Bosch Motronic Abgasturbolader KKK K27 mit Ladeluftkühler	
Ventile	dohc; 4 Ventile je Zylinder	
Kurbelwellenlager	6	
Kühlung		
Schmierung	Trockensumpf	
Batterie		
Lichtmaschine		
Kraftübertragung	Allradantrieb mit div. Sperrdiff. vorn, Mitte, hinten bzw. Torsen-Diff.	
Kupplung	Zweischeiben, trocken bzw. Porsche-Doppelkupplung	
Getriebe	Sechsgang-Schaltgetriebe	
Übersetzungen	I.	3,5
	II.	2,083
	III.	1,368
	IV.	0,962
	V.	0,759
	VI.	-
Antriebsübersetzung		-
Fahrwerk	Selbsttragende Karosserie, Einzelradaufhängung rundum	
Vorderachse	McPherson-Federbeine, Querlenker, Schraubenfedern, zusätzliche Schubstreben	
Hinterachse	McPherson-Federbeine, Querlenker, Schraubenfedern, zusätzliche Schubstreben	
Lenkung	Zahnstangenlenkung mit Servo	
Bremse	Zweikreis-Hydraulik mit Servo, innenbelüftete Scheiben vorne / hinten Durchmesser: 295 bis 305 mm	
Daten und Zahlen		
Radstand	2224 mm	
Spur vorne/hinten	1465 / 1502 mm	
Länge x Breite x Höhe	4240 x 1860 x NN	
Felgen/Reifen	Michelin TRX 16/68 x 390 (Schotter) , 26/64 x 390 (Asphalt)	
Wagengewicht	1100 - 1200 kg	
Zuläss. Gesamtgewicht		
Höchstgeschwindigkeit	220 km/h	
Beschl. 0 - 100 km/h	unter 3,0 sec	
Verbrauch/100 km	50,6 - 70,6 l	
Tankinhalt	90 l	

Audi quattro®

DER AUTOR

JAN-HENRIK MUCHE, Jahrgang 1971, schreibt seit mehr als 25 Jahren über klassische Automobile, Technik, Rennsport und Fahrzeugdesign. Der renommierte Motorjournalist und Autor arbeitet für nationale und internationale Fachzeitschriften, steht seit 2007 dem Magazin PORSCHE FAHRER als Chefredakteur vor und hat im HEEL Verlag bereits mehrere Bücher zu den Themen Opel, Porsche und Audi veröffentlicht.

DANKSAGUNG

Wir danken allen Kollegen von Audi Tradition und dem Unternehmensarchiv der Audi AG für die Zusammenarbeit.

HB
BOSCH
BOSCH
BOSCH
RALLYE
BOSCH
RALLYE
BOSCH
RALLYE
BOSCH
RALLYE
MICHELIN
HB
international